Maike Rabe
Funktionalisierung als Plattform zur Erzeugung innovativer Technischer Textilien

TUD*press*

Habilitationsschrift
zur Erlangung des akademischen Grades
Doktor-Ingenieur habilitatus (Dr.-Ing. habil.)
vorgelegt
der Fakultät Maschinenwesen
der Technischen Universität Dresden
von
Prof. Dr.-Ing. Maike Rabe
Neuss, Oktober 2016

Maike Rabe

Funktionalisierung als Plattform zur Erzeugung innovativer Technischer Textilien

TUDpress
2017

Bibliografische Information der Deutschen Nationalbibliothek
Die Deutsche Nationalbibliothek verzeichnet diese Publikation in der Deutschen Nationalbibliografie; detaillierte bibliografische Daten sind im Internet über http://dnb.d-nb.de abrufbar.

Bibliographic information published by the Deutsche Nationalbibliothek
The Deutsche Nationalbibliothek lists this publication in the Deutsche Nationalbibliografie; detailed bibliographic data are available in the Internet at http://dnb.d-nb.de.

ISBN 978-3-95908-104-7

Universitätsverlag & Buchhandel
GmbH & Co. KG
Bergstr. 70 | D-01069 Dresden
http://www.tudpress.de

TUDpress ist ein Imprint von THELEM

Gesetzt vom Autor.
Printed in Germany.

Vorwort

Die vorliegende Habilitationsschrift entstand im Rahmen meiner Lehr- und Forschungstätigkeit am Fachbereich Textil- und Bekleidungstechnik der Hochschule Niederrhein über den Zeitraum Februar 2013 bis März 2016.

Seit meiner Berufung an die Hochschule Niederrhein im Jahr 2004 konnte ich mich über die Lehre hinaus intensiv verschiedenen, komplexen Forschungsthemen auf dem Gebiet der Textilfunktionalisierung widmen, seit dem Jahr 2009 als Leiterin des Forschungsinstituts für Textil und Bekleidung der Hochschule Niederrhein. Für die hierfür erforderliche Freiheit zur wissenschaftlichen Arbeit möchte ich dem Präsidium der Hochschule Niederrhein, bestehend aus Prof. Dr. Hans-Hennig von Grünberg, Prof. Dr. Dr. Alexander Prange und Prof. Dr. Berthold Stegemerten, sowie den Dekanen des Fachbereichs Textil- und Bekleidungstechnik Prof. Dr. habil. Rudolf Voller, Prof. Dr. Lutz Vossebein bzw. den ehemaligen Dekanen Prof. Rudolf Haug und Prof. Dr. Marie-Louise Klotz sehr herzlich danken. Großer Dank gilt auch meinen Kollegen, insbesondere Prof. Dr. Eberhard Janssen, für den regen und intensiven wissenschaftlichen Austausch und die stete Bereitschaft zur Diskussion. Auch den Mitarbeitern am Fachbereich, vor allen Dingen in den Technika und Laboren der Textilveredlung, Herrn Jörg Schrick, Herrn Thomas Heistermann und Frau Beate Schwager danke ich für ihre Unterstützung und Beratung in der Lehre und Forschung.

In dem vorstehend dargestellten Rahmen konnten zahlreiche Forschungsprojekte zum Thema Textilfunktionalisierung realisiert werden. Gespräche mit meinen Mentoren motivierten mich im Jahr 2013, dieses Forschungsgebiet in einem größeren Gesamtzusammenhang zu betrachten und mich der Frage zu widmen, inwieweit Textilfunktionalisierung eine Plattform zur Erzeugung innovativer Technischer Textilien bildet. So wurde der Grundstein für diese Habilitationsschrift gelegt.

Meinen Mentoren möchte ich für diesen Anstoß sehr herzlich danken: Prof. Dr.-Ing. habil. Dipl.-Wirt.-Ing. Chokri Cherif, Direktor des Instituts für Textilmaschinen und Textile Hochleistungswerkstofftechnik (ITM) und Professor für Textiltechnik an der TU Dresden, Prof. Dr. habil. Gert Heinrich, Leiter des Instituts für Polymerwerkstoffe am Leibniz-Institut für Polymerwerkstoffe (IPF) und Professor für Polymerwerkstoffe und Elastomertechnik an der TU Dresden sowie Prof. Dr. habil. Volker Rossbach, TU Dresden. Sie haben mich zu dieser Arbeit angeregt und während ihrer Entstehung mein wissenschaftliches Denken und meine Schlussfolgerungen nachhaltig beeinflusst.

In diesem Zusammenhang sind auch die gegenwärtigen und ehemaligen wissenschaftlichen Mitarbeiter des im Jahr 2005 gegründeten und seit 2009 von mir geleiteten Forschungsinstituts für Textil und Bekleidung der Hochschule Niederrhein, in dem die Forschungsprojekte des

Fachbereichs gebündelt werden, mit großem Dank zu erwähnen. Sie widmen sich mit unermüdlicher Arbeit der Erreichung der geplanten Forschungsziele und behalten stets einen termingerechten, erfolgreichen Projektabschluss im Blick. Ihnen allen möchte ich sehr herzlich für ihre Tatkraft und die akkurate Ausführung der wissenschaftlichen Ideen danken. Viele Studierende der Hochschule Niederrhein trugen während der Projektlaufzeiten im Rahmen von Studien- und Abschlussarbeiten ebenfalls wertvolle Ergebnisse bei. Sie werden in der Übersicht der von mir betreuten Abschlussarbeiten der vergangenen Jahre aufgeführt. Auch ihnen danke ich sehr.

Weiterhin bin ich Prof. Dr.-Ing. habil. Hartmut Rödel, Prof. Dr.-Ing. habil. Peter Offermann, Prof. Dr. Rolf Klinke, Prof. Dr. Hans-Karl Rouette und Prof. Dr. Joachim Hilden für ihre langjährige Begleitung meiner akademischen Entwicklung zu großem Dank verpflichtet.

Nicht zuletzt möchte ich meiner Familie sehr herzlich danken - meinem Ehemann Dr. Ulf Hackenberg für seine steten Ermutigungen, meinen Kindern Maya und Lennart für ihre Fröhlichkeit und Geduld sowie meinen Eltern Hiltrud und Karl Friedrich Rabe und meinen Schwiegereltern Christine und Horst Hackenberg.

Inhaltsverzeichnis

1 Einführung und Zielstellung

Die deutsche Textil- und Bekleidungsindustrie ist durch eine klein- und mittelständische Struktur geprägt. Gegenwärtig existieren in Deutschland 380 Unternehmen der Bekleidungsindustrie mit insgesamt 34.000 Mitarbeitern, die einen Umsatz von 8 Milliarden EUR erwirtschaften, sowie 722 Unternehmen der Textilindustrie mit insgesamt 67.000 Mitarbeitern und einem Umsatz von 11,3 Mrd. EUR. Ungefähr die Hälfte dieser Betriebe hat maximal 50 Mitarbeiter und lediglich 20 Betriebe sind mit einer Mitarbeiterzahl über 500 der Großindustrie zuzurechnen [1-1, 1-2]. Durch einen hohen Grad an Innovationen, d. h. in die Praxis übergeleitete Forschungsergebnisse, setzt sich die Branche immer wieder neu erfolgreich von der Fertigung in sogenannten Billiglohnländern ab. Dies führt aktuell zu einer für Deutschland positiven Handelsbilanz textiler Produkte mit einem Textilimport im Umfang von 9,7 Mrd. EUR und einem Export im Umfang von 10,0 Mrd. EUR. Besonders im Bereich der Technischen Textilien, die von ca. 122 Betrieben erzeugt werden, ist Deutschland im Export global führend [1-2].

Die vom Statistischen Bundesamt bezifferte Anzahl der Betriebe, die in Deutschland Technische Textilien herstellen, dürfte in der Realität größer sein und bei 250 Unternehmen liegen, da zahlreiche Betriebe, deren Mitarbeiterzahl unter 50 liegt, von der Statistik nicht erfasst werden. Auch ist die Grenze zwischen technischen, modischen und Heimtextilien nicht immer klar gezogen. Die Messegesellschaft Frankfurt konnte beispielsweise auf der Messe Techtextil im Mai 2015 insgesamt 449 deutsche Austeller verzeichnen, die allerdings nicht nur Textilerzeuger sind, sondern auch tangierenden Branchen wie der chemischen Industrie angehören [1-3]. Der Erfolg dieser Unternehmen hängt in starkem Maße mit ihrem Innovationspotenzial zusammen. Dabei spielen der Aspekt der Funktion und die zugehörigen Verfahren der Funktionalisierung eine große Rolle, gilt es doch Textilien Eigenschaften zu verleihen, die sie für Anwendungen außerhalb der Modeindustrie oder der Heimtextilien ertüchtigen [1-4].

Der Begriff Technische Textilien bezeichnet in diesem Zusammenhang alle textilen Produkte, die nicht ästhetischen und dekorativen Zwecken dienen, sondern als Arbeitsmittel oder Produktionsmittel (z. B. als Fließbänder, Filter) eingesetzt werden, Komponenten anderer Produkte (z. B. in Leichtbauteilen im Fahrzeug) oder eigenständige Funktionsprodukte (z. B. Seile, Segel) sind. In manchen Anwendungsbereichen müssen technische Textilien komplexe Anforderungsprofile erfüllen, die häufig eine Kombination verschiedener Werkstoffe zu Verbundwerkstoffen erfordern. Das Leistungsniveau dieser Verbundwerkstoffe hängt von der Art des Zusammenwirkens dieser Werkstoffe ab und wird maßgeblich vom Design der Grenzflächen beeinflusst. Um Ober- und Grenzflächen von Textilien und Textilverbundwerkstoffen zu beschreiben, werden einerseits die Morphologie und Struktur der Materialien und andererseits die chemische Zusammensetzung, insbesondere die Art und Anzahl funktioneller Gruppen, betrachtet. Die gezielte Veränderung dieser chemischen Zusammensetzung, um bestimmte Eigenschaftsprofile hervorzurufen, wird Funktionalisierung genannt. Für die Entwicklung und Erzeugung innovativer Technischer Textilien spielt die Funktionalisierung somit in zweierlei Hinblick eine sehr wichtige Rolle:

- Funktionalisierung dient der Veränderung chemischer Oberflächeneigenschaften textiler Materialien, die unmittelbar das Eigenschaftsprofil des Textilguts bestimmen.
- Funktionalisierung beeinflusst das Zusammenwirken unterschiedlicher Werkstoffe in Grenzflächen und die Eigenschaften von Verbundwerkstoffen.

Zahlreiche Studien betrachten diese Phänomene, beschreiben dabei die Veränderungen der funktionellen Gruppen einzelner Faserstoffe und daraus hergestellter textiler Flächengebilde oder aber die Auswirkungen einzelner Verfahren auf die Art und Anzahl funktioneller Gruppen in den oberflächennahen Regionen. Die gewonnenen Erkenntnisse werden häufig nicht in einen Gesamtzusammenhang eingeordnet oder im Hinblick auf das Zusammenwirken unterschiedlicher Werkstoffe in den Grenzflächen betrachtet, wie es für textilbasierte Verbundwerkstoffe typisch ist. So ist es nahezu unmöglich, für die Entwicklung oder Anwendungstechnik in der industriellen Praxis eine grundlegende Vorgehensweise zur Funktionalisierung und zum Grenzflächendesign abzuleiten. Forscher und Anwender müssen in der Regel bei der Entwicklung bestimmter Funktionen auf ausgewählten Faserstoffen alle einzelnen Stufen der Rezept- und Verfahrensentwicklung durchlaufen und mit Hilfe von Experimenten die Parameter für das spezielle zu lösende Problem ermitteln. Algorithmen, die reproduzierbare Funktionalisierungen zulassen, konnten bislang nicht dargestellt werden.

In der vorliegenden Arbeit sollen deshalb die Prozesse und Effekte der Funktionalisierung eingehend betrachtet werden mit dem Ziel, dringend erforderliche Basiskompetenzen für die Erzeugung maßgeschneiderter Oberflächen- und Grenzflächeneigenschaften zu erlangen. Dazu werden anhand eigener Untersuchungen wesentliche Fragen diskutiert und beantwortet:

- Wie können funktionelle Gruppen definiert in die oberflächennahen Regionen textiler Substrate eingeführt werden?
- Wie können funktionelle Gruppen in der Grenzschicht textiler Verbundwerkstoffe erzeugt werden?
- Inwieweit lassen sich generelle Zusammenhänge im Sinne von Struktur – Eigenschaften – Anwendungsbeziehungen zwischen funktionellen Gruppen und makroskopischen Funktionen herstellen?
- Können durch Funktionsbeschichtungen hybride Werkstoffe mit einstellbaren Funktionen erzeugt werden?

Mit Hilfe dieser Basiskompetenzen sollen Textilien zielgerichtet funktionalisiert werden können, um eine Plattform für die Entwicklung innovativer Technischer Textilien zu schaffen.

Die vorliegende Schrift ordnet zunächst die Funktionalisierung makromolekularer Verbindungen, auch als Polymere oder Biopolymere bezeichnet, die geformt als Fasern die stoffliche Grundlage für alle textilen Materialien bilden, der industriellen Textilerzeugung und dort den häufig nasschemisch gestalteten Prozessen der Ausrüstung und der Beschichtung zu. Eine besondere Herausforderung ist bei diesen Prozessen darin zu sehen, die Effekte auf oberflächennahe Regionen der Fasern zu beschränken, um keine Einbußen z. B. der Materialfestigkeiten zu riskieren. Im Rahmen der vorliegenden Arbeit wird eine Alternative, die bislang im Textilbereich zu wenig Beachtung findet, behandelt, Plasmamodifizierung. Sie gestattet es, material- und ressourcenschonend funktionelle Gruppen aus der Gasphase in die Oberfläche von Textilien einzuführen. Die Effektivität dieser Prozesse hängt stark von der Anlagentechnologie, den Prozessgasen und dem Faserpolymer ab. Eine Vielzahl von Originalarbeiten zur Plasmamodifizierung werden für einzelne Faserpolymere angeführt und im Rahmen der Schrift kritisch diskutiert, um erste Antworten auf die zuvor gestellten Fragen zu erhalten.
In Ergänzung dazu werden anhand der Beschichtung nasschemische Prozesse zur Erzeugung von ausgewählten Funktionen betrachtet. Hierbei wird deutlich, dass in der Textiltechnologie nicht nur funktionelle Gruppen, die kovalent an das Trägermolekül angebunden sind, von Bedeutung sind. Funktionelle Gruppen können auch als Strukturelemente eines funktionalisierten Beschichtungspolymers, das in Pastenform auf das Textil aufgetragen und mit ihm nebenvalent oder über formschlüssige Verbindungen verbunden wird, eingeführt werden. Gleiches gilt auch für andere chemische Verbindungen, die in der Beschichtungspaste gelöst oder dispergiert sind und dem Textil zusätzliche Eigenschaften verleihen können. Auch hierbei kann es sich in einem erweiterten Sinn um Funktionalisierungen handeln. Eine für die Textilbranche sehr neue Funktion stellt vor diesem Hintergrund die elektrische Leitfähigkeit von Textilien dar, die anhand von Originalarbeiten ebenfalls kritisch betrachtet wird.

Auf der Grundlage eigener experimenteller Arbeiten zur Verfahrensentwicklung und Materialentwicklung wird anschließend an je einem Beispiel demonstriert wie sich Funktionalisierungen in der Praxis umsetzen lassen. Im Einzelnen wird an einem Musterbeispiel gezeigt, dass bei Multifaserstrukturen wie Tuftingteppichen durch eine Plasmafunktionalisierung ein Verfahrensschritt, nämlich der haftvermittelnde Vorstrich, bei der Herstellung eines Verbundwerkstoffs entfallen kann. Im Ergebnis von Entwicklungsarbeiten zu elektrisch leitfähigen beschichteten Textilien wird der Prototyp eines Leuchtkondensators auf Textil aufgezeigt.

Für die Textiltechnologie wird mit der Plasmamodifizierung und Beschichtung, in Kombination oder in einzelnen Verfahren, eine Plattform vorgestellt, mit der sich verschiedene Funktionalisierungen durchführen lassen. Praktische Bedeutung hat diese vor allem für Technische Textilien, die ein großes Innovations- und Wachstumspotential aufweisen. Dies wird abschließend für alle Segmente der Technischen Textilien mit Beispielen zu zukunftsweisenden Entwicklungen anhand aktueller Literatur belegt.

2 Funktionalisierung

2.1 Begriffsdefinition

Der Begriff Funktion (functio, lateinisch: Verrichtung) bezeichnet die Betätigung, insbesondere die Betätigungsweise oder auch die Aufgabe [2-1]. Der Begriff „Funktionalisierung“ wird bildungs- und fachsprachlich in verschiedenen Bereichen hingegen eindeutiger verwendet und bedeutet: Dem Gesichtspunkt der Funktion entsprechend gestalten [2-2]. Übertragen auf das dieser Arbeit zugrunde liegende Wissensgebiet der Textiltechnologie bedeutet Funktionalisierung, textilen Produkten erweiterte Eigenschaftsprofile zu verleihen, so dass sie neue, zuvor nicht realisierbare Aufgaben übernehmen können, z. B. eine bessere Oberflächenleitfähigkeit in einem textilen Filtermedium oder eine bessere Haftung bei einem textilbasierten, polymeren Materialverbund und damit günstigere mechanische Eigenschaften. Insbesondere die Modifizierung der textilen Oberflächen mittels chemischer und physikalischer Methoden spielt bei der Funktionalisierung eine herausragende Rolle, da sie zielgenau im industriellen Maßstab durchgeführt werden kann [2-3]. Zielgenau bedeutet einerseits, dass die Modifizierung auf die oberflächennahen Regionen beschränkt werden kann und nicht die Volumeneigenschaften des Fasermaterials umfasst. Andererseits lässt sich die chemische Zusammensetzung der Oberfläche zielgenau einstellen und verleiht damit dem Textil definierte Funktionen.

In diesen Ausführungen werden der Begriff der Funktion und seine sprachliche Ableitung für den makroskopischen Maßstab im Hinblick auf den Textilbereich abgehandelt. Tatsächlich spielt der Begriff aber auch zur Beschreibung der Vorgänge auf submikroskopischer, molekularer Ebene eine große Rolle. Aus chemischer Sicht sind Funktionen und funktionelle Gruppen charakteristische Strukturelemente, die chemisches Reaktionsverhalten und Eigenschaften organischer Stoffe, insbesondere auch makromolekularer Verbindungen bestimmen. Funktionalisieren bezeichnet das Einbringen solcher Strukturelemente in chemische Stoffe. Hierbei kann das Funktionalisieren unter sehr unterschiedlichen, den Aggregatzustand und die Reaktionsführung betreffenden Bedingungen ablaufen. In der Chemie ist der Normalfall, dass alle Chemikalien in einem Lösungsmittel gelöst werden und nach der Reaktion das funktionalisierte Reaktionsprodukt abgetrennt wird. Ein Spezialfall, der für den Textilbereich bedeutsam ist, ist eine Funktionalisierung aus Lösung, wobei die funktionalisierende Chemikalie auf und in dem textilen Träger gebunden wird. Beispiel hierfür ist die sogenannte „Hochveredlung“ von Baumwolle zur Knitterarmausrüstung mit N-Methylol-Verbindungen, die nach ihrer Bindung auskondensiert werden. Inwieweit die Chemikalie auch hierbei kovalent gebunden wird oder lediglich formschlüssig durch Verhakungen oder starke nebenvalente Wechselwirkungen gebunden wird, bleibt ungeklärt. Funktionalisierungen lassen sich im Textilbereich auch aus der Gasphase mit der Plasmatechnologie durchführen, wobei die gebildeten funktionellen Gruppen je nach verwendetem Gas hauptvalent als Strukturelement in einem Oberflächenfilm gebunden werden.

Insgesamt bleibt festzuhalten, dass der Begriff der Funktionalisierung in der Textiltechnologie viel weiter gefasst wird als in der Chemie. Wird durch eine gezielte chemische oder physikalische Behandlung eine besondere Zusatzfunktion erhalten, so spricht man bereits von Funktionalisieren. Eine nasschemische Beschichtungsmasse wird bereits als Funktionsbeschichtung bezeichnet, wenn sie gezielt zu einer Zusatzfunktion führt, unabhängig davon, ob funktionelle Gruppen oder besondere chemische Zusatzfunktionen eine Rolle spielen.

2.2 Funktionalisierung im Wertschöpfungskreislauf für Textil und Bekleidung

2.2.1 Klassische Textilverfahren

Prinzipiell lässt sich die Funktionalisierung entlang des gesamten Wertschöpfungskreislaufs für Textil und Bekleidung (Bild 2-1) durchführen. In der Regel wird sie allerdings im Rahmen der Textilerzeugung (der Kreisbogenabschnitt von der Fadenerzeugung bis zur Konfektion) und hier in der Textilveredlung mittels nasschemischer Prozesse realisiert.

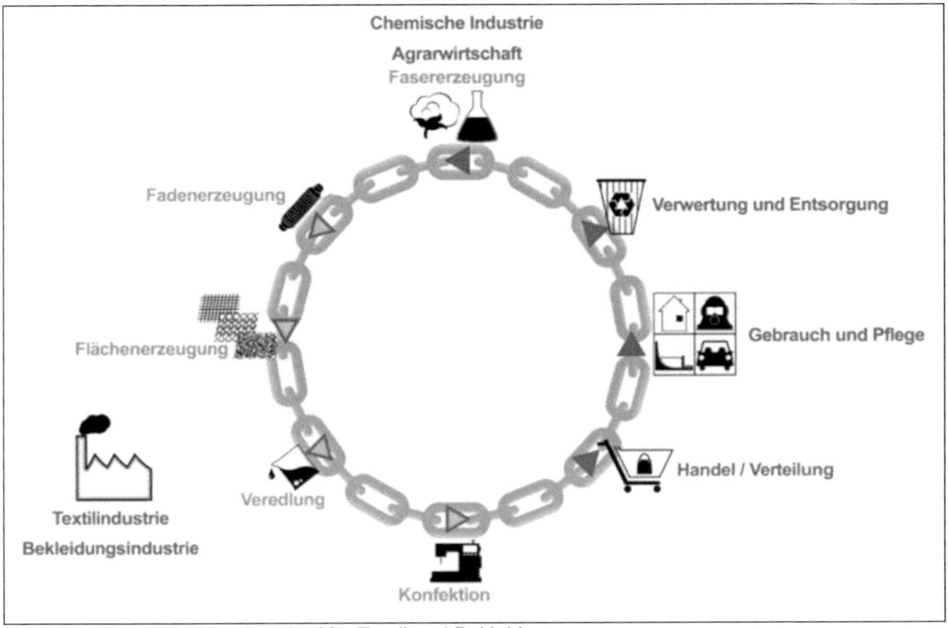

Bild 2-1: Wertschöpfungskreislauf für Textil und Bekleidung

Mit Blick auf die Wertschöpfungskette ist festzuhalten, dass Textilveredlung traditionell zu einem überwiegenden Anteil von 70 % am Flächengebilde durchgeführt wird, so dass diese Verarbeitungsstufe in der textilen Verarbeitungskette meist an dritter Stelle genannt wird. Sie kann dennoch auch an Fasern, Garnen oder fertig konfektionierten Teilen durchgeführt werden – es bleibt stets abzuwägen, an welcher Stelle der Verarbeitungsprozesse die Funktionen am wirkungsvollsten und zu den günstigsten Konditionen erreicht werden können. Für synthetische Fasern besteht außerdem die Möglichkeit, bereits vor der Fasererzeugung durch Zugabe von Pigmenten Veredlungseffekte zu erzielen.

Funktionalisierung ist als ein Teilgebiet der Textilveredlung anzusehen – mit ihr können neue Einsatzfelder für Textilien erschlossen werden. Die Grenzflächen zu anderen Feststoffen sowie zu flüssigen oder gasförmigen Medien sind dabei von besonderem Interesse, beispielsweise um eine gute Haftung bzw. eine Adsorption zu erreichen. Für die technische Realisierung von Oberflächenveränderungen vom Mikro- über den Nanomaßstab bis hin zum atomaren Maßstab stehen in der Textilveredlung verschiedene Prozesse zur Verfügung, insbesondere die Ausrüstung sowie die Beschichtung, Laminierung und Kaschierung. Sie können zur Entwicklung von UV-Schutzsystemen, Flammschutztextilien oder auch als Basis für Smart Textiles herangezogen werden. Erschwert werden die Funktionalisierungen durch die häufig erwünschte Kombination teilweise gegensätzlicher Effekte wie beispielsweise permanente Hydrophobie bei gleichzeitiger Antistatik, antimikrobielle Eigenschaften in Kombination mit flammhemmender Wirkung, haftfeste Metallisierungen in Verbindung mit Korrosionsschutz oder Leuchteffekte gemeinsam mit sensorischen Eigenschaften auf Textilien [2-4, 2-5].

Die Textilveredlung ist definiert als chemische, physikalische sowie mechanische Behandlung textiler Substrate unterschiedlicher Zusammensetzung und Aufmachungsart zur Erzeugung optischer, haptischer oder funktionaler Effekte. „Textilveredlung fasst alle diejenigen textilen Arbeitsprozesse zusammen, die geeignet sind, die Textilien zu veredeln, sie also in irgendeiner Richtung zu verschönern oder zu verbessern. Die Veredlung kann sich demnach einmal auf die vorteilhafte Gestaltung der äußeren Eigenschaften wie Farbe, Glanz, Geschmeidigkeit usw. beziehen, zum anderen kann sie die Hebung des Gebrauchswerts der betreffenden Textilware zu Ziel haben [2-6].“ Sie ist somit entscheidend für das Aussehen und die Gebrauchseigenschaften von Textilien. Die Textilveredlung umfasst in der Regel drei Teilprozesse: die Vorbehandlung, die Farbgebung und die Ausrüstung. Zum besseren Verständnis des Begriffs „Funktionalisierung“ ist es erforderlich, die drei Teilprozesse kurz zu definieren und damit abzugrenzen:

Die **Vorbehandlung** ist der erste Arbeitsschritt der Textilveredlung und ist darauf ausgerichtet,

- alle störenden fasereigenen und –fremden Begleitstoffe zu entfernen sowie eine Gleichverteilung der nicht entfernten, störenden Begleitstoffe zu bewirken,
- die Aufnahmefähigkeit der Substrate für Farbstoffe, Textilhilfsmittel und andere Chemikalien zu erhöhen,
- die Textilien von konstruktionsbedingten, mechanischen Spannungen zu befreien und sie für nachfolgende Veredlungsprozesse zu stabilisieren bzw. zu fixieren.

Dabei werden trockene (z. B. Bürsten oder Sengen) von nassen Vorbehandlungsschritten (z. B. Waschen, Bleichen, Walken, Mercerisieren) unterschieden. Die Vorbehandlung ist eine Voraussetzung für die spätere Funktionalisierung von Textilien. Sie kann in besonderen Fällen jedoch schon selbst der Erzeugung von Funktionen dienen.

Die **Farbgebung** ist in die Färberei und Druckerei zu unterteilen. Sie basiert auf der Aufnahme von Farbmitteln (Farbstoffe und farbige Pigmente) in oder auf textilen Faserstoffen durch Adsorption, Absorption und Diffusion. Während in der Färberei Textilien einheitlich und egal gefärbt werden, stellt die Druckerei ein örtlich begrenztes meist einseitiges, ein- oder mehrfarbiges Bemustern von Textilien dar. Beim Pigmentdruck als Sonderfall des Textildrucks werden Pigmente, die in einem Polymerfilm inkorporiert sind, an der Faseroberfläche fixiert. Die Farbgebung ist für modische Textilien und Heimtextilien die Schlüsselkompetenz innerhalb der Textilveredlung. Mit zunehmender Bedeutung technischer Textilien tritt die Farbigkeit von Textilerzeugnissen allerdings immer stärker in den Hintergrund. In einigen Fällen kann mit der Farbgebung jedoch eine über modische Effekte hinaus gehende Funktion erzielt werden, beispielsweise zur Erzeugung optisch gut wahrnehmbarer Textilien für Warnwesten (EN 471) oder umgekehrt nicht gut wahrnehmbarer Materialien für militärische Tarnbekleidung.

Die **Ausrüstung** wird in der Regel nach dem Färben bzw. Drucken durchgeführt und schließt die Textilveredlung ab. Sie bewirkt

- eine Veränderung der textilen Oberfläche,
- eine Verbesserung von Trage- und Pflegeeigenschaften,
- eine Verbesserung von Gebrauchseigenschaften,
- die Erzielung von Funktionen.

Die Ausrüstung wird in trockene bzw. mechanische Prozesse wie Schmirgeln, Scheren, Kalandern, Pressen und nasse bzw. chemische Prozesse wie Weichgriffausrüstung oder Hydrophobierung eingeteilt. Die chemische Ausrüstung kann beschrieben werden als das kontinuierliche oder auch diskontinuierliche Auftragen flüssiger Ausrüstungsmittel mit dem Ziel, einen in der Regel homogenen Werkstoff herzustellen. Vor allen Dingen durch diese Prozesse werden Textilien neue Eigenschaften und Funktionen verliehen. **Funktionalisierung** ist somit als Teilgebiet der Ausrüstung zu definieren und fasst verschiedene Prozesse zusammen, die über optische und haptische Eigenschaften hinausgehende Effekte erzielen.

2.2.2 Sonder- und Spezialverfahren

Über die Ausrüstung hinaus können Textilien auch durch **Beschichten** und **Laminieren** neue Eigenschaften erhalten. Diese beiden Verfahren zählen nicht zu den Prozessen der Ausrüstung, sondern stellen eine eigene Verfahrenstechnik dar. Im Gegensatz zur Ausrüstung ist textile **Beschichtung** das kontinuierliche Auftragen von flüssigen oder pastösen Beschichtungsmitteln in Form einer oder mehrerer Deckschichten auf textile Trägermaterialien. Der neue, inhomogene Werkstoff vereinigt die Eigenschaften der verbundenen Materialien. Für funktionelle Beschichtungen ist charakteristisch, dass sie die Eigenschaften des textilen Trägers durch besondere Funktionen ergänzen oder ändern. Die Grenze zur textilen Ausrüstung ist fließend, das Erscheinungsbild der auf die eine oder andere Art funktionalisierten Materialien kann sehr ähnlich sein. Solange die textile Oberflächenstruktur erkennbar ist, spricht man in der Regel von Textilien [2-7].

Laminieren (lamina, lateinisch: die Fläche) bezeichnet das flächige Fügen textiler mit nichttextilen Substraten, wobei in erster Linie Folien mit textiler Oberware oder Futterstoffen dauerhaft verbunden werden. Polymere, deren Verarbeitung zu streichfähigen Pasten für die Beschichtung problematisch ist, können auf diese Weise mit Textilien verbunden werden, indem sie vor dem Fügen zu einem Film verarbeitet werden. Wasserbasierte und lösemittelbasierte Bindemittel oder Thermoplaste kommen als Haftvermittler zwischen den Flächen zum Einsatz [2-8]. Neben Laminieren wird auch der Begriff **Kaschieren** (cacher, französisch: verbergen, verstecken) zur Bezeichnung des flächigen Fügens textiler mit nichttextilen Substraten verwendet. Schließlich bezeichnet **Bondieren** (to bond, englisch: verbinden, verkleben) die stoffschlüssige Verbindung von Fasern, Garnen oder auch Flächengebilden mittels Klebstoffen. Für Spezialzwirne werden beispielsweise Garne bondiert, um ein Aufdrehen der Garne beim multidirektionalen Nähen zu verhindern [2-7, 2-8].

Die so erzeugten Materialien gehören zur Gruppe der faser- und textilbasierten Verbundwerkstoffe, deren Eigenschaften auch von den Grenzschichten zwischen den einzelnen Komponenten beeinflusst werden. Funktionelle Gruppen, von denen Wechselwirkungen bis hin zu kovalenten Bindungen ausgehen, erhöhen neben mechanischen Verklammerungen die Haftfestigkeit.

2.3 Funktionalisierung durch Erzeugung funktioneller Gruppen

2.3.1 Funktionelle Gruppen bei organischen Verbindungen

Unter funktionellen Gruppen versteht man in der Chemie bei organischen Verbindungen Strukturelemente (Atome oder Atomgruppen), die die Eigenschaften und das Reaktionsverhalten eines chemischen Stoffes bestimmen. Aufgrund ihrer ähnlichen Eigenschaften werden chemische Verbindungen, die die gleichen funktionellen Gruppen tragen, zu Stoffklassen zusammengefasst. Der Begriff funktionelle Gruppe wird dabei für alle Atome und Atomgruppen außer Wasserstoffen und Kohlenwasserstoffresten angewendet, die als Substituenten für Wasserstoffatome in Kohlenwasserstrukturen fungieren. Bei den funktionellen Gruppen handelt es sich um die reaktionsfähigsten Stellen in organischen Molekülen; an den typischerweise vorhandenen polaren, kovalenten Bindungen der funktionellen Gruppen finden bevorzugt organisch-chemische Reaktionen statt. Die IUPAC-Nomenklatur verwendet anstelle von funktionellen Gruppen auch den Begriff charakteristische Gruppe. In nachfolgender Tabelle sind einige Beispiele funktioneller Gruppen dargestellt:

Tabelle 2-1: Funktionelle Gruppen [2-9, 2-10]

Halbstrukturformel	**Stoffklasse**	**Vorsilbe (Präfix)**	**Endung (Suffix)**	**Beispiel**
R-**COOH**	Carbonsäure	Carboxy-	-carbonsäure -säure	Ameisensäure Essigsäure
R-**OH**	Alkohole, Phenole	Hydroxy-	-ol	Methanol
R-**NH_2**	Amine	Amino-	-amin	Aminosäure, Anilin
R-**CN**	Nitrile	Cyano-	-nitril	Acetonitril
R-**NCO**	Isocyanate	Isocyanato-		Diisocyanat
R-**SO_3H**	Sulfonsäure	Sulfonyl-	-sulfonsäure	Alkylsulfonat
R^1-**CO-O**-R^2	Ester		-ester	Triglycerid (Fett)
R^1-**O**-R^2	Ether	(R^2yl)-oxy-	(R^1yl)-(R^2yl)-ether	Diethylether
R^1-**CO**-R^2	Ketone	Oxo-	-on	Aceton
R-**CO-H**	Aldehyde	Formyl- Oxo-	-aldehyd -al	Formaldehyd
R-**X**	Halogenkohlen-wasserstoffe	Halogen-	-halogeno, z. B. fluoro	Fluorkohlen-wasserstoff

R^1 und R^2 = Alkyl- oder Arylrest

Für das Einführen einer funktionellen Gruppe, also das Funktionalisieren, gibt es die verschiedensten Möglichkeiten. Das Gleiche gilt für Umsetzungen, die sich mit und an den einmal geschaffenen funktionellen Gruppen durchführen lassen. Wird z. B. in einem Alkan Wasserstoff durch Halogen ersetzt, so entsteht ein Halogenalkan. Durch nucleophile Substitution kann das Halogen wiederum durch eine andere funktionelle Gruppe (OH-Gruppe, Hydroxygruppe) ausgetauscht werden. In summa wird Wasserstoff in einem Alkan durch eine OH-Gruppe ersetzt, es entsteht ein Alkohol. Eine Bildung von Alkoholen kann auch durch die alkoholische Gärung oder katalytische Hydrierung von Aldehyden oder Ketonen erfolgen. Durch Abspaltung von Wasser entstehen aus Alkoholen Ether der allgemeinen Formel R^1-O-R^2 mit R^1 und R^2 als Alkyl- oder Arylrest. Durch Oxidation primärer und sekundärer Alkohole werden die Carbonylverbindungen, also Aldehyde (R-CH=O) bzw. Ketone (R^1R^2C=O) gewonnen. Durch Oxidation von Aldehyden, Alkoholen, Alkanen oder Alkenen können Carbonsäuren

(R-COOH) dargestellt werden. Diese können wiederum mit Alkoholen zu Estern (R^1-CO-O-R^2) reagieren. Eine solche eindeutig ablaufende und leicht durchzuführende Reaktion wird als Derivatisierung bezeichnet. Das Reaktionsprodukt, hier der Ester, ist das Derivat. Sind bei Ammoniak Wasserstoffatome durch Alkyl- oder Arylgruppen ersetzt, so entstehen schwache Basen, die Amine. Carbonsäureamide der Formel R-CO-NH_2 werden aus Carbonsäurehalogeniden, -estern oder -anhydriden und Ammoniak hergestellt. In Urethanen (R^1O-CO-NH-R^2) sind die typsichen Strukturelemente von Säureamiden und Estern kombiniert. Aminosäuren (R-CH(NH_2)-COOH) sind Carbonsäuren mit einer Aminogruppe. Sind zwei Aminosäuren über eine Säureamidgruppe miteinander verknüpft, so bezeichnet man das Reaktionsprodukt als Peptid. Mehrfachbindungen zwischen Kohlenstoffatomen werden bei erweiterter Begriffsdefinition ebenfalls zu den funktionellen Gruppen gezählt [2-9]. Funktionelle Gruppen werden aufgrund der beteiligten Atome in funktionelle Gruppen mit Heteroatomen (z. B. Ether) und solche ohne Heteroatome (z. B. C=C Doppelbindungen, C≡C Dreifachbindungen oder Aromaten) eingeteilt [2-9, 2-10, 2-11]. Letztere werden nicht als "vollwertige" funktionelle Gruppen betrachtet, weil sie zum einen auch Strukturbausteine darstellen und zum anderen wenig bis gar nicht reaktiv sind [2-10, 2-11, 2-12].

2.3.2 Funktionelle Gruppen in textilen Materialien

Die Polymere, aus denen Textilfasern bestehen, weisen funktionellen Gruppen entweder innerhalb der Polymerkette oder als Seiten- oder Endgruppen auf. Erstes Einteilungskriterium der Polymere und hier dann auch der faserbildenden Polymere und der Polymere für Textilbeschichtung ist die atomare Zusammensetzung der Hauptkette, wobei zwischen Isoketten- und Heterokettenpolymeren unterschieden wird. Isoketten weisen gleiche Elemente auf z. B. Kohlenstoff (Polypropylen), Heteroketten weisen neben Kohlenstoff noch andere Elemente in der Hauptkette auf.

Die Zusammensetzung der Hauptketten sowie die meist vorhandenen seitenständigen (Isoketten) oder innerständigen (Heteroketten) funktionellen Gruppen bestimmen die möglichen inter- und intramolekularen Wechselwirkungen und oberflächenchemischen Eigenschaften faserbildender Polymere. Das faserbildende Polymer Polyethylenterephthalat weist in der Hauptkette Ester als wiederkehrende funktionelle Gruppe auf. An den Enden der Polymerketten liegen außerdem jeweils eine Carboxyl- und eine Hydroxylgruppe vor. Der starke Überschuss an unpolaren Gruppen im Vergleich zu polaren Endgruppen führt dazu, dass der polare Anteil der Oberflächenenergie (37,4 mN/m) von Polyethylenterephthalat 4,5 mN/m beträgt, der Dispersionsanteil hingegen 32,9 mN/m [2-13] (siehe auch Kapitel 2.5). Daraus resultieren Hydrophobie und eine schlechte Benetzung durch Wasser. Bei der Regeneratfaser Viskose kommen in der Hauptkette des zugrundeliegenden Biopolymers Cellulose Acetalbindungen als wiederkehrende funktionelle Gruppe bzw. als verbindende Gruppierung zwischen den Glucoseeinheiten vor. Die Glucoseeinheiten weisen drei Hydroxylgruppen als Seitengruppen vor. Der polare Anteil der Oberflächenenergie (69,5 mN/m bei 84 % relativer Luftfeuchtigkeit) beträgt 45 mN/m und der Dispersionsanteil 24,5 mN/m [2-13] (siehe auch Kapitel 2.4). Hieraus ergibt sich eine ausgeprägte Hydrophilie, die Faser lässt sich vergleichsweise gut mit Wasser benetzen. Auf den funktionellen Gruppen basiert die Einteilung organischer Poylmere in Stoffklasen. Für die nächstniedere Klassifizierungsebene wird die chemische Struktur zwischen den funktionellen Gruppen herangezogen. Polyethylenterephthalat, Polybutylenterephthalat und Polycarbonat (Tabelle 2-2) sind wichtige Vertreter aus der Stoffklasse der Polyester. Im Textilbereich ist Polyethylenteraphthalat so dominierend, dass es vereinfachend Polyester genannt wird.

Tabelle 2-2: Einteilung faserbildender Polymere und Beschichtungspolymere nach atomaren Bindungen in der Hauptkette

Charakteristische Strukturelemente in der Hauptkette	**Beispiele für faserbildende Polymere und Polymere für die Textilbeschichtung**
Polymere mit Isokettenstruktur	
Kohlenstoff-Kohlenstoff	Polyethylen (PE), Polypropylen (PP), Polyvinylchlorid (PVC), Polyacrylat, Polytetrafluorethylen (PTFE)
Polymere mit Heterokettenstruktur	
Ester	Polyester (PES), Polyethylenterephthalat (PET), Polybutylenterephthalat (PBT), Polycarbonat (PC)
Amid	Polyamid 6 (PA 6), Polyamid 6.6 (PA 6.6), Protein (Peptid)
Urethan	Polyurethan (PUR), Elastan (EL)
Ether	Epoxidharz
Acetal	Polyoxyxmethylen (POM), Cellusose (Glycosid)
Siloxan	Silikone
Sonstige	Melaminformaldehydharz, Polysulfon (PSU), Polyimid (PI)

Bei den Ausführungen zu den Eigenschaften funktioneller Gruppen und ihrem Reaktionsverhalten wurde vorausgesetzt, dass sie auch für makromolekulare Verbindungen gelten, die allen wichtigen Fasern zugrunde liegen und wichtige Komponenten von Beschichtungsmassen sind.

2.4 Benetzungsverhalten von Textilien

Das Benetzungsverhalten von Flüssigkeiten auf einem Feststoff, wie bei Textilien gegeben, wird maßgeblich durch die Oberflächenenergie der in Wechselwirkung stehenden Komponenten sowie durch die Größe und Struktur der Poren und Kapillaren der Textilien beeinflusst. Vereinfacht gilt, dass Werkstoffe gut von einer Flüssigkeit benetzt werden, wenn der polare Anteil der Oberflächenenergie den der Flüssigkeit übersteigt. So werden Faserstoffe von organischen Lösungsmitteln in der Regel gut benetzt, jedoch nicht von Wasser. Sollen wasserbasierte Hilfsmittel oder Beschichtungsrohstoffe ein Textil gut benetzen, so ist eine Steigerung der Oberflächenenergie als Vorbehandlung unerlässlich. Die Kenntnis der Oberflächenspannung lässt Aussagen über die Wechselwirkung kontaktierender Substanzen zu. Zu beachten ist dabei, dass die Oberflächenenergie (σ) in Terme aufgespalten werden kann, die sich wiederum aus den jeweiligen Wechselwirkungen ergeben (Formel 2.1) [2-14, 2-15].

$$\sigma = \sigma^{p} + \sigma^{d} + \sigma^{x} \qquad (2.1)$$

Darin bedeuten:

σ^{p} : polarer Anteil der Oberflächenenergie [mN/m]

σ^{d} : Dispersionsanteil der Oberflächenenergie [mN/m]

σ^{x} : weitere Anteile, z. B. metallische Bindung [mN/m]

Tabelle 2-3: Dispersionsanteil und polarer Anteil der Oberflächenenergie von Flüssigkeiten und Faserstoffen [2-15]

	Oberflächenenergie mN/m		
Flüssigkeiten	**Dispersionsanteil**	**Polarer Anteil**	**Gesamtwert**
Wasser	21,8	51,0	72,8
Dijodmethan	48,5	2,3	50,8
Glycerin	37,0	26,4	63,4
Aceton	18,1	5,6	23,7
Feststoffe			
Polyamid 6	25,7	19,5	45,2
Polyethylen-terephthalat	32,9	4,5	37,4
Polypropylen	24,4	6,2	30,6
Polytetrafluorethylen	12,5	1,5	14,0
Viskose	24,5	45,0	69,5

Im polaren Anteil werden die Kräfte, die sich aus Dipol-Wechselwirkungen und Wasserstoffbrückenbindungen ergeben, zusammengefasst. Der Dispersionsanteil fasst die Kräfte, die sich aus unpolaren Wechselwirkungen ergeben, zusammen. Für zahlreiche Faserstoffe und Flüssigkeiten sind diese Werte bekannt, so dass eine Abschätzung des Benetzungsverhaltens gut möglich ist. In vorstehender Tabelle sind die Oberflächenenergie sowie der Dispersionsanteil und der polare Anteil der Oberflächenenergie für wichtige Faserstoffe und Flüssigkeiten aufgeführt (Tabelle 2-3).

2.4.1 Bestimmung des Benetzungsverhaltens von Textilien

Die Phänomene der Benetzung von Textilien können auf unterschiedliche Weise untersucht werden. Dabei kann die Ausbildung von Kontaktwinkeln als Grenzflächenerscheinung (Bild 2-2) betrachtet werden oder die Aszension oder Depression von Flüssigkeiten in Kapillaren.

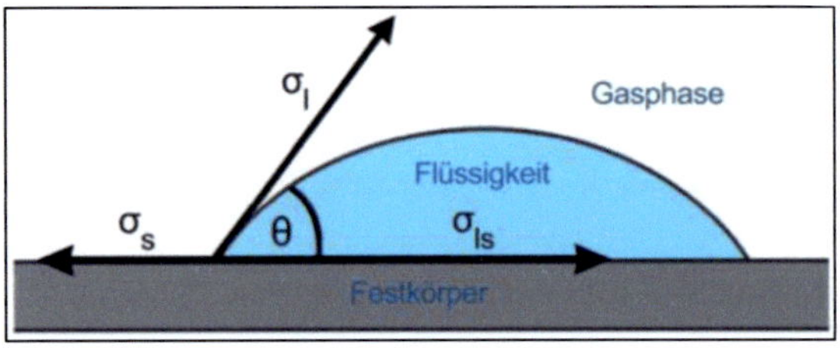

Bild 2-2: Flüssigkeitstropfen auf einer glatten Oberfläche, θ = Randwinkel/Kontaktwinkel, σ_l = Oberflächenspannung der Flüssigkeit, σ_s = Oberflächenspannung des Festkörpers, σ_{ls} = Grenzflächenspannung zwischen Flüssigkeit und Festkörper [2-15]

Die Kontaktwinkelmessung ist als optisches Verfahren für Polymerfolien gut anwendbar, bei Textilien kann der Winkel, der im Dreiphasenpunkt einer an einem Tropfen angelegten Tangente mit der Festkörperoberfläche entsteht (Bild 2-2), jedoch häufig nicht direkt beobachtet werden. Eine Verfälschung durch Rauheit und Porenstruktur ist gegeben (Bild 2-3), die mathematisch durch Wenzel (Formel 2.2) erfasst wurde [2-16]:

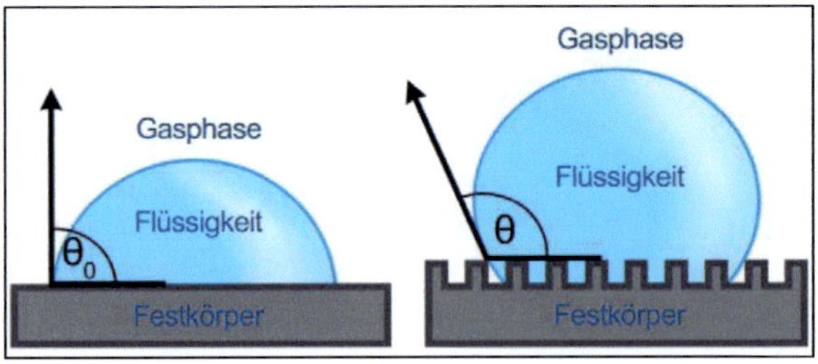

Bild 2-3: Gegenüberstellung des Kontaktwinkels bei der Benetzung einer glatten und einer rauen Oberfläche nach Wenzel [2-16]

$$\cos \theta = R \cos \theta_0 \qquad (2.2)$$

Darin bedeuten:

θ : Randwinkel auf einer rauen Oberfläche

θ_0 : Randwinkel auf einer glatten Oberfläche desselben Materials

R : Rauheitsfaktor (Quotient aus tatsächlicher und geometrischer Oberfläche, $R > 1$)

Im Fall textiler Oberflächen wie beispielsweise bei Multifaserstrukturen mit ausgeprägter Dreidimensionalität, wie sie in dieser Arbeit vorliegen, ist deshalb die Ermittlung des Kontaktwinkels häufig schwierig. Alternativ kann jedoch mit Hilfe der Steighöhenmethode das Benetzungsverhalten betrachtet werden. Abhängig von der Benetzbarkeit der Kapillare, vorgegeben durch die Oberflächenspannungen der wechselwirkenden Flüssigkeit und Festkörper, kann beim Eintauchen einer Kapillare in eine Flüssigkeit letztere über das Flüssigkeitsniveau hinaus in die Kapillare aufsteigen (Kapillaraszension) oder zurückgedrängt werden (Kapillardepression). Der Aufstieg der Flüssigkeit wird durch ein von der Benetzungsspannung (j), die die Flüssigkeitsrandlinie an der Kapillarwand nach oben zieht, hervorgerufene Kraft K bedingt (Bild 2-4). Es gilt bei vollständiger Benetzung [2-16] Formel 2.3:

$$K = 2\, r\, \pi\, j \tag{2.3}$$

Darin bedeuten:

K : anziehende Kraft [N]

r : Kapillarradius [m]

j : Benetzungsspannung [N/m]

Die Gewichtskraft (G) der Flüssigkeitssäule wirkt dieser Kraft entgegen. Es gilt Formel 2.4 [2-16]:

$$G = m\, g = \rho\, V\, g = \rho\, r^2\, \pi\, h\, g \tag{2.4}$$

Darin bedeuten:

G : Gewichtskraft [N]

m : Masse der Flüssigkeitssäule [kg]

g : Gravitationskonstante [9,81 kg/m²]

V : Volumen [m³]

ρ : Dichte der Flüssigkeit [kg/m³]

h : Steighöhe [m]

r : Radius der Kapillare [m]

Im Gleichgewichtszustand sind K und G gleichzusetzen und es gilt für die Steighöhe Formel 2.5 [2-16]:

$$h = 2\, j \,/\, (\rho\, r\, g) \tag{2.5}$$

Darin bedeuten:

h : Steighöhe [m]

j : Benetzungsspannung [N/m]

ρ : Dichte der Flüssigkeit [kg/m³]

r : Radius der Kapillare [m]

g : Gravitationskonstante [9,81 kg/m²]

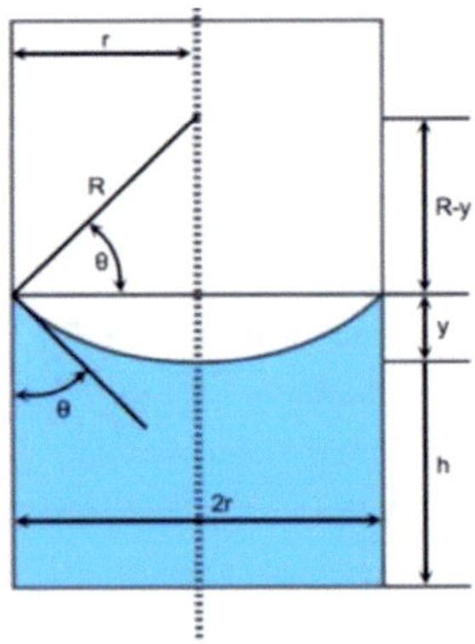

Bild 2-4: Steighöhe (h) einer Flüssigkeit (blau) in einer Kapillare mit dem Durchmesser 2r und dem Randwinkel θ bei Kapillaraszension

Die Benetzungsspannung j kann aus der Young-Gleichung (Formel 2.6) abgeleitet werden [2-16]:

$$j = \sigma_{lg} \cos \theta \qquad (2.6)$$

Darin bedeuten:

j : Benetzungsspannung [N/m]

σ_{lg} : Oberflächenspannung (Flüssigkeit-Luft)

Wird für j Formel 2.6 in Formel 2.5 eingesetzt, so ergibt sich folgender Zusammenhang (Formel 2.7):

$$h = 2\,\sigma_{lg} \cos \theta / (\rho\, r\, g) \qquad (2.7)$$

Darin bedeuten:

h : Steighöhe der benetzenden Flüssigkeit [m]

σ_{lg} : Oberflächenspannung (Flüssigkeit-Luft)

θ : Randwinkel

ρ : Dichte der Flüssigkeit [kg/m³]

r : Radius der Kapillare [m]

g : Gravitationskonstante [9,81 kg/m²]

Die Kinetik des Benetzungsprozesses von Kapillarsystemen wie einem Textil kommt in der Washburn-Gleichung, die wiederum auf dem Hagen-Poiseuille-Gesetz für laminare Strömung fußt, zum Ausdruck [2-16]:

$$dh/dt = j\, r / (4\, \eta\, h) \tag{2.8}$$

Darin bedeuten:

h : Steighöhe der benetzenden Flüssigkeit [m]

t : Zeit [s]

r : Kapillarradius [m]

j : Benetzungsspannung [N/m]

η : dynamische Viskosität [Ns/m², Pas]

In der Regel ist der Radius der Kapillarsysteme in Textilien nicht einfach zu erfassen und auch nicht gleichmäßig. Die Bestimmung der Steighöhe wird deshalb nur für vergleichende Messungen innerhalb einer Textilart durchgeführt, wenn Veränderungen der Oberflächenenergie des Textils zu untersuchen sind [2-16].

2.4.2 Adhäsion von Beschichtungen

Im Fall von Beschichtungen ist neben dem Benetzungsverhalten der Beschichtungspaste auch die spätere Haftfestigkeit der Beschichtung auf dem Untergrund zu untersuchen. Für eine optimale Haftfestigkeit muss der textile Träger gut gereinigt und vorbehandelt werden und die Beschichtungsmasse muss in Bezug auf die Filmeigenschaften wie z. B. das Wärmeausdehnungsverhalten oder die Elastizität auf das Substrat abgestimmt sein. Auch das Auftragsverfahren und die Filmbildung müssen bei der Auswahl der Reaktionspartner berücksichtigt werden. Bei textilen Trägern werden in der Regel mechanische Reinigungsverfahren wie Bürsten und nasschemische wie Waschen eingesetzt, um die Ware zu reinigen und von Flusen sowie Präparationen zu befreien. Haftungsaktivierende Maßnahmen z. B. basierend auf physikalischen Vorbehandlungen durch Plasma- oder Coronaverfahren wie sie in der Kunststoffindustrie üblich sind, kommen nur in Einzelfällen zum Einsatz.

Tabelle 2-4: Wechselwirkungen und Bindungen zwischen Substrat und Beschichtung [2-17]

Art der Bindung	**Hauptvalenz-Bindungen**		**Wasser-stoff-brücken-bindung**	**Dipol-Dipol-kräfte**	**Induk-tions-kräfte**	**Disper-sions-Kräfte**
	kovalent	**Ionisch**				
Reichweite [nm]	0,1 - 0,2	0,1 - 0,2	0,3 – 0,5	0,3 – 0,5	0,3 – 0,5	0,3 – 0,5
Bindungsenergie [kJ/mol]	60 – 700	600 – 1000	< 50	< 20	< 2	< 0,1 – 40

Die Kraft, die den Zusammenhalt von zwei Stoffen, z. B. Beschichtung und Träger, an den Grenzflächen bewirkt, ist die Adhäsionskraft. Vom molekularen Standpunkt kann es sich hierbei um die verschiedensten Wechselwirkungen, Kräfte und chemischen Bindungen handeln (vgl. Tabelle 2-4). Die Ausbildung der Wechselwirkungen im Einzelnen lässt sich durch die chemische Zusammensetzung der Oberflächen der wechselwirkenden Komponenten steuern. Verfahrenen, die die Adhäsionskräfte begünstigen, sind auch für Textilbeschichtungen hilfreich. Immer beteiligt an der Adhäsion sind Van-der-Waals-Kräfte, insbesondere Induktionskräfte oder Dispersionskräfte [2-17]. Dispersionskräfte sind bei unpolaren Stoffen wie z. B. Polyethylen oder Polypropylen alleine maßgebend. Trotz der geringen Bindungsenergie (Tabelle 2-4) der Einzelbindung können Dispersionskräfte wegen ihres gehäuften Auftretens entlang der Polymerkette zur Kohäsion der Ketten führen und zur Bindung längerkettiger Alkane beitragen. Andere Kräfte haben die Anwesenheit besonderer Strukturelemente zur Voraussetzung. Hierzu zählen polare Gruppen, Protonen-Akzeptoren/Donoren, reaktive Gruppen und Ladungszentren. Sie führen zu Wechselwirkungen mit permanenten Dipolen, Wasserstoffbrückenbindungen sowie kovalenten bzw. ionischen Bindungen. Dipol-Dipol-Kräfte gehen von elektrisch neutralen Strukturelementen aus, bei denen allerdings die Ladungsschwerpunkte von Atomen nicht zusammenfallen entsprechend einer Ausbildung von polaren Bindungen. Für die Ausbildung einer Wasserstoffbrückenbindung (H-Brücke) ist typisch, dass eine Wechselwirkung zwischen einem kovalent gebundenen H-Atom in einer Atomgruppierung R^1-X-H und einem freien Elektronenpaar eines Atoms Y einer weiteren Atomgruppierung IY-R^2eingegangen wird (Formel 2.9).

$$R^1\text{-X-H} *** \text{IY-}R^2 \qquad (2.9)$$

Darin bedeuten:

R^1, R^2 : z. B. Kohlenwasserstoffrest

X, Y : elektronegative Atome wie N und O

I : freies Elektronenpaar

*** : Wasserstoffbrücke

Das bedeutet, dass Hydroxyl- oder Carbonylgruppen mit H-Atomen wechselwirken, die kovalent an N oder O gebunden sind. H-Brücken weisen die höchsten Bindungsenergien von allen Nebenvalenzbindungen auf. Sie stabilisieren die supramolekulare Struktur von verschiedenen Faserpolymeren so stark, dass sie ohne chemische Modifizierung oder Kettenabbau kaum in Lösung zu bringen sind. Das gilt insbesondere für Cellulose und Proteine. Auch für den Beschichtungsbereich spielen H-Brücken eine große Rolle, da bevorzugt aus wasserhaltigen Medien beschichtet wird.

Hauptvalenzbindungen (ionisch oder kovalente Bindungen) sind zwischen den Komponenten eines Materialverbundes kaum nachgewiesen worden. Ihre Bildung sollte erleichtert sein, wenn der Beschichtungsauftrag aus flüssiger Phase erfolgt. Bei dieser nasschemischen Beschichtung wird ein filmbildendes Polymer verwendet, das in einem organischen Lösungsmittel, Wasser oder Lösungsmittel- Wasser-Gemisch gelöst und/ oder dispergiert wird. Hinzu kommen noch Additive. Um Wechselwirkungen zu ermöglichen, müssen Textilträger und Beschichtungsmasse in einen Abstand zwischen 0,1 und 0,3 nm gelangen. Das setzt voraus, dass einerseits der Träger sauber ist und andererseits eine vollständige Benetzung vorliegt [2-17].

Die Behandlung von Textilien mit Plasmen (siehe Kapitel 3) führt zur Ausbildung funktioneller Gruppen in den Substratoberflächen. Dies lässt eine bessere Benetzung durch eine Zunahme der polaren Anteile der Oberflächenenergie erwarten und darüber hinaus die Ausbildung weiterer Wechselwirkungen, die auf polaren Kräften basieren. Im Rahmen der Experimente der vorliegenden Arbeit ist zu beachten, dass die ausgewählte Beschichtungspaste aus Styrol-Butadien-Latices besteht. Die Oberflächenenergie von Polystyrol beträgt nach Owens und Wendt 38 mN/m mit einem überwiegend dispersen Anteil von 36,5 mN/m, die Oberflächenenergie von Kautschuk liegt bei 25 mN/m [2-18]. Es ist zu untersuchen, wie das Benetzungsverhalten dieser aus Wasser applizierten Beschichtungssysteme auf Multifaserstrukturen verbessert werden kann.

Von der spezifischen Adhäsion, die auf Wechselwirkungen und chemischen Bindungen basiert, ist die mechanische Adhäsion zu unterscheiden. Sie basiert auf einer formschlüssigen Verbindung oder auch Verklammerung zwischen den Komponenten, hervorgerufen durch ein Eindringen und Einlagern der liquiden Komponenten (gelöst, teilgelöst oder geschmolzen) in Poren und Kapillaren des Trägermaterials. Nach dem Verfestigen der Beschichtungspolymere führt das zu einer Verknüpfung mit dem Träger [2-20]. Spezifische und mechanische Adhäsion hängen insofern zusammen als mit zunehmender Zahl und Tiefe solcher Kavitäten die Oberfläche des Trägers zunimmt und sich damit auch mehr Bindungen und Wechselwirkungen ergeben können.

2.5 Funktionalisierung als Plattform zur Erzeugung innovativer Technischer Textilien

In der Textiltechnologie werden in Erweiterung der Definition für die funktionelle Gruppe in der Chemie alle Strukturelemente, die der Oberfläche von Textilien neue Eigenschaften verleihen, als funktionelle Gruppen bezeichnet. Das bedeutet, dass neben den zuvor aufgeführten funktionellen Gruppen auch solche hinzu gezählt werden, die nur aus Kohlenstoff und Wasserstoff bestehen, wie beispielsweise Methylgruppen, die im Hinblick auf Hydrophobierung interessante Eigenschaften mit sich bringen. So ist der Begriff der Funktionalisierung in der Textiltechnologie besonders häufig mit Technologien zur Textilmodifikation verbunden, die in oder auf der Oberfläche von Textilien neue, nicht fasertypische chemische Gruppen erzeugen. Dabei werden in der klassischen Textilveredlung Ausrüstungsmittel, die die gewünschten funktionellen Gruppen mitbringen, auf der Faseroberfläche in der Regel physikalisch gebunden, z. B. aufgrund zwischenmolekularer Kräfte wie Van-der-Waals Kräfte. Auch kön-

nen durch spezielle chemische Reaktionen funktionelle Gruppen erzeugt werden. Dies ist beispielsweise beim Alkalisieren von Polyester der Fall, wenn durch Natronlauge unter Hochtemperatur (130 °C) Polyester teilweise verseift und die Zahl verfügbarer Carboxyl- und Hydroxylgruppen erhöht wird, die der zunächst hydrophoben Faser hydrophile Eigenschaften verleihen.
Eine gegenwärtig intensiv untersuchte Methode stellt die Plasmatechnologie dar, bei der durch ionisierte Gase die Oberflächen textiler Substrate modifiziert werden. Sie stellt einen Sonderfall in der Textilveredlung dar: Die Prozesse können sowohl in der Vorbehandlung als auch in der Ausrüstung stattfinden. Sie sind weder den vielfach verwendeten nasschemischen noch den mechanischen Prozessen zuzuordnen, erlauben dennoch faserfremde Oberflächeneigenschaften zu erzeugen. Beispielsweise ist es möglich, in die Oberfläche von Polyesterfasern neue sauerstoffhaltige funktionelle Gruppen einzuführen. Durch Auswahl der Behandlungsgase und der Plasmaquelle können maßgeschneiderte Effekte erzielt werden.

Der Begriff der Funktionalisierung wird in der Textiltechnologie häufig noch weiter gefasst. Mit Hilfe der Ausrüstung oder Beschichtung können auf Textilien chemische Stoffe, insbesondere Polymere dauerhaft aufgetragen werden, die faserfremde funktionelle Gruppen aufweisen oder Partikel binden, die faseruntypische Eigenschaften besitzen. Auf diese Weise sind nahezu unbegrenzt Funktionalisierungen möglich, um innovative Technische Textilien zu erzeugen [2-20]. Beide Vorgehensweisen bieten eine große Vielfalt an Einflussmöglichkeiten, um die technologischen Funktionen textiler Werkstoffe zu verändern. Das macht sie für den Einsatz bei der Herstellung Technischer Textilien sehr interessant. Gerade Technische Textilien müssen komplexe Anforderungsprofile erfüllen, die häufig eine Kombination verschiedener Werkstoffe zu Verbundwerkstoffen erfordern. Die Grenzschicht zwischen den jeweiligen Werkstoffen ist deshalb besonders zu gestalten. Die Adhäsion verschiedener Werkstoffe in der Grenzschicht muss zuverlässig und dauerhaft bestehen. Auch muss die Beständigkeit der Technischen Textilien gegenüber z. T. extremen Gebrauchsbeanspruchungen wie hohen Temperaturen, mechanischen Beanspruchungen oder chemischen Stoffen gewährleistet sein. Funktionalisierung stellt deshalb eine Basiskompetenz zum Design der textilen Grenzschichten dar. Die zwei wichtigsten Wege sind einerseits die Einführung funktioneller Gruppen in die textile Oberfläche durch physikalische oder chemische Prozesse und andererseits die Erzeugung hybrider Werkstoffe mit neuen technologischen Funktionen durch Funktionsbeschichtungen. Das Potenzial dieser beiden Wege wird nachfolgend umfassend vorgestellt und diskutiert.

3 Neue Wege zur Funktionalisierung textiler Substrate

Die Plasmatechnologie gehört zu den Standardverfahren in der industriellen Fertigung beispielsweise der Kunststoffindustrie und der Elektroindustrie und dient dort der Oberflächenmodifikation verschiedener Werkstoffe. In der Textilbranche wird ihr Einsatz für unterschiedliche Zwecke seit den frühen 1980er Jahren untersucht. Vielversprechende Vorteile wie die Realisierung von Oberflächen, von denen stärkere Wechselwirkungen ausgehen, Energieeinsparung oder wasserfreie Veredlung sind die treibenden Kräfte bei der Erforschung und industriellen Umsetzung der Plasmatechnologie für die Textilbranche. Mit ihrem großen Verhältnis von Oberfläche zu Masse sollten Textilien besonders gut geeignet für die Anwendung von Plasmen sein. Auch die Kombination verschiedener polymerer Werkstoffe unterschiedlicher Oberflächengestalt lassen erwarten, dass oberflächenverändernde Verfahren besonders attraktive Einsatzgebiete in der Textilindustrie finden sollten. Darüber hinaus stellen vielfältige Endprodukte, die teilweise aus ein- und demselben textilen Rohstoff erzeugt werden, ein interessantes Betätigungsfeld für oberflächenverändernde Verfahren dar. Ist die Plasmatechnologie geeignet, beispielsweise Polyester so zu verändern, dass je nach Anforderungsprofil antimikrobielle oder biokompatible, hydrophobe oder hydrophile, adhäsive oder antiadhäsive Eigenschaften geschaffen werden?

Um das Potenzial der Technologie richtig auszuschöpfen, ist ein Blick auf ihre Grundlagen erforderlich. Nachfolgend sollen deshalb zunächst die physikalischen und technischen Grundlagen der Plasmatechnologie und anschließend exemplarisch Forschungsarbeiten und Anwendungen dieser Verfahrenstechnologie in der Textilbranche beschrieben werden.

3.1 Einleitung

Die Plasmatechnologie hat besonders in den letzten 50 Jahren eine zunehmende Bedeutung in der angewandten Wissenschaft erfahren und ist in der Zwischenzeit ein wichtiger Bestandteil verschiedener Prozesse beispielsweise in der Automobil-, der Luft- und Raumfahrttechnologie sowie der Verpackungsindustrie [3-1]. Plasma bezeichnet in diesem Zusammenhang den Ionisierungszustand einer aus Elektronen, Ionen, elektrisch neutralen Partikeln in verschiedenen Anregungszuständen und energiereicher Strahlung bestehenden Gasmischung. Die Anzahl der positiven und negativen Ladungsträger dieses hochenergetischen und hochreaktiven Gemisches ist nahezu gleich (Quasineutralität). Der Plasmazustand eines Gases unterscheidet sich vom dritten Aggregatzustand durch die völlige Aufhebung des Atomverbunds in Ionen und Elektronen, weswegen Plasma auch häufig als vierter Aggregatzustand bezeichnet wird. Charakteristisch für Plasmen ist deren elektrische Leitfähigkeit und Manipulierbarkeit durch elektromagnetische Felder [3-2]. Natürliche Plasmen sind während eines Gewitters in einem Blitz oder in der Corona der Sonne (Bild 3-1) zu beobachten, für die industrielle Nutzung werden jedoch technische Plasmen verwendet - beispielsweise in Neonlampen zur

Lichterzeugung, in Schweißgeräten zur Wärmeerzeugung oder auch in Niederdruckplasma- oder Coronaanlagen (Bilder 3-2 und 3-3) zur chemischen Aktivierung von Oberflächen.

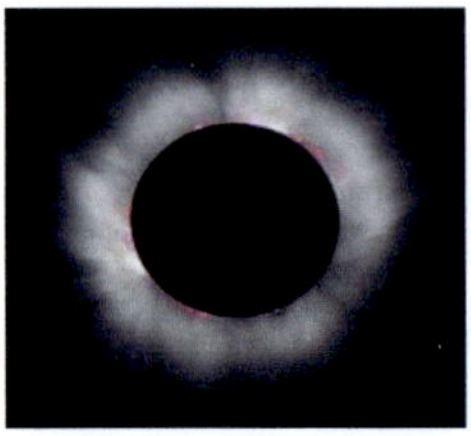

Bild 3-1: Sonnencorona, heißes Plasma > 10 000°C [3-3]

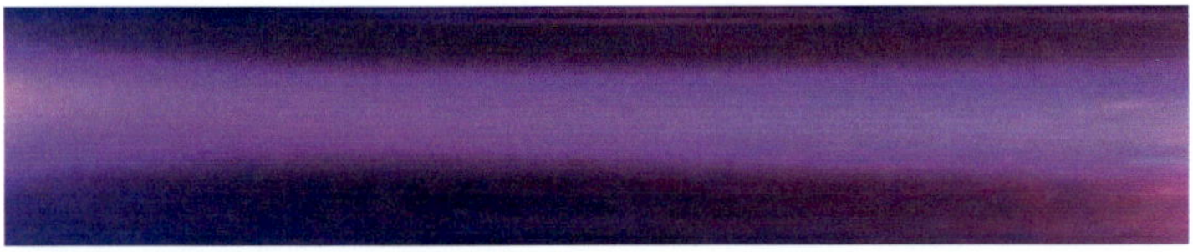

Bild 3-2: Niederdruckplasma, Druck < 1 bar, Energieeintrag in kHz, MHz oder Mikrowellen GHz [3-4]

Bild 3-3: Atmosphärendruckplasma, Druck ca. 1 bar, Energieeintrag Corona / DBD 5 – 100 kHz [3-5]

Die Plasmatechnologie ist eine außerhalb der Textilindustrie etablierte Technologie, eingesetzt beispielsweise zur Oberflächenreinigung (Plasmaätzen von Metallen) oder zur Aktivierung von Kunststofffolien vor dem Bedrucken. Durch Auswahl der beteiligten angeregten Gase, Veränderung der Druckverhältnisse und die Art der Anregung können die Plasmen unterschiedlichen Anwendungszwecken angepasst werden [3-2].

3.2 Physikalische Grundlagen

Technische Plasmen können durch sehr hohe Temperaturen, starke magnetische Felder oder durch elektrische Entladungen erzeugt werden. Die Ionisierung eines Gases durch Elektronenstoß (elektrische Entladung) ist eine der wichtigsten Methoden, ein technisches Plasma zu erzeugen und soll nachfolgend zum grundlegenden Verständnis anhand einer Glimmentladung erläutert werden (Bild 3-4).

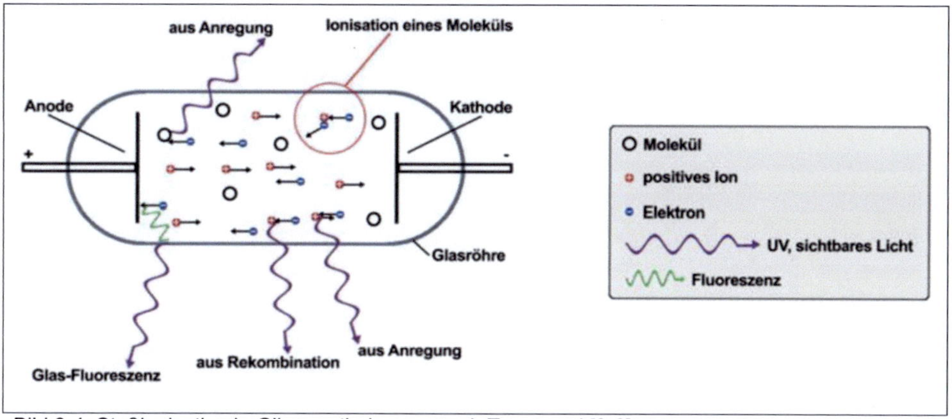

Bild 3-4: Stoßionisation in Glimmentladungen nach Townsend [3-6]

In einem geschlossenen Glasrohr befinden sich einander gegenüberliegend Anode und Kathode, an die eine elektrische Spannung angelegt wird, sowie ein neutrales Gas. Im Gas befindliche durch kosmische Strahlung hervorgerufene freie Elektronen nehmen die Energie der Spannungsquelle auf und werden im elektrischen Feld zwischen den Elektroden beschleunigt, die elektrische Energie wird so in kinetische Energie umgewandelt. Andere Ladungsträger im Gasgemisch sind aufgrund ihrer großen Masse zu träge und können unter diesen Bedingungen nicht beschleunigt werden. Bei Erhöhung der Spannung steigt das Energieniveau der Elektronen, es kommt zu Kollisionen mit Neutralteilchen [3-2]. An der Kathode werden Elektronen freigesetzt, die in Richtung Anode streben. Auf dem Weg zwischen den Elektroden kommt es zu Kollisionen zwischen den Elektronen und Gasmolekülen, wodurch Ionen, Radikale und weitere Elektronen erzeugt werden; letztere streben ebenfalls der Anode zu. Es kommt nun zu weiteren Kollisionen und infolgedessen erhöhter Freisetzung aktiver Spezies, jedoch auch zu Rekombinationen, wodurch die Anzahl der Ladungsträger wieder abnimmt. Sobald die Anzahl der Kollisionen die der Rekombinationen übersteigt und sich ein Gleichgewichtszustand freier Elektronen, Radikale und Ionen einstellt, entsteht im Gasrohr eine Gasentladung - das Plasma - und Strom kann zwischen den Elektroden fließen. Die Spannung, bei der dies erfolgt, ist die sogenannte Durchschlagspannung [3-2]. Die durch Rekombination frei werdende Energie wird in Form sichtbaren Lichts und UV-Strahlung in für die angeregten Gase charakteristischen Lichtfarben emittiert.

Tabelle 3-1: Charakteristische Farben in der negativen Glühzone und der positiven Säule einer Glimmentladung [3-2]

Gas	**Negative Glühzone (an der Kathode)**	**Positive Säule (an der Anode)**
Wasserstoff	fahlblau	rosa
Stickstoff	rot	blau
Sauerstoff	gelblich	fahlblau
Helium	blaugrün	rotviolett
Neon	orange	ziegelrot
Argon	dunkelblau	dunkelrot

3.3 Künstliche Plasmen

Künstliche Plasmen umfassen thermische Plasmen, nichtthermische Plasmen und Hybridplasmen; lediglich die letzten beiden Varianten sind für die Modifikation temperaturempfindlicher textiler Substrate geeignet. Das thermische Plasma wird in einer Bogenentladung bei Normaldruck erzeugt und die kinetische Energie aller Spezies befindet sich mit Temperaturen von 1000 – 50 000 K im thermischen Gleichgewicht. Hingegen entsteht bei vermindertem Druck kaltes Plasma. Zwischen den Elektronen, die mit einigen 10 000 K sehr heiß sein können, und den Ionen und Neutralpartikeln, die nur wenige 100 K heiß werden, besteht kein thermisches Gleichgewicht. Kalte Plasmen sind somit nicht-isothermisch. Dies macht sie für die Verwendung in der Textilfunktionalisierung interessant, da ein hoher Energiegehalt mit geringer Temperatur verbunden ist [3-7].

Hybridplasmen werden bei Normaldruck in einer Coronaentladung oder dielektrischen Barriereentladung erzeugt. Ihre Eigenschaften liegen zwischen denen von heißen und kalten Plasmen. Durch die Entladung entstehen zahlreiche kleine Funken, die ihrerseits heiße Plasmen darstellen. Sie sind im Volumen des nicht ionisierten Gases jedoch so gleichmäßig verteilt, dass die Gesamttemperatur relativ niedrig bleibt (Bild 3-6). Die Elektronen erreichen in Plasmen durch die eingespeiste elektrische Energie Energieniveaus bis 10 eV. Die energiereichsten Elektronen können die Ionisation aller Gasteilchen bewirken. Der Ionisationsgrad liegt bei Gasentladungen bei 10^{-6} bis 10^{-5} [3-2]. Damit ist der Energiegehalt der Elektronen deutlich höher als der jeglicher chemischer Bindungen (Tabelle 3-2), so dass diese in Plasmen aufgebrochen werden können.

Der Energieübertrag von Elektronen auf Ionen, Atome und Moleküle ist wegen des großen Masseunterschieds gering. Es wäre eine Vielzahl von Kollisionen erforderlich, um die Energiegehalte anzunähern. Die Anzahl dieser Kollisionen wird von dem herrschenden Druck beeinflusst.

Tabelle 3-2: Energiegehalt textiltypischer kovalenter Bindungen [3-8]

Bindung	**Bindungsenergie**
C-C	3,47 eV
C-H	4,12 eV
C-O	3,50 eV
C-N	2,91 eV
O-H	4,61 eV
N-N	3,90 eV

Die Stoßprozesse der freien Plasmateilchen lassen sich durch die Strecke, die zwischen den Stößen liegt, der sogenannten freien Weglänge, charakterisieren. Sie ist umgekehrt proportional zum Druck [3-2, 3-9].

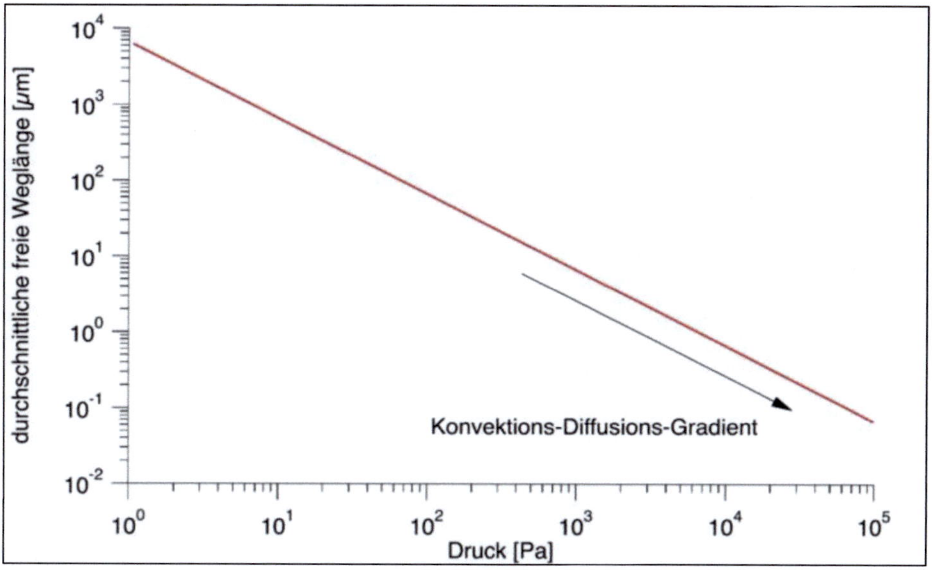

Bild 3-5: Durchschnittliche freie Weglänge der Elektronen in Abhängigkeit vom anliegenden Druck [3-9]

So beeinflusst der anliegende Druck die Plasmatemperatur in entscheidendem Maß. Während bei hohem Druck aufgrund vieler Stoßreaktionen und kurzer Weglängen der Energiegehalt von Elektronen und Ionen, Atomen und Molekülen schnell einen Ausgleich findet, ist dies bei niedrigem Druck und damit geringer Dichte mangels Stoßreaktionen nicht der Fall. Es liegt somit ein Gefälle bzw. eine

Abnahme des auf Konvektion und Diffusion basierenden Stofftransports in der Reaktionskammer vor (Konvektions-Diffusions-Gradient).

Tabelle 3-3: Durchschnittliche freie Weglänge der Atome bei Atmosphären- und Niederdruckplasma [3-10]

	Ionisierungspotenzial [V]	**Durchmesser**	**Durchschnittliche freie Weglänge [cm] bei 271 K**	
			Atmosphärendruckplasma	Niederdruckplasma [133 Pa]
He	24,6	2,18 x 10^{-8}	1,72 x 10^{-5}	13,7 x 10^{-3}
Ne	21,5	2,58 x 10^{-8}	1,25 x 10^{-5}	9,56 x 10^{-3}
Ar	15,8	3,66 x 10^{-8}	0,63 x 10^{-5}	4,82 x 10^{-3}
Kr	14,0	4,14 x 10^{-8}	0,49 x 10^{-5}	3,70 x 10^{-3}
Xe	12,1	4,88 x 10^{-8}	0,35 x 10^{-5}	2,66 x 10^{-3}
H_2	13,5 (H), 15,4 (H_2)	2,72 x 10^{-8}	1,13 x 10^{-5}	8,54 x 10^{-3}
N_2	14,5 (N), 15,8 (N_2)	3,78 x 10^{-8}	0,58 x 10^{-5}	4,56 x 10^{-3}
O_2	13,6 (O), 12,5 (O_2)	3,62 x 10^{-8}	0,64 x 10^{-5}	4,92 x 10^{-3}

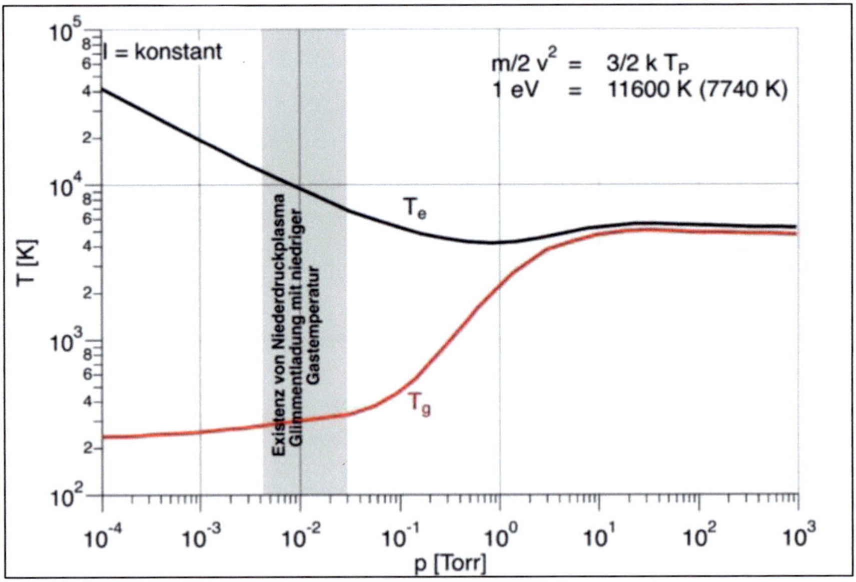

Bild 3-6: Elektronen (Te) - und Gastemperatur (Tg) in Abhängigkeit vom Druck (1 Torr = 133,32 Pa) [3-11]

Im ersten Fall liegt ein thermisches Gleichgewicht vor, im zweiten Fall ein Nichtgleichgewichtsplasma, auch Niedertemperatur- oder Niederdruckplasma genannt [3-11, 3-12, 3-13, 3-14, 3-15, 3-16, 3-17]. Für die Modifikation thermisch empfindlicher Werkstoffe wie Textilien eignen sich folglich nur kalte bzw. Niedertemperatur- und Hybridplasmen. Sie ermöglichen aufgrund des hohen Energiegehalts der Elektronen bei gleichzeitig vergleichsweise kalter Umgebung chemische Reaktionen an der Substratoberfläche, ohne die Masse des Materials zu beeinträchtigen [3-18]. Sie werden in den nachfolgenden Kapiteln 3.3.1 und 3.3.2 näher beschrieben.

3.3.1 Das Niedertemperaturplasma

Niedertemperaturplasmen entstehen durch Ionisation von Gasen in einer Vakuumkammer bei einem Druck von ca. 100 Pascal. Das Vakuum wird mit Hilfe von Vakuumpumpen vor Anlegen der Spannung erzeugt. Unter diesen Bedingungen sind die Elektronen und energiereiche Strahlung die Hauptenergieträger, während Ionen, Atome und Moleküle, die die Gasmasse ausmachen, nur einen geringen Energiegehalt aufweisen. Der Energiegehalt der Elektronen (Te) liegt 10 – 10^3 mal über dem der Ionen (Ti) und Neutralteilchen (Tn) (Formel 3.1):

$$T_e\ (10^5 - 10^6\ K) > T_i + T_n\ (10^2\text{-}10^3\ K) \qquad (3.1)$$

Die Zahl der energieübertragenden Zusammenstöße ist klein, die freie Weglänge umgekehrt proportional dazu lang und es kann aufgrund der Masseunterschiede (Elektronen sind 10^4 mal kleiner als Atome) keinen thermischen Ausgleich geben. Es liegen somit zwei Energiesysteme vor, die sich gegenseitig durchdringen. Die chemische Reaktionskinetik im Plasma wird jedoch von der Energie der Elektronen bestimmt (Bild 3-6). Dieser Zusammenhang wird in der Plasmatechnologie bewusst ausgenutzt: Es liegt ein System vor, das bei niedriger Temperatur einen hohen Energiegehalt aufweist. So können auch Reaktionen bei geringen Temperaturen ablaufen. Dieses Phänomen ermöglicht die Behandlung thermisch empfindlicher Materialien wie Textilien aus thermoplastischen oder temperaturempfindlichen Faserstoffen.

Tabelle 3-4: Prozessparameter

Prozessdruck	0,5 – 2 mbar/ 50 – 200 Pa
Leistung	100 W bis mehrere kW
Prozessgas	Edelgase, Sauerstoff und andere Gase
Gasdurchfluss	50 – 500 ml/min
Prozesszeit	Wenige Sekunden bis einige Minuten
Temperatur	30 – 100 °C (max. 200°C)

Für die technische Applikation bleibt stets abzuwägen zwischen dem Vorteil des hohen Energieeintrags bei niedriger Temperatur und dem Nachteil der diskontinuierlichen Vakuumtechnik (Tabelle 3-5).

Tabelle 3-5: Vor- und Nachteile der Niederdruckplasmatechnologie

Vorteile	**Nachteile**
Behandlung von Textilien bei niedrigen Temperaturen (Raumtemperatur)	Vakuumtechnik
Trockener Prozessablauf	Hohe Anlagenkosten
Geringer Chemikalienverbrauch (Gas)	Kontinuierliche Verfahrensweisen nur mit hohem Aufwand möglich
Einfache Prozessführung	Hoher Luftgehalt der Textilien verlängert die Entlüftung
Einfache Entsorgung	Hoher Feuchtigkeitsgehalt hygroskopischer Faserstoffe verlängert die Entlüftung
Geringer Platzbedarf	Warenspeicher muss in die Anlage integriert werden

Methodik zur Erzeugung des Niederdruckplasmas

Das Niederdruckplasma wird am einfachsten in einer Glimmentladung erzeugt (Bild 3-4). Zur Erzeugung eines Plasmas können Spannungen eines jeden Frequenzbereichs angelegt werden: Gleichstrom (0 Hz) oder Wechselstrom unterschiedlicher Frequenzen (Niederfrequenz < 1MHz, Hochfrequenz 13,56 MHz oder 27,12 MHz oder Mikrowellen mit 2,45 GHz). Von dieser Wechselspannung hängt ab, ob das Plasma mit oder ohne Elektroden erzeugt werden kann. Bei Frequenzen unter 1MHz (Niederfrequenz) müssen Elektroden eingesetzt werden, die sich bei Gleich- und Wechselstrom im Entladungsraum befinden, da die Elektronen an den Elektroden und Reaktorwänden verloren gehen und kontinuierlich eingespeist werden müssen. Die Ionisationsprozesse, die zum Gasdurchschlag führen, dauern 10^{-6} bis 10^{-8} Sekunden und damit länger als der Feldwechsel [3-18, 3-19, 3-20].
Bei Frequenzen zwischen 1 MHz und 300 MHz können die Elektronen die Gefäßwände oder Elektroden nicht mehr innerhalb einer Feldwechselperiode erreichen, so dass sie während des Vorgangs nicht verloren gehen und von den Elektroden deshalb nicht nachgeliefert werden müssen. Die Elektroden können unter diesen Bedingungen auch außerhalb der Entladungszone liegen.
Bei Frequenzen größer als 300 MHz werden keine Elektroden benutzt (elektrodenlose Entladungserzeugung). Das Plasma wird mittels Mikrowellen erzeugt. Die Ionen werden auch in diesem Fall durch Elektronenkollisionen erzeugt. Die Mikrowelle wird von einem Magnetron erzeugt. Über Hohlleiter, die der Wellenlänge angepasst sind, werden die Wellen in die Hornantenne eingespeist. Die Strahlen

treten aus der Antenne über ein Quarzglasfenster in die Vakuumreaktionskammer ein. Durch die Mikrowelle werden die Elektronen im Gasvolumen beschleunigt, sie werden durch den Feldwechsel in Schwingungen versetzt, ohne dass sie die Reaktorwände erreichen können. Der Energiegehalt der Elektronen nimmt dabei zu und es kommt zu Kollisionen mit den übrigen Gasteilchen, was schließlich zu deren Anregung und Ionisierung führt. Das Plasma hat aufgrund der hohen Frequenz einen sehr hohen Ionisierungsgrad. Häufig wird von sehr dichtem Plasma gesprochen. Nachteilig ist, dass die Elektronen die Mikrowellen an der Antennenöffnung am stärksten absorbieren, so dass die Gleichmäßigkeit eines Mikrowellenplasmas geringer ist als die der Elektrodenplasmen [3-20]. Die Effektivität des Plasmas steigt mit der Frequenz. Im Mikrowellenplasma liegt die höchste Ionendichte vor.

Tabelle 3-6: Ionendichte in Abhängigkeit von der Frequenz [3-2]

Frequenz	DC	kHz	MHz	GHz
Elektroden	innen	innen	außen	elektrodenlos
Ionisierungsgrad	zunehmend →			

3.3.2 Das atmosphärische Plasma

Wie bereits zuvor geschildert, kommen neben dem Niederdruckplasma auch ein Atmosphärenplasma in Form einer Corona- oder dielektrischen Barriereentladung (DBD) sowie die Linearplasmatechnologie zur Funktionalisierung von Textilien in Betracht. Aufgrund der besonderen industriellen Relevanz wird diese Technologie deshalb nachfolgend eingehend beschrieben.

Erzeugung der Entladungen

Eine Coronabehandlungsanlage umfasst ein Elektrodensystem mit hohem elektrischen Potenzial, eine Gegenwalze auf elektrischem Massepotential und einen Hochleistungsgenerator. Dieser produziert eine sinusförmige Wechselspannung bis zu 20 kV mit einer Frequenz im Bereich von 20 bis 40 kHz. Eine hohe Frequenz führt zu einer höheren Zahl an Entladungsfunken, eine geringe Frequenz zu einer geringeren Anzahl intensiverer Funken. Die Spannung ist so hoch zu wählen, dass zwischen Elektrodensystem und Walze ein elektrischer Überschlag stattfindet, der zur Gasentladung führt. Zwischen dem Elektrodensystem und der Gegenwalze, die in der Regel einen Abstand von ca. 1,5 mm aufweisen, wird das zu behandelnde Gut geführt. Eine Vergrößerung des Spalts ist nur geringfügig möglich, da es sonst zu unkontrollierten Entladungen kommen kann. Für die Behandlung textiler Bahnen sind Anlagen mit einer Spaltbreite von max. 4 mm zu empfehlen, um auch Materialien mit größerer Dicke zu behandeln. (Bild 3-7). Eine besondere Form der Coronaentladung ist die dielektrische Barriereentladung (DBD). Dabei sind die Elektroden mit einem Dielektrikum beschichtet (Bilder 3-8,

3-9), um eine gleichmäßige Verteilung der Entladung über die gesamte Breite des Systems zu ermöglichen und kräftige Einzelfunken zu verhindern (Bilder 3-10, 3-11). Für thermoplastische und temperaturempfindliche Werkstoffe ist dies wichtig, da durch Funkenentladungen Materialschäden hervorgerufen werden können. Dabei ist allerdings zu berücksichtigen, dass diese Maßnahme zu einer Reduktion der Plasmaeffekte auf der Substratoberfläche führt. Zum Vergleich: eine Metallelektrode erzeugt bei einer Coronadosis von 35 Wmin/m² auf Polypropylen eine Oberflächenenergie von 42 mN/m (ausgehend von 32 mN/m für unbehandeltes PP), während eine Keramikelektrode lediglich 39 mN/m erreicht [3-29].

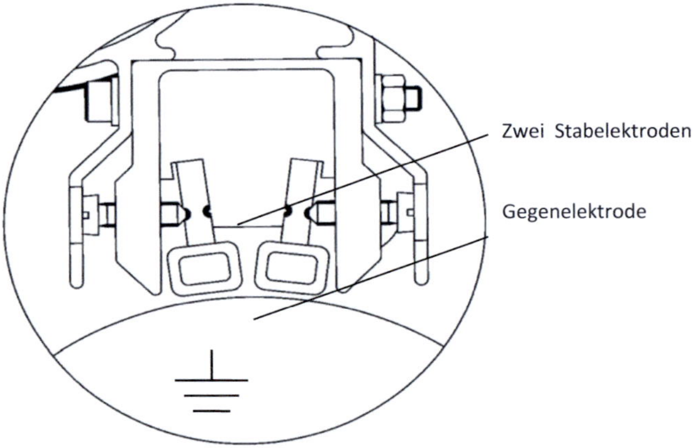

Bild 3-7: Schematische Darstellung einer dielektrischen Barriereentladung mit Stabelektroden und geerdeter Gegenelektrode [3-22]

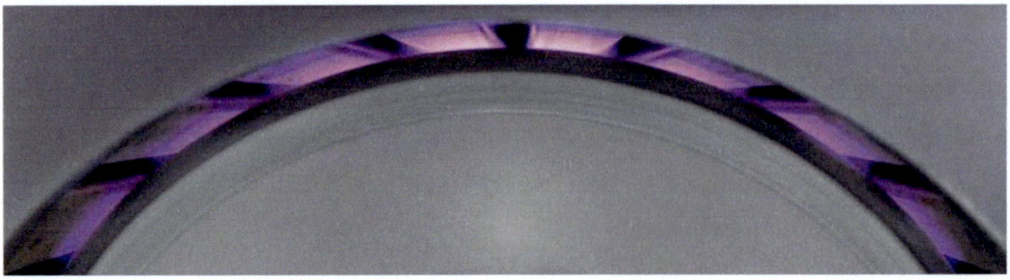

Bild 3-8: Dielektrische Barriereentladung mit acht Stabelektroden und einer Gegenelektrode [3-22]

Bild 3-9: Elektrodenkonfigurationen, geöffnete Position [3-22]

Links: keramische Stabelektroden und keramisch beschichtete Gegenelektrode

Mitte: Metallstabelektroden und mit Silikon beschichtete Gegenelektrode

Rechts: Metallsegmentelektroden und eine Gegenelektrode mit Silikonschlauchüberzug

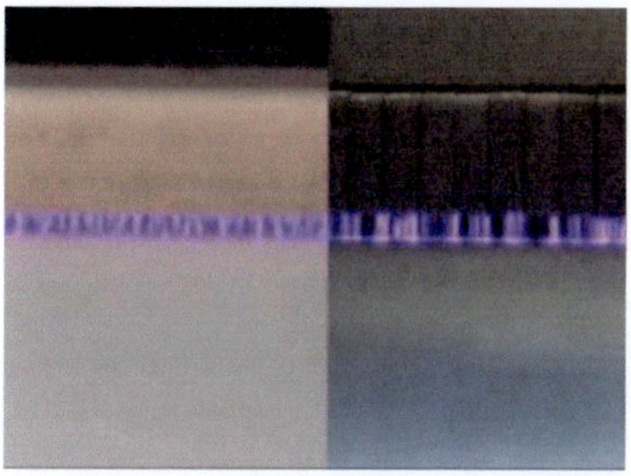

Bild 3-10: Plasmen einer dielektrischen Barriereentladung (links) und einer Corona mit Stabelektroden (rechts) bei niedriger Leistung [3-22]

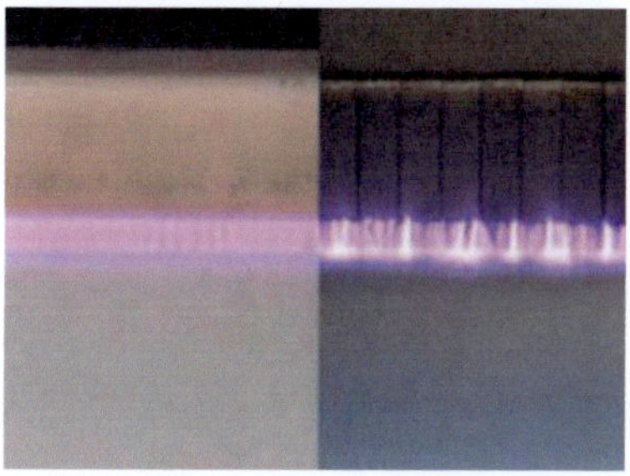

Bild 3-11: Plasmen einer dielektrischen Barriereentladung (links) und einer Corona mit Stabelektroden (rechts) bei hoher Leistung [3-22]

Die Versuchsanlage im Technikum der Hochschule Niederrhein ist in eine komplexe, kontinuierliche Veredlungsstraße integriert (Bild 3-12). Diese ist in der Lage, Flächengebilde bis zu einer Warenbreite von 1600 mm in Linie mit Foulard (Jagenberg Textile GmbH & Co. KG vormals Küsters GmbH, Krefeld), Spray-Einrichtung (WEKO Weitmann & Konrad GmbH & Co KG, Leinfelden-Echterdingen), Walzen- und Luftrakelsystem (Coatema Coating Machinery GmbH, Dormagen) und einem Zweifelderspannrahmen (A. Monforts Textilmaschinen GmbH und Co. KG, Mönchengladbach) zu funktionalisieren. Darüber hinaus können Aerosole erzeugt werden, denen die textile Warenbahn simultan oder konsekutiv zur DBD ausgesetzt wird. Hervorzuheben ist, dass die Anlage über zwei Entladungszonen verfügt, die sowohl die rechte als auch die linke Warenseite funktionalisieren können, sowie über eine 6-köpfige Spray-Aerosol-Einheit, die in der zweiten Entladungszone versetzbar installiert ist und über Druckluft bis 4 bar betrieben wird.

Bild 3-12: Integration der Spray-Aerosol-Dielektrischen Barriereentladung in die Kontinueveredlungslinie

In der Regel befindet sich im Elektrodenspalt Umgebungsluft, um die Elektroden zu kühlen und Ozon abzutransportieren. Die im experimentellen Teil verwendete Anlage kann auch mit Prozessgasen wie Stickstoff oder Kohlenstoffdioxid gespült werden. Zusätzlich ist die Einbringung von Aerosol in den Entladungsspalt möglich. Die wichtigsten Prozessparameter sind die angelegte Leistung - im Fall der eingesetzten Anlage max. 5 kW - sowie die Prozessgeschwindigkeit, die 2 m/min oder mehr (bis über 100 m/min) beträgt.

Eine Weiterentwicklung der Coronatechnologie stellt die Remoteplasmatechnologie der Firma Softal Corona & Plasma GmbH, Hamburg, (Linearplasmatechnologie) dar. Während die Coronatechnologie aufgrund des begrenzten Elektrodenabstands (1,5 – 4 mm) nur Werkstoffe bis zu einer Materialdicke von 2 mm behandeln kann, gestattet die neue Technologie die einseitige Funktionalisierung dickerer Werkstoffe [3-23]. Im Gegensatz zur klassischen Corona- oder dielektrischen Barriereentladung durchdringt das Plasma die Ware nicht mehr. Das Plasma wird hierbei oberhalb der Ware zwischen zwei Elektroden, die mit Dielektrika überzogen sind, ausgebildet. Die Plasmabehandlung erfolgt indirekt, indem die reaktive Spezies mittels Druckluft auf das Behandlungsgut geblasen wird. Die Ware muss nicht mehr durch den Entladungsspalt geführt werden. Hierdurch ergeben sich gerade für Textilien mit höherer Dicke eindeutige Behandlungsvorteile:

- einseitige Behandlung,
- Materialien mit größerer Dicke als 2 mm können behandelt werden,

- keine Materialschäden durch Entladungsfilamente (Einzelentladungsspitzen),
- Möglichkeit der Musterung durch Maskierung [3-24].

Die hier präsentierte Technologie (Bild 3-13) wird für die nachfolgenden Experimente auf einer Technikumsanlage der Firma Softal im Rahmen der Experimente zur Funktionalisierung von Multifaserstruktruen mit ausgeprägter Dreidimensionalität angewendet.

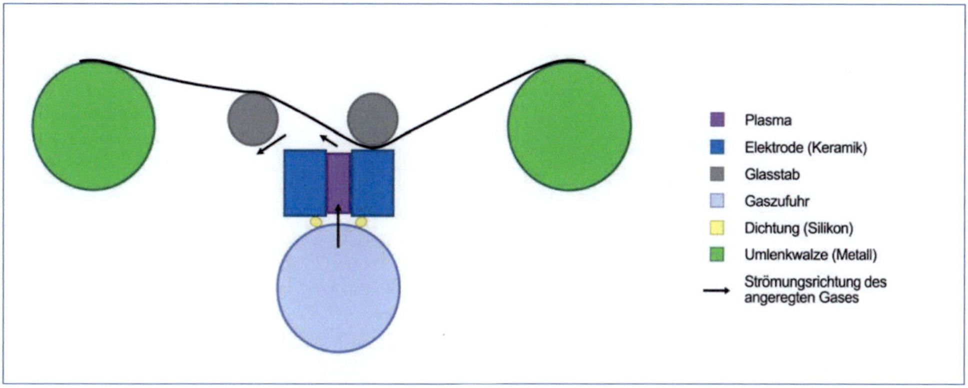

Bild 3-13: Prinzip der Warenführung durch ein Remoteplasma [3-24]

3.4 Elementarprozesse im Plasma

Die elektrische Energie wird im Plasma in folgende Energieformen umgewandelt:

- Bewegungsenergie der geladenen Elektronen und Ionen,
- Anregungsenergie der aktivierten Atome und Moleküle,
- elektromagnetische Strahlung, die als sichtbares Licht, UV- und IR-Strahlung austritt und aus der bei der Rekombination positiver und negativer Ladungsträger frei werdenden Energie resultiert.

Diese Energieformen führen zu verschiedenen Elementarprozessen, die simultan im Plasma ablaufen (Bild 3-14):

- Anregung,
- Dissoziation,
- Ionisierung,
- Ionisierende Dissoziation,
- Dissoziation in Radikale und Ionen,
- Elektroneneinfang,
- Radikalbildung durch Strahlung und

- Bildung neuer Moleküle, Atome und Radikale durch Neutralisationen, Rekombinationen und strukturelle Umgestaltungen.

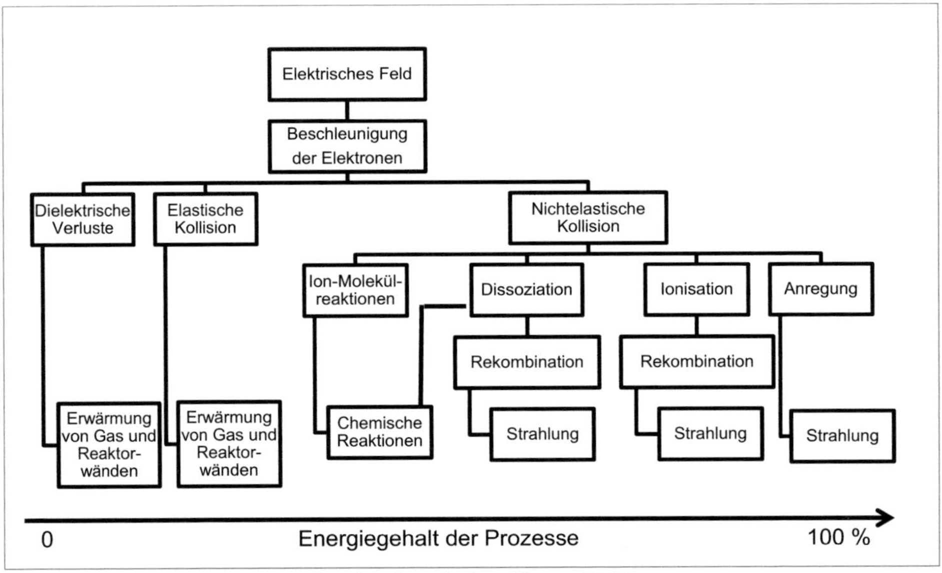

Bild 3-14: Die Elementarprozesse im nichtthermischen Plasma [3-25]

3.5 Einfluss der Gasart auf das Plasma

Die Eigenschaften eines Plasmas hängen in starkem Maße von der Gasart ab. Folgende Gasarten sind zu unterscheiden:

- Edelgase (Ne, Ar),
- reaktive, nicht polymerisierende Gase (CO_2, O_2, N_2, NH_3, Luft, Halogene),
- reaktive, polymerisierende Gase (CF_4, Organosilikon- und Organometalldämpfe).

Die ersten beiden Gasarten verändern die Oberfläche durch Polymerätzen, Funktionalisierung, Radikalbildung und Vernetzungen. Hingegen modifizieren polymerisierende Gasarten Werkstoffe durch Ablagerung hochvernetzter Polymerfilme. Für die im Rahmen der Experimente eingesetzten Hybridplasmen werden in der Regel nur reaktive, nicht polymerisierende Gase verwendet, da unter atmosphärischen Bedingungen gearbeitet wird. Nachfolgend werden die Reaktionen mit Bezug auf Polymer- bzw. Faseroberflächen dargestellt.

3.5.1 Edelgasplasma

Edelgasplasmen kommen in der Regel nur für Vakuumanwendungen in Betracht. Hier kommt es durch Stoßreaktionen und UV-Strahlung zur Ausbildung von Radikalen an der Polymeroberfläche des eingebrachten Textils, die durch Rekombination zu Vernetzungen innerhalb der oberflächennahen Faserregionen führen können. Die Radikaltypen entsprechen dem Polymermaterial, die Gase selbst reagieren nicht mit dem textilen Rohstoff. Die Radikale können im Anschluss an die Plasmabehandlung mit Luftsauerstoff reagieren, wodurch hydrophile funktionelle Gruppen ausgebildet werden.

Tabelle 3-7: Abhängigkeit der Radikaldichte vom Substrat und der Gasart (Argon und andere) [3-26]

Faser	**unbehandelt**	**O_2**	**N_2**	**CH_4**	**Ar**	**H_2**	**CO_2**
Baumwolle	0,2	0,5	0,6	1,1	1,6	2,0	3,1
Wolle	0,2	0,4	0,5	0,5	0,6	0,6	0,6
Seide	0,2	0,3	0,4	0,4	0,6	0,4	0,5
Polyamid 6	0,2	0,2	0,2	0,2	0,2	0,2	0,2
Polyester	0,2	0,2	0,2	0,2	0,2	0,2	0,2

Die erzielten Effekte sind nicht beständig gegenüber einer Langzeitlagerung oder Wäsche. Dies ist in erster Linie auf die Diffusion von niedermolekularen Polymerhomologen (Oligomere) ins Faserinnere zurückzuführen. Weiterhin können hydrophile Abbauprodukte des Polymers an Wasser oder Luft abgegeben werden.

3.5.2 Plasma reaktiver, nicht polymerisierender Gase

Im Plasma reaktiver, nicht polymerisierender Gase werden bereits in den ersten Behandlungssekunden Radikale (Bild 3-15) erzeugt, aber auch Moleküle in das oberflächennahe Polymergefüge eingebaut, wobei gasspezifische funktionelle Gruppen entstehen. Parallel entstehen auch flüchtige Zersetzungsprodukte durch die Verbindung aktiver Plasmaspezies mit dem Substrat, es kommt zum Polymerabbau (Plasmaätzen) bis hin zu einer Oberflächenzerklüftung. Bild 3-15 stellt heraus, dass die Konzentration an Sauerstoffatomen in der Oberfläche (Belegungsdichte) von Polypropylen unter Atmosphärenbedingungen bereits nach 6 s bei 40 O-Atomen/ 100 C-Atomen liegt. In einer dielektrischen Barriereentladung und auch in einer Niederdruckentladung kann dieser Wert nicht erreicht werden. Um Materialschäden auszuschließen, werden dennoch für praktische Anwendungen die dielektrische Barriereentladung oder das Niederdruckplasma bevorzugt [3-27].

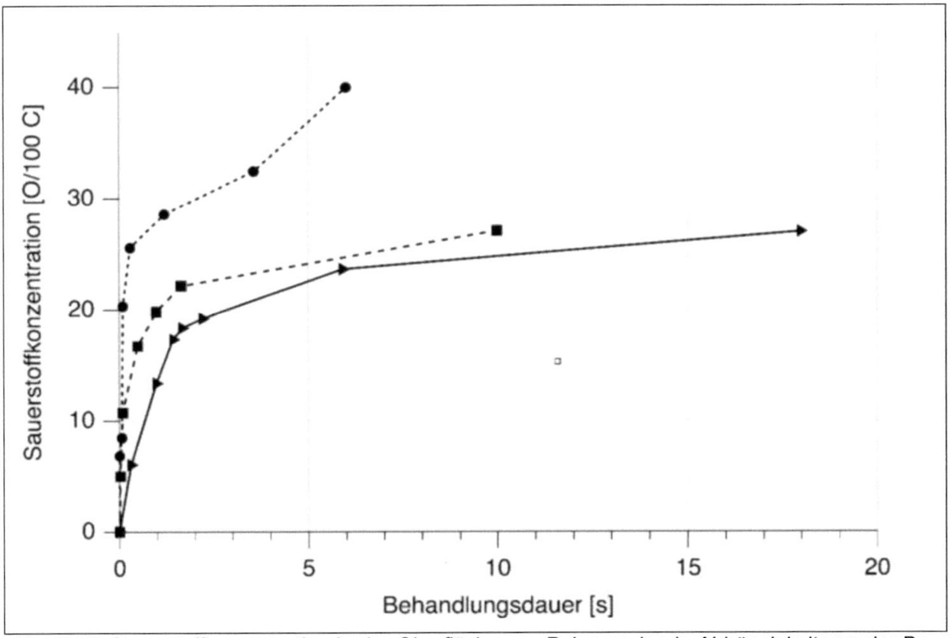

Bild 3-15: Sauerstoffkonzentration in der Oberfläche von Polypropylen in Abhängigkeit von der Behandlungszeit und der Plasmaart, -▶-: Dielektrische Barriereentladung, -■- Niederdruck Sauerstoffplasma, -●- Plasma-Jet Plasma bei atmosphärischem Druck [3-27]

3.5.3 Plasma reaktiver, polymerisierender Gase

Das Plasma reaktiver, polymerisierender Gase enthält Substanzen, die im Plasma zu einem Film auspolymerisieren. Man spricht auch von PECVD - Plasma Enhanced Chemical Vapour Deposition. Es kommt bei diesem Vorgang zu einer Massezunahme (siehe auch 3.6.3).

3.6 Vorgänge auf Polymeroberflächen

Im Plasma werden auf Polymeroberflächen chemische Reaktionen angeregt. In Abhängigkeit von der Stärke der atomaren Bindungen können unterschiedliche Prozesse ablaufen. Beispielsweise können Bindungen zwischen benachbarten Makromolekülen gebildet werden, ein Prozess der zu Vernetzungen führt, andererseits können aber auch Makromoleküle aufgebrochen werden. In Luft werden die Polymere an diesen Molekülbruchstellen sehr schnell oxidiert, was zu verschiedenen funktionellen Gruppen führt: Hydroxyl-, Keton-, Carbonsäuren, Epoxy-, Ether- und Estergruppen können entstehen, die die Oberflächenenergie der behandelten Materialien erhöhen. In vernetzten Polymeren kommt es nach ihrer Bildung zu einer verminderten Zugänglichkeit der funktionellen Gruppen und in Folge zu einem Nachlassen des Funktionalisierungseffekts. Welche Art von Reaktion abläuft, hängt nicht nur von der Art des Plasmas ab, sondern auch vom chemischen Aufbau sowie der übermolekularen Struktur der Polymerwerkstoffe. Dies führt auch dazu, dass die Plasmafunktionalisierung von Folien nicht ohne Anpassung auf Textilien übertragen werden kann. Im Zusammenhang mit Polymeren sind vier Wege der Oberflächenmodifikation durch Plasmen zu unterscheiden: Polymerätzen (3.6.1), Funktionalisierung (3.6.2), Vernetzung und Abscheidung (3.6.3). Durch diese Prozesse werden in erster Linie die Oberflächeneigenschaften polymerer Substrate und folglich das Benetzungsverhalten verändert. Die kinetische Energie der im Plasma aktiven Teilchen ist so gering, dass polymere Werkstoffe nur in der obersten Materiallage modifiziert werden. Tiefergehende Veränderungen durch direkte Plasmaeinwirkung sind ausgeschlossen. Dennoch sind indirekte Auswirkungen, z. B. durch thermische Einflüsse, möglich [3-29].

3.6.1 Polymerätzen

Die Stöße energiereicher Teile aus dem Plasma bewirken eine Desorption adsorbierter und auch eingebundener Moleküle verbunden mit Masseabnahme. Dabei werden Verbindungen mit niedriger Molmasse erzeugt (CO_2, H_2O, einfache Kohlenwasserstoffe), die in den Gasraum frei gesetzt werden und in Abhängigkeit vom Konzentrationsgefälle und der Diffusion abtransportiert werden. Wird die Konzentration der Ladungsträger durch Erhöhung der Stromdichte gesteigert, so kommt es zu einem überproportionalen Materialabbau. Handelt es sich bei dem eingesetzten Gas um ein Edelgas, so können lediglich Ätzprozesse stattfinden, die durch Redeposition zuvor desorbierter Teilchen chemische Funktionen an der Oberfläche verändern können. Durch Stoßreaktionen mit energiereichen Elektronen sowie durch die im Plasma entstehende energiereiche UV-Strahlung kommt es auf der Oberfläche von Polymeren zur Bildung von Radikalen. Auf der Oberflächen von Polyesterfasern entstehen beispielsweise im Argonplasma innerhalb weniger Sekunden 10^{13} Radikale/cm² [3-32].

Im Plasma reaktiver, nicht polymerisierender Gase wie z. B. Sauerstoff kommt es neben dem Ätzen auch noch zu Funktionalisierungen – die Prozesse bilden bereits nach kurzer Zeit ein stationäres Gleichgewicht, so dass eine gezielte Einflussnahme auf die chemischen Eigenschaften danach nicht mehr möglich ist [3-30].

3.6.2 Funktionalisierung

Das Plasma reaktiver Gase (beispielsweise O_2, CO_2, N_2) führt zu Funktionalisierungen. Es kommt in den ersten Sekunden der Behandlung zum Aufbrechen kovalenter Bindungen im zu behandelnden Substrat und zu einer Anlagerung von Molekülen an die frisch gebildeten potenziell reaktiven Zentren. Auf diese Weise werden gasspezifische funktionelle Gruppen an der Polymeroberfläche erzeugt. Dieser Vorgang kann durch Einlagerung von Molekülen überlagert werden, die durch Polymerätzen zuvor von der Polymeroberfläche abgetragen wurden, hierbei handelt es sich um eine Redeposition mit Massenzunahme. Die eingelagerten Moleküle weisen eine hohe Reaktivität auf, was zur Ausbildung dreidimensionaler Schichten mit hohem Vernetzungsgrad führen kann. Die Funktionalisierung tritt vor allen Dingen vor Ausbildung des Gleichgewichtszustandes zwischen Abtragung (Plasmaätzen) und Einlagerung statt [3-31].

3.6.3 Vernetzung

Durch die Reaktion von Radikalen kommt es zu Vernetzungen an der Polymeroberfläche, was zu festen Materialschichten führt. Aufgrund fehlender Kristallitbildung sind diese Schichten allerdings amorph [3-33]. Zu unterscheiden sind Plasmapolymerisation und Chemical Vapour Deposition.

Plasmapolymerisation

Die Entladung reaktiver, polymerisierender Gase (Monomere) führt zu Plasmapolymerisationen, wobei die reaktiven Moleküle auf der Substratoberfläche einen Film bilden. Durch Elektronenbombardement werden die Monomere in der Entladung ionisiert, bei der anschließenden Neutralisation kommt es zur Polymerisation. Daneben ist noch die plasmainduzierte Pfropfpolymerisation zu beachten. Durch Stoßreaktionen und UV-Strahlung wird zunächst das Trägermaterial mit Radikalstellen und Ionen auf der Oberfläche versehen, die Pfropfpolymerisation initiieren können. Treffen Radikale aufeinander, werden die Kettenreaktionen auf dem Weg der Rekombination oder Disproportionierung unterbrochen. Auf diese Weise kann einem Grundpolymer die Eigenschaft eines anderen Polymers verliehen werden, ohne dabei Volumeneigenschaften des Substrats einzubüßen. Es sind zwei Verfahren zu unterscheiden:

Bei der **Vorbestrahlungsmethode** wird das Substrat, bevor es mit dem Monomer zusammengebracht wird, im Plasma aktiviert. Das Substrat reagiert anschließend an Luft und es bilden sich Peroxide, die durch Temperatureinfluss in die Radikale zerfallen, die die Polymerisation initiieren. Bei der **Simultanmethode** wird das Monomer in den plasmaaktivierten Gasstrom eingegeben, mit dem es die Substratoberfläche erreicht.

Chemical Vapour Deposition

Die Plasmapolymerisation kann als plasmagestütztes Beschichtungsverfahren angesehen werden und ist eine besondere Form der Chemical Vapour Deposition (CVD-Verfahren), bei dem es zur Abscheidung einer Schicht auf einem Substrat durch die Reaktionen von Bestandteilen der Gasphase kommt. Bei den Substanzen, welche als Reaktanden der Gasphase zugeführt werden, handelt es sich um Precursoren. Diese werden durch hinreichende Energiezufuhr so aktiviert, dass die Ausbildung von Schichten ermöglicht wird. Folgende Teilschritte laufen dabei hintereinander ab:

- Transport der Reaktanden durch Konvektion hin zum Substrat,
- Diffusion der Reaktanden zur Substratoberfläche,
- Adsorption der Reaktanden an der Substratoberfläche,

- Reaktionen mit Schichtbildung und Freisetzen von flüchtigen Reaktionsprodukten und
- Abtransport der flüchtigen Reaktionsprodukte.

Aufgrund der hohen Gleichmäßigkeit der in CVD-Verfahren erzeugten Schichten ist die Behandlung und Beschichtung von dreidimensional komplex geformten, z. B. strukturierten, Flächen möglich. Die Energiezufuhr kann thermisch durch Wärmezufuhr oder durch Anregung eines Gases im Plasma erfolgen [3-33].

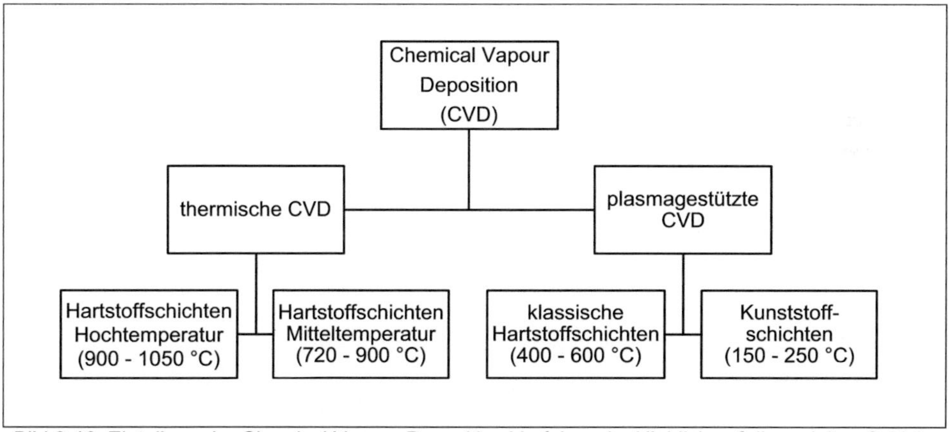

Bild 3-16: Einteilung der Chemical Vapour Deposition Verfahren im Hinblick auf die erzielten Schichten [3-33]

Die plasmagestützte CVD (PECVD - Plasma Enhanced Chemical Vapour Deposition) findet bei wesentlich niedrigeren Temperaturen (150 – 250 °C) statt und bietet somit auch für textile Werkstoffe interessante Optionen der Funktionalisierung. Die zur Aktivierung der Gase notwendige Energie wird durch die im Plasma angeregten Elektronen zur Verfügung gestellt. Die Anregung kann durch Glimmentladungen (bei Gleichspannung mit Mittelfrequenz oder Hochfrequenz) sowie durch Mikrowellen erfolgen. Als Precursoren werden Monomere wie Acetylen, Hexamethylendisiloxan (HMDS) oder Tetramethylsilan (TMS) eingesetzt [3-33].

3.7 Funktionalisierung von Textilien im Atmosphärenddruckplasma

Mit Plasmen kann die Energie polymerer Oberflächen verändert werden. Dazu muss eine bestimmte Energiemenge aufgebracht werden, die von der Zusammensetzung und Struktur des Werkstoffs abhängt. Im Atmosphärendruckplasma wird diese Energiemenge als Coronadosis (Formel 3.2) dargestellt.

$$D = P/(w * v) \tag{3.2}$$

Darin bedeuten:

D: Energiedichte oder Coronadosis [Wmin/m²]

P: Leistung [W]

w: Arbeitsbreite [m]

v: Prozessgeschwindigkeit [m/min]

In der wissenschaftlichen Literatur findet sich darüber hinaus die Angabe der Coronadosis nach Formel 3.3.

$$Ed = (P/w*v)*n \tag{3.3}$$

Darin bedeuten:

Ed: Energiedichte oder Coronadosis [J/m²]

P: Leistung [W]

w: Arbeitsbreite [m]

v: Prozessgeschwindigkeit [m/s]

n: Anzahl der Coronapassagen

Die Formeln ermöglichen die Angabe des Energieeintrags und auch die Übertragung von Laborergebnissen auf industrielle Anwendungen. Unter Beachtung des Zusammenhangs 1 W = 1 J/s ergibt sich eine einfache Umrechnung (3.4):

$$1\ Wmin/m^2 = 60\ J/m^2 = 0{,}006\ J/cm^2 \tag{3.4}$$

Nachfolgende Grafik (Bild 3-17) stellt die Abhängigkeit der in Coronaentladungen erzielbaren Oberflächenenergie von der Coronadosis für Folien aus verschiedenen Polymeren dar.

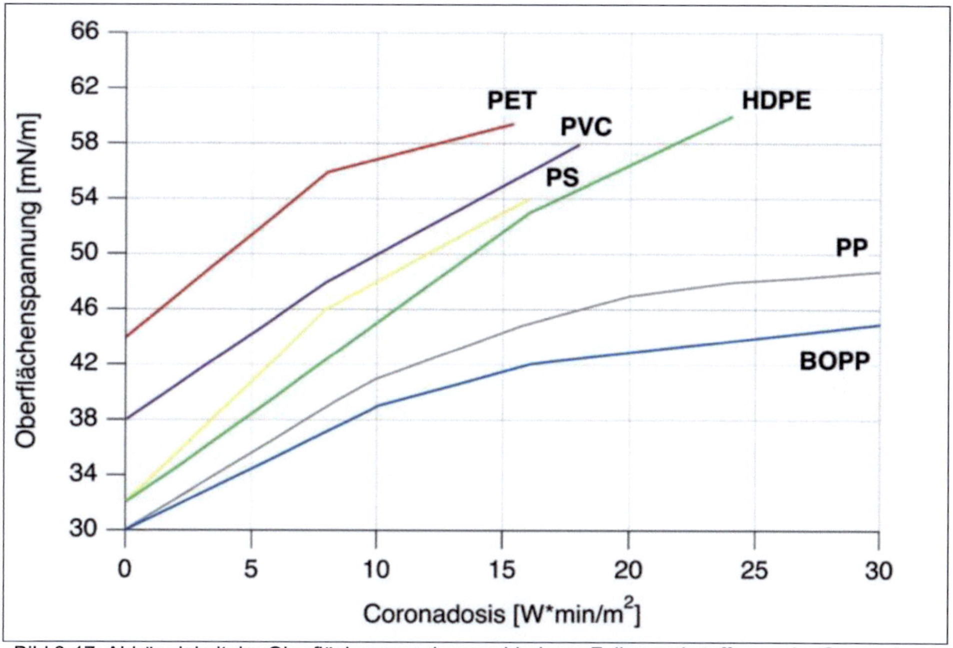

Bild 3-17: Abhängigkeit der Oberflächenenergie verschiedener Folienwerkstoffe von der Coronadosis [3-22] (PET = Polyethylenterephthalat, PVC = Polyvinylchlorid, PS = Polystyrol, HDPE = Polyethylen mit hoher Dichte, PP = Polypropylen, BOPP = Biaxial Orientiertes Polypropylen)

So reichen für die Erzeugung von ca. 44 mN/m auf einer Folie aus HDPE bereits 10 Wmin/m² aus, während für Folien aus PP 15 – 20 Wmin/m² erforderlich sind.

Bild 3-18 stellt am Beispiel einer Coronabehandlung von Polypropylenfilmen in Luft deutlich heraus, dass mit zunehmender Coronadosis die Dispersionskräfte der Oberflächenenergie von 22 mN/m auf 17 mN/m abnehmen und der polare Anteil von ca. 0 - 10 mN/m auf 22 mN/m zunimmt.

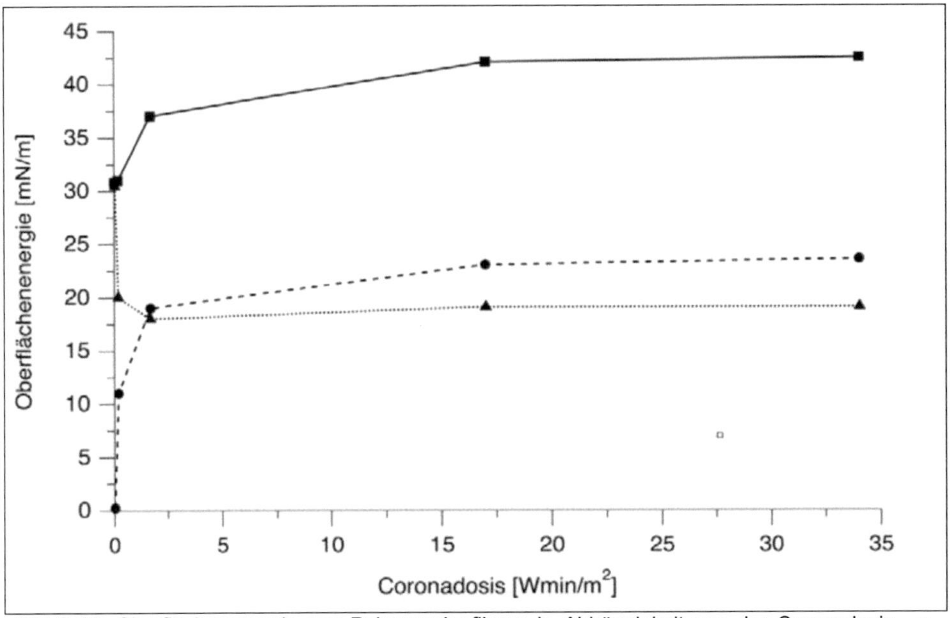

Bild 3-18: Oberflächenenergie von Polypropylenfilmen in Abhängigkeit von der Coronadosis, -■- Oberflächenenergie, - -●- - polare Anteile, ··▲·· disperse Anteile [3-27]

Die in Bild 3-18 dargestellten Zusammenhänge können nach eigener Beobachtung nicht auf die Funktionalisierung textiler Werkstoffe übertragen werden. In Zusammenarbeit mit der Firma Ahlbrandt System GmbH, Lauterbach, wurden in Laborversuchen und auf einer Industrieanlage im Technikum der Hochschule Niederrhein Textilien so funktionalisiert, dass die Oberflächenenergie nicht mehr gesteigert werden konnte. Die dazu erforderliche Coronadosis betrug das Fünf- bis Zehnfache der Werte für Folien (Tabelle 3-8). Beispielsweise ist für Flächengebilde aus Polyesterfasern eine Coronadosis von 200 Wmin/m², für PET-Folien hingegen nur eine Dosis von 15 Wmin/m² erforderlich. Dieser Unterschied ist einerseits auf die große spezifische Oberfläche von Textilien zurückzuführen. Weiterhin bestehen Faserstoffe in der Regel aus teilkristallinen Polymeren, was ihre Funktionalisierung erschwert.

Die Verwendung der Coronatechnologie oder der dielektrischen Barriereentladung zielt vornehmlich auf eine Verbesserung des Benetzungsverhaltens und in Folge der guten Adhäsion von Beschichtungen ab. Wie zuvor beschrieben, bestehen Plasmen aus Elektronen, Ionen, freien Radikalen, Atomen, Molekülen verschiedener Anregungsstufen sowie energiereicher Strahlung, durch welche die Oberflächen von Textilien in komplexer Weise modifiziert werden können. Die kinetische Energie der Plasmaspezies ist insgesamt so gering, dass nur die obersten Materiallagen von Werkstoffen mit einer Eindringtiefe von nur wenigen Nanometern von diesen Veränderungen betroffen sind, die Masse der Fasern wird nicht beeinträchtigt. Diese Aussage ist für den Einzelfall einzuschränken, dass die Temperatur in einem Niederdruck- oder Hybridplasma die Glasumwandlungstemperatur textiler Werkstoffe übersteigt und es folglich zu thermischen Effekten wie z.B. Schrumpf kommen kann. Weiterhin kann bei längeren Prozesszeiten auch UV-Strahlung, welche tiefer in textile Werkstoffe eindringen kann, unspezifische Materialveränderungen hervorrufen und die Masseeigenschaften negativ beeinflussen.

Tabelle 3-8: Zur Einstellung der maximalen Oberflächenenergie erforderliche Coronadosis auf ausgewählten textilen Substraten

Faserstoff	Coronadosis [Wmin/m²] Labormaßstab	Coronadosis [Wmin/m²] Technikumsmaßstab
Polyester	200 – 1200	20 - 400
Kashmir	100 – 200	100 - 150
Polypropylen	100 – 400	150

3.8 Stand der Forschung und Technik zur Textilfunktionalisierung mittels Plasmatechnologie

Plasmen werden schon seit geraumer Zeit zur Funktionalisierung von Textilien erforscht, so dass mittlerweile alle wichtigen Faserarten eingehend untersucht wurden. In der Literatur beschriebene aktuelle Forschung zielt sehr häufig darauf ab, die chemischen Oberflächeneigenschaften der Fasern im Hinblick auf zukünftige Anwendungen zu modifizieren. Fasern, die - bedingt durch ihren chemischen Aufbau - nur eine geringe Anzahl polarer funktioneller Gruppen aufweisen, werden in den Studien sehr häufig hydrophiliert. Umgekehrt werden polare Fasern hydrophobiert oder antimikrobiell ausgerüstet. Ausgewählte aktuelle Untersuchungen sollen das Spektrum der global durchgeführten, wissenschaftlichen Arbeiten zu diesem Thema beleuchten. Die Behandlung von Substratmischungen ist bislang nicht im Fokus der Betrachtungen gewesen.

3.8.1 Funktionalisierung cellulosischer Fasern

Die Untersuchungen zur Funktionalisierung von Baumwolle sind sehr vielfältig und häufig der Hydrophobierung, Adhäsionsverbesserung oder antimikrobiellen Funktionalisierung gewidmet. Dabei spielen Niederdruckplasmen bisher die größte Rolle.

Montarsolo und Kollegen [3-34] behandeln plasmavorbehandelte Baumwoll- und Polyestergewebe mit Sol-Gel-Beschichtungen aus TEOS (Tetraethoxysilan) (10 % Gewichtsauflage) kombiniert mit n-

Propyltrimethoxysilan, Hexadecyltrimethoxysilan und Fluorooctyltriethoxysilan (FOS) in Auflagenmengen von 2 – 11 % zur Hydrophobierung. Die Silane werden im Tauchverfahren aus Ethanol appliziert. Die Autoren weisen nach, dass eine Vorbehandlung der Gewebe in einem kalten Hochfrequenz-Sauerstoffplasma mit einer Durchflussrate von 20 cm³/min, einem Druck von 50 Pa und einer Leistung von 80 W während 60 sec die Hydrophobierung verstärkt. Die Beständigkeit der Effekte gegenüber Gebrauchsbeanspruchungen wird nicht betrachtet.

Mit Hilfe von HF-Niederdruckplasma bei einer Frequenz von 13,56 MHz, einer Leistung von 40 W und einem Druck von 20 Pa werden unterschiedlich vorbehandelte Baumwollgewebe im Luft- und im Dichlordifluormethan-(DCFM)-Plasma über verschiedene Zeiträume von einer bis 20 Minuten behandelt. Durch das Luftplasma kann Baumwollrohgewebe bis zu 1 % - 6 % Massenverlust durch Plasmaätzen erfahren. Die Untersuchung des Kristallinitätsgrads der Baumwolle ergibt, dass der Ätzprozess die amorphen Bereiche der Baumwolle angreift und der Grad der Kristallinität bei einer zehnminütigen Luft-Plasmabehandlung von 82 % auf 86 % bei gleichzeitigem Massenverlust steigt. Die Zunahme der Hydrophilie wird anhand von Benetzungstests nachgewiesen. Im Gegensatz dazu werden mit DCFM wasserabweisende, fibrillenartige Schichten bis zu einer Gewichtszunahme von 0.5 % (zehnminütige Plasmabehandlung) abgeschieden, die zu einem Kontaktwinkel von 138° auf Baumwolle führen [3-35].

Mittels atmosphärischer Plasmen (Hochfrequenzplasma 13,56 MHz, Behandlungszeit 20 s bei einer Geschwindigkeit eines Trägerbandes von 1 mm/s, Spaltbreite 1,5 mm, Leistung 40 W, Sauerstoff 0,3 l/min und Helium 30 l/min) werden Baumwollgarne hydrophiliert und die Cuticula der Fasern so angeätzt, dass biologisch abbaubare Schlichtemittel besser auf die Garne aufziehen, die Haarigkeit reduziert und das Webverhalten verbessert wird [3-36].

In einem HF-Plasma (27,12 MHz) behandeln Grojanc et al. [3-37] gebleichte und merzerisierte Baumwollgewebe bei 1,2 kW und 40 Pa – 100 Pa für 10 s mit CF_4. Anschließend werden die Textilien (außerhalb der Anlage) mit Reaktivfarbstoffen (0,05 % Cibacron Deep Red S-B) oder Silber-Nanopartikeln (20 mg/l) behandelt sowie mit 10 g/l Polyurethan (Tubicoat PU 80) nachbehandelt. Während das Anfärbeverhalten der Gewebe sich durch die Plasmabehandlung nicht verändert, zeigt die Beladung mit Nanosilber einen deutlichen Einfluss: Die Beladung mit 30 nm Partikeln kann um den Faktor 1,7 und mit 80 nm Partikeln um den Faktor 2 durch die Plasmabehandlung gesteigert werden, was maßgeblich auf die Oberflächenstrukturierung zurückgeführt wird. Die Autoren können mittels XPS-Analyse kein Fluor in der Garnoberfläche nachweisen. Die mit 30 nm Silber-Nanopartikeln beladenen Fasern führen zu einer Bakterienreduktion um 68 % für Enterococcus faecalis und um 77 % für Pseudomonas aeruginosa.

Vliesstoffe aus Viskose werden im NH_3-Niederdruckplasma in einem Hochfrequenzreaktor (13,56 MHz) bei 150 Pa und 1200 W hydrophiliert, die Zeit wird dabei zwischen 20 s und 300 s variiert [3-38]. Der Sauerstoffgehalt in der Faseroberfläche nimmt dabei ab, der Stickstoffgehalt jedoch zu. Die Wasseraufnahme steigt stark an, der Kontaktwinkel sinkt von 90 °C für eine unbehandelte Probe auf 40 °C bei einer Behandlungszeit von 120 s, längere Behandlungszeiten führen zu keiner weiteren Absenkung des Kontaktwinkels, die Wasseraufnahme nimmt jedoch noch weiter zu. Die Plasmabehandlung bewirkt zudem eine Reduktion unterschiedlicher Bakterienarten, was einerseits auf N-haltige funktionelle Gruppen in der Faseroberfläche und andererseits auf eine Oberflächenstrukturierung zurückgeführt wird. Problematisch erscheint, dass diese Studien die Beladung der Vliesstoffe mit Präparationen und Avivagen nicht berücksichtigen und der Ausgangskontaktwinkel von 90 ° für die unbehandelte Probe für reine Viskosevliesstoffe nicht nachvollziehbar ist. Die Studien werden fortgesetzt [3-39] mit einer Untersuchung der Lagerbedingungen in Luft und in Argon für die in Ammoniakplasma behandelten Proben. Die Wissenschaftler konnten nachweisen, dass die Plasmaeffekte auch in Luftlagerung über einen Monat stabil sind, so dass die Behandlungsmethode für Medizintextilien geeignet erscheint.

Radetic et al. [3-40] untersuchen, ob mit Indigo gefärbte Baumwolle in einem Sauerstoff- oder Argon-HF-Plasma bei 100 – 300 W, 0,27 mbar und einer Behandlungszeit von 5, 10 oder 15 Minuten entfärbt werden kann. Darüber hinaus betrachten sie eine „Bleiche“ mittels Luft-Coronaentladung bei 4 m/min, 2 mm Elektrodenabstand, Leistungen von 600, 800 oder 1000 W und unterschiedlicher Passagenzahl (15, 30, 45). Die Experimente zeigen, dass Indigo im Plasma abgebaut wird. Die besten Bedingungen werden im Argon-LPP bei 300 W und 10 min, im Sauerstoff-LPP bei 300 W und 15 min sowie in der Coronaentladung bei 800 W und 45 Passagen festgestellt. Die Faseroberflächen werden bei diesen Prozessbedingungen angeraut. Die Faserschädigung geht jedoch nicht so weit, dass Festigkeitseinbußen auftreten. Drastischere Bedingungen führen zu unerwünschter Vergilbung. In den Untersuchungen werden die Prozesstemperaturen nicht angeführt. Da Indigo unter atmosphärischen Bedingungen bei 400 °C sublimiert, könnten auch andere Ursachen der Entfärbung zugrunde liegen, auf die aber in der Veröffentlichung nicht näher eingegangen wird.

Malshe et al. [3-41] gelingt es, Gewebemischungen aus 50:50 Nylon:Baumwolle mit quaternären Ammoniumsalzmonomeren (Diallyldimethylammoniumchlorid, DADMAC) in einem plasmaunterstützen Prozess zu bepfropfen. Dazu werden die Gewebe, welche für militärische Zwecke bereits hydrophobiert sind, in einer Lösung aus DADMAC und Vernetzer im Foulard ausgerüstet und anschließend in einer Atmosphärendruckentladung bei 800 W, 0,5 mm Spaltgröße für 120 s in Gegenwart von Helium behandelt, um eine radikalische Polymerisation auszulösen. Die behandelten Muster werden anschließend 12 h gewässert, um Homopolymere zu entfernen. Die Gegenwart von PolyDADMAC wird im TOF-SIMS und SEM nachgewiesen. Darüber hinaus zeigen die Muster eine Hemmung der Bakterien Staphylococcus aureus und Klebsiella pneumoniae von 99,9 %. Die Untersuchungen reflektieren nicht, dass durch die Anwesenheit der antimikrobiell wirksamen Kationen die Hydrophobierung der Textilien überlagert wird. Weiterhin wird die Propfpolymerisation auch anhand von Anfärbungen mit Säurefarbstoffen untersucht und bestätigt. Dabei wird nicht bedacht, dass das Trägermaterial sich vor der chemischen Hydrophobierung sehr gut mit Säurefarbstoffen anfärben lässt und der Farbtest möglicherweise nur die Entfernung der Hydrophobausrüstung durch Plasmaätzen nachweist.

3.8.2 Funktionalisierung von Wolle

Die im Kern hydrophile Wollfaser wird sehr häufig zur Beeinflussung des Filzverhaltens mit Plasma oberflächenmodifiziert: Mittels Glimmentladung wird Wolle in Sauerstoff, Argon und Stickstoff für 7 min bei 0,02 Torr (2,67 Pa) behandelt [3-42]. Dabei werden die Schuppen der Fasercuticula abgerundet und die Oberfläche hydrophiliert. Die Fasern werden nach der Plasmabehandlung mit 3 % anionischen Farbstoffen bei dem Flottenverhältnis von 1:100 und 5 g/l Essigsäure bei 80 °C für 30 min gefärbt. Die Farbtiefe der in Sauerstoff und Argon behandelten Proben nimmt zu. Die Tropfeneinsinkzeit sinkt von 20 min auf unter 5 s.

Mit Hilfe einer dreistufigen Plasmabehandlung [3-43] werden Wollfasern in Gestricken (21,5 µm Merinowolle, 48/1 Nm, 459 T/m, nicht gefärbt, 150 g/m², 1,6 mm Dicke) gereinigt, oxidiert und anschließend mit Hexamethylendisiloxan (HMDSO) beschichtet. In einem HF-Plasma werden bei 13,56 MHz zunächst Argon und Sauerstoffplasmen eingesetzt und anschließend HMDSO appliziert. Diese Behandlung bewirkt eine Aufrauhung der Schuppenstruktur und eine leichte Ablagerung der Polymere an den Kanten der Schuppenreste. Mittels XPS und FTIR Analyse werden eine Zunahme von Sauerstoff und Silicium auf einem Vergleichsträgermaterial (PE-Folie) nachgewiesen. Das Pillingverhalten der Wollgestricke wird durch ein Ar-O_2-Plasma um eine und durch die HDMSO-Stufe um zwei Noten verbessert.

Wollgarne werden nach intensiver Wäsche [3-44] im HF-Sauerstoffplasma (30 cm³/min Gasdurchfluss, 150 mTorr bzw. 20 Pa, 100 W) 2,5 und 5 Minuten behandelt. Die Oberfläche der Garne wird rauer, die Schuppenkanten brüchiger, Cystin in der Exocuticula wird oxidiert. Die Festigkeit der Garne nimmt zu, was auf mechanische Oberflächeneffekte zurückgeführt wird. Die Schuppen werden nicht vollständig entfernt und hinterlassen eine stark strukturierte Oberfläche, so dass die Faser-Faser-Reibung zunimmt.

3.8.3. Funktionalisierung von Polyester, Polypropylen und Polyethylen

Polyester und Polyolefine werden sehr häufig in der textilorientierten Plasmaforschung untersucht. Dies ist einerseits auf ihre vielfältige Einsetzbarkeit zurückzuführen, andererseits auf den Mangel an hydrophilen funktionellen Gruppen.

Pichal et al. [3-45] untersuchen die Auswirkung der im Atmosphärendruck stattfindenden dielektrischen Barriereentladung auf textile Polyesterflächengebilde. Die Textilien werden vor der Plasmabehandlung gewaschen, gespült und chemisch gereinigt, um sie von Präparationen zu befreien. Die Muster werden in einer DBD bei einem Elektrodenabstand von 10 mm und einem Luftdurchfluss von 0,04 m^3/s bei unterschiedlicher Stapelhöhe (1 bis 6 Lagen) zwischen 0 und 360 s behandelt. Das Benetzungsverhalten wird sofort und nach Alterung von bis zu 6 Monaten bestimmt. Es zeigt sich, dass auch bei mehrlagigen Behandlungen alle Lagen sehr stark hydrophiliert werden können. Die Alterung findet besonders schnell in den ersten 3 Tagen (Abnahme um 30 %) statt und verbleibt auf einem mittleren Niveau für insgesamt 20 Tage (Abnahme um 50 %). Nach insgesamt 6 Monaten ist das Benetzungsverhalten nahezu identisch mit dem des unbehandelten Polyesters. Das Verhältnis von Kohlenstoff zu Sauerstoff steigt nach der Plasmabehandlung von O/C=0,34 auf O/C=0,5 für die erste behandelte Lage, O/C=0,42 für die dritte und O/C=0,39 für die sechste Lage. Aussagen über die chemische Zusammensetzung der Polyesteroberfläche nach Alterung liegen in dieser Quelle nicht vor.

Wie et al. [3-46] untersuchen das Benetzungsverhalten plasmamodifizierter Vliesstoffe (200 g/m^2) aus Polyester. Dabei werden die Effekte verschiedener Vorgehensweisen verglichen. Die Vliesstoffe werden einerseits einem reinen Sauerstoffplasma ausgesetzt (Niederdruck, 100 W, 1,67cm^3/s Sauerstoffdurchfluss, 60 s). Eine weitere Probe des Materials wird bei 200 W 60 s im Argonplasma behandelt, anschließend 15 min der Luft ausgesetzt und schließlich im Tauchverfahren in 20%iger Acrylsäure bei 50 °C über 5 h in Gegenwart von Stickstoff behandelt. Eine dritte Probe wird mittels PECVD mit Tetraethoxysilan (TEOS) und Sauerstoff bei 13,56 MHz, 150 Pa und einer Leistung von 100 W für 5 min behandelt. Diese sehr unterschiedlichen Verfahren führten alle zu sehr unterschiedlichen Topographien auf der Faseroberfläche und einer Steigerung des Benetzungsverhaltens.

Shahidi et al. [3-47] behandeln Gewebe aus Polypropylen im Niedertemperaturplasma mit Sauerstoff und Stickstoff. Die besten Behandlungsbedingungen (7 min, 120 W, 5 x 10^{-2} Torr (6,66 Pa)) führen bei Einsatz von Sauerstoffplasma zur Bildung von Carboxylgruppen und somit nach Dissoziation zu negativen funktionellen Gruppen, die einen dreifach verbesserten Auszug von kationischen Farbstoffen bewirken. Im Stickstoffplasma werden N-H-Gruppen und damit potentiell kationische funktionelle Gruppen erzeugt. Der Auszug anionischer Direkt- und Reaktivfarbstoffe nimmt zu. Die Färbung ist über wiederholte Waschzyklen stabil. Aufgrund fehlender Färberezepte können die erreichten Farbtiefen kaum eingeordnet werden, da sie nicht nachstellbar sind.

Verschuren et al. [3-48] widmen sich der Erfassung der Interaktionen zwischen Plasma und textilem Substrat. Sie stellen am Beispiel von Polyester heraus, dass die spezifische Oberfläche (Oberfläche/Masse) von Textilien um den Faktor 1,5 – 14 größer ist als die Oberfläche gleichgroßer Filmoberflächen. Dies ist besonders im Hinblick auf den erforderlichen Energieeintrag zu beachten. Auch untersuchen sie die Eindringtiefe in poröse oder mehrlagige Textilstrukturen und ermitteln Abweichungen z. B. beim Polymerätzen: Während eine Textillage einen Gewichtsverlust von 0,08 % aufweist, tritt bei 2 – 4 Lagen ein Gewichtsverlust von nur 0,04 % auf. Besonders interessant ist der Einfluss des Feuchtigkeitsgehalts von Fasern auf den Plasmaeffekt. Je höher der Feuchtigkeitsgehalt, desto länger die Evakuierungszeit, desto unreiner das Plasma und desto unkontrollierter der Polymerabbau beim Plasmaätzen. Beispielsweise dauert die Evakuierung einer Reaktionskammer für die Behandlung von Polyester doppelt so lange wie die Evakuierung einer leeren Kammer.

Vliesstoffe aus Polyethylenterephthalat und Polyproplyen werden in Luft- sowie Helium- und Argonplasma einer dielektrischen Barriereentladung (mit Mischungsanteilen von 0,1 % Luft) behandelt [3-49, 3-50]. Es können je nach Gas unterschiedliche Mengen an sauerstoffhaltigen funktionellen Gruppen und folglich eine erhöhte Hydrophilie nachgewiesen werden. Das Verhältnis von Sauerstoff zu Kohlenstoff ist bei Polyethylenterephthalat wesentlich größer (Faktor 2) als bei Polypropylen. Im Luftplasma kann das Maximum an sauerstoffhaltigen Gruppen bei 50 mJ/cm² erreicht werden, bei Argon bei 150 mJ/cm² und bei Helium bei 250 mJ/cm². Interessant sind darüber hinaus die Beobachtungen zum Alterungsverhalten: Nach bereits 10 Stunden ist für beide Vliesarten und die verschiedenen Gase die Alterung bis zu einem gleichbleibenden O/C-Verhältnis abgeschlossen, das höher als bei der Rohware jedoch niedriger als bei der frisch behandelten Ware liegt.

Der Einfluss der Struktur verschiedener Polyestergewebe auf die im Sauerstoffplasma einer Gleichstrom-Glimmentladung bei verschiedenen Druckverhältnissen (50 – 200 Pa) erzeugbaren Ätzraten wird von Titov et al. [3-51] untersucht. Sie stellen heraus, dass die Masseabnahme mit dem Verhältnis spezifischer Oberfläche zu Filmoberfläche abnimmt. Beispielsweise verliert ein Multifilamentgewebe mit einem Garndurchmesser von 43 µm in einem Luftplasma weniger Masse als ein Monofilamentgewebe mit einem Filamentdurchmesser von 40 oder 70 µm. Dieser Effekt wird von den Autoren dadurch erklärt, dass bei geringer spezifischer Oberfläche die Ausrichtung der Polymerfläche zum Plasma sehr direkt ist und dieses somit stärker einwirken kann. Bei großer spezifischer Oberfläche werden größere Polymermengen abgedeckt, so dass die Einwirkung behindert wird. Weiterhin beobachten sie, dass mit zunehmendem Druck in der Kammer die Ätzrate abnimmt.

Polyestergewebe mit einem Flächengewicht von 60 g/m² wird mit Triclosanderivaten in unterschiedlichen Konzentrationen konventionell am Foulard mit einer Flottenaufnahme von 30 - 35 % antibakteriell ausgerüstet [3-52, 3-53]. Im Vergleich dazu werden Muster im Sauerstoff-Niederdruckplasma (Diener Pico, 13,56 MHz/200 W) bei einem Druck von 1 mbar (10 Pa) und einer Durchflussrate von 2,5 cm³/min bei 100 W über 1, 5 und 10 min behandelt. Ein Teil der Muster wird mit Triclosanderivat ausgerüstet. Das Benetzungsverhalten (AATCC 39-1977) wird durch die Plasmabehandlung von 200 s auf minimal 13 s verbessert. Weiterhin entsteht eine rasterelektronenmikroskopisch nachweisbare Mikrorauheit der Faseroberfläche. Beide Effekte führen zu einer verbesserten Substantivität für Triclosanderivate und einer Steigerung der antimikrobiellen Wirksamkeit der Ausrüstung. Die alleinige Behandlung im Sauerstoffplasma bewirkt keine Veränderung der antibakteriellen Effekte gegenüber dem nicht behandelten Polyester.

Vliesstoffe aus Polypropylen werden im Niederdruck-HF-Plasma vorbehandelt, um die Adhäsion zwischen Vliesstoff und Acrylat- und Polyurethanbeschichtungen zu verbessern [3-54]. Der Sauerstoffgehalt in der Faseroberfläche nimmt von 28,59 % (unbehandelt) auf 47,19 % zu, die Steighöhe verändert sich positiv von 0 cm auf 12 cm (40 W, 3 min).

Vliesstoffe aus Polypropylen und Gestricke aus Polyamid 6.6 werden im atmosphärischen Luft-Plasma bei 1140 W, 1,9 A und 25 mm Elektrodenabstand in 1,3, 10 oder 20 Wiederholungen behandelt und nach 24 Stunden mit einer 1%igen Lösung des Analgetikums Ketoprofen ((RS)-2-(3-Benzoylphenyl)propionsäure) in einem Wasser-Ethanol-Gemisch imprägniert [3-55]. Die Untersuchungen ergaben, dass der Kontaktwinkel des PP-Materials von anfangs 113 ° durch die Plasmabehandlung auf 81 ° reduziert werden kann. Das unbehandelte Polyamidgestrick zeigt – vermutlich aufgrund von Präparationen - einen Kontaktwinkel von 130 °, der auch mit zahlreichen Behandlungszyklen nicht in Richtung guter Benetzung reduziert werden kann. Bei beiden Materialien wird eine Zunahme der Oberflächenrauheit beobachtet bis hin zur Lochbildung bei PP. Die so plasmamodifizierten Proben zeigen für beide Polymere eine um 10 % höhere Ketoprofenabgabe. Der Arbeit kann nicht entnommen werden, ob dies durch eine höhere Konzentration an Wirkstoff durch die Plasmabehandlung bedingt wird oder tatsächlich durch eine verbesserte Wirkstoffabgabe [3-55].

Wie et al. [3-56] berichten über verschiedene Varianten, die sie bei der Hydrophilierung von Polypropylenfasern verwandt haben: Zum einen erfolgt eine Behandlung im Sauerstoffniederdruckplasma bei 300 W und einem Gasfluss von 0,3 l/min zwischen 30 und 60 Sekunden. Zum anderen wird 20 %-ige Acrylsäure nach einer Vorbehandlung der Fasern im Argonniederdruckplasma (200 W, 0,2 l/min, 60 s) und einer Ruhephase an Luft (10 Minuten) im Ausziehverfahren (50 °C, 1 – 5 h) in Gegenwart von Stickstoff auf derselben Grundware radikalisch polymerisiert. In einer dritten Modifikation wird Silber in einer Direktstrom-Sputteranlage auf das Ausgangsmaterial aufgetragen. Durch das

Sauerstoffplasma wird die Faseroberfläche hydrophiliert, was eine Veränderung des statischen Kontaktwinkels von 99 ° auf 46 ° bewirkt. Die Abscheidung von Polyacrylsäure und Silber führt zu neuen Nanostrukturen auf der Faseroberfläche; die Acrylsäureschichten sind in der Lage, Wasser zu absorbieren, die Silberschichten weisen einen Kontaktwinkel von 56 – 63 ° auf.

Garne (210 tex, 12 µm Filamentdurchmesser) und Gewebe aus Ultra High Molecular Weight Polyethylen (Dyneema®) werden von Bartusch et al. [3-57] nach einer Entfernung von Schlichte und Präparation in Aceton in einer Dielektrischen Barriereentladung (DBD, Ahlbrandt GmbH) bei 1200 – 4000 W, Prozessgeschwindigkeit von 1 – 4 m/min und einem Elektrodenspalt von 0,5 – 2 mm behandelt. Als optimale Behandlungsbedingungen werden 4000 W, 3 m/min und 1,3 (Garne) bzw. 1,55 mm Elektrodenspalt ermittelt. Die Proben werden auf die Transportwalze geklebt und auf diese Weise trotz kontinuierlicher Arbeitsweise unter den genannten Bedingungen unterschiedlich lange bis zu 60 min behandelt. Mit der Behandlungszeit nehmen die Effekte, nachgewiesen durch eine deutliche Abnahme des Kontaktwinkels, eine Zunahme hydrophiler funktioneller Gruppen und die Aufnahme kationischer Farbstoffe bis zu einem Gleichgewichtszustand, zu. Bemerkenswert ist besonders, dass mit der Behandlungsdauer die Stabilität der Effekte gegen Alterung steigt, was auf Polymerveränderungen nicht nur in der äußersten Schicht der Fasern, sondern auch im Faserinneren zurückgeführt wird. Diese interessanten Reaktionen führen allerdings auch zu einer Abnahme der Faserfestigkeit ab 3 min Behandlungszeit. Es ist zu überlegen, wie diese Untersuchungen auf die industrielle Textilfunktionalisierung übertragen werden können – sie stehen im Gegensatz zu der kontinuierlichen Arbeitsweise an einer DBD mit angestrebt höheren Prozessgeschwindigkeiten als 3 m/min ohne weitere Wiederholungen. Die Coronadosis für PE beträgt in der Regel 40 $Wmin/m^2$, für textile Anwendungen 400 $Wmin/m^2$ bei wirtschaftlicher Prozessführung. Die in diesen Versuchen betrachtete Coronadosis kann mit 1333 $Wmin/m^2$ für nur 1 Umdrehung der Elektrode nachvollzogen werden (bei 4000 W Leistung und 3 m/min Prozessgeschwindigkeit). Bei einem Walzendurchmesser von 200 mm ergibt sich ein Umfang von ca. 0,6 m, was bei einer Behandlungszeit von 30 min zu 145 Passagen durch die Entladungszone führt bzw. zum 145-fachen der Coronadosis.

3.8.4 Funktionalisierung von Polyacrylnitril

Pane et al. [3-58] modifizieren Gewebe aus Polyacrylnitril auf einer Niederdruckplasmaanlage der Firma Europlasma NV bei einem Druck von 50 mTorr. Dazu werden die Flächengebilde zunächst im Sauerstoffplasma 3 bis 10 min zur Oberflächenreinigung bei einer Leistung von 2000 Watt vorbehandelt und in Plasmen aus Gasmischungen von Argon mit Fluorkohlenstoff oder Kohlenwasserstoff hydrophobiert. Die Behandlungszeit beträgt bei unterschiedlichen Mischungen 15 min bei einer Leistung von 1500 Watt. Die Reinigung im Sauerstoffplasma kann keine vollständige Entfernung der in Ethanol extrahierbaren Präparationen erzielen, die Effekte waren dennoch ausreichend als Vorbehandlung vor einer Hydrophobausrüstung. Die Mischung von 93 % Fluorkohlenstoff mit 7 % Methan als Behandlungsgas ergibt die höchsten Kontaktwinkel von 140 °, die auch die konventionelle Behandlung mittels Vorwäsche und chemischer Nassausrüstung übertrifft. Die Plasmahydrophobierung bleibt über 2000 Martindaletouren beständig. Hinweise auf die chemische Zusammensetzung der Fluorkohlenstoffgase werden nicht gegeben.

3.8.5 Funktionalisierung von p-Aramid

Durch eine zweistufige Behandlung von Aramidgarnen im Stickstoffplasma mit anschließender Ablagerung organischer Siliciumverbindungen ($(CH_3)_2Cl_2Si$) mittels Atmosphärendruckplasma unterstützter Polymerabscheidung (atmospheric pressure plasma enhanced chemical vapour deposition APPCVD) wird durch Chu und Kollegen [3-59] eine Oberflächenveredlung erzeugt, die das Friktionsverhalten der Garne untereinander verstärkt, ohne dass die mechanischen Eigenschaften der Garne beeinträchtigt werden. Auf diese Weise kann das Ballistik-Schutzverhalten von Geweben verbessert werden.

Ballistik-Schutztextilien aus Aramidgewebe und UHMWPE-Kompositen werden auch von Struszczyk et al. [3-60] mittels plasmaunterstützter chemischer Gasphasenabscheidung modifiziert, um die Adhäsion zu Epoxidharzen zu optimieren. Dazu werden die Materialien im Plasma bei 13,56 MHz zunächst mit Sauerstoff oder Argon gereinigt und aktiviert und anschließend mit Hexamethylendisiloxan oder Tetradecafluorhexan mit Argon als Trägergas plasmabeschichtet. Die Reißfestigkeit der behandelten Proben wird im Wesentlichen nicht beeinflusst. Die Weiterreißfestigkeit und auch die Bersteigenschaften werden hingegen negativ beeinträchtigt, was in erster Linie auf die applizierte Beschichtung zurückzuführen ist. Die Wasserdurchlässigkeit der beschichteten Muster kann ebenfalls signifikant reduziert werden, was vermutlich nur durch die Beschichtung begründet werden kann, da die Wasseraufnahme insgesamt kaum beeinflusst wird. Die Studie zeigt leider keine Resultate im Hinblick auf die Adhäsionskräfte mit Epoxidharz und die ballistische Schutzwirkung.

3.8.6 Funktionalisierung von Polycarbonat

Hegemann et al. [3-61] untersuchen die Abscheidung von Hexamethylendisiloxan, Hexafluorpropen und Perfluor-1-3-dimethylcyclohexan auf Folien aus Polycarbonat und Polycarbonat-ABS-Mischungen im HF-Plasma, um hydrophobe Oberflächen zu generieren. Dabei versuchen die Autoren, die Monomere auf der Filmoberfläche zu polymerisieren bei gleichzeitigem Erhalt der Methyl- bzw. Fluorgruppen. Die Vernetzung mit dem Substrat gelingt durch vorherige Oberflächenaktivierung, die gleichzeitig eine Reduktion der Oberflächenrauigkeit bewirkt. Die Oberflächenspannung des PC/ABS-Films kann zunächst von 41 mN/m mittels Aktivierung durch Sauerstoffplasma auf 54 mN/m gesteigert und schließlich durch Abscheidung von HMDSO auf 18 mN/m gesenkt werden. Der fortschreitende Kontaktwinkel beträgt 110 °, der rückschreitende 95 °. Die erzeugten Fluorschichten weisen zwar initial bessere abweisende Effekte auf, unterliegen aber stärkerer Alterung und zeigen nur eine geringe mechanische Beständigkeit.

3.8.7 Funktionalisierung von Multifaserstrukturen

In Kapitel 4 wird die Funktionalisierung von Tuftingteppichen behandelt, für die die Faserstoffe Polyamid 6 und 66, Polypropylen und Polyester in der Form von Vliesstoffen, Bändchengeweben und Polgarnen eingesetzt werden. Polyolefin-Vliesstoffe, die von Natur aus sehr unpolar und somit mit Wasser nicht benetzbar sind, können im Plasma hydrophiliert werden. Unterschiede in der Beständigkeit lassen sich vor allem auf Unterschiede in der Glastemperatur und Modifikation des verwendeten Polymermaterials zurückführen [3-62]. Folgende Behandlungen sind grundsätzlich möglich [3-63]:

- haftvermittelnde Vorbehandlungen,
- bessere Verzahnung von Faserverbundmaterialien,
- tiefere Färbung von Polypropylen mit UV-beständigen Küpenfarbstoffen,
- bessere Benetzung und homogenere Nassausrüstung,
- trockene Hydro- und Oleophobausrüstung und
- Strukturveränderungen an der Oberfläche.

Die Funktionalisierung der Oberfläche eines PP-Vlieses nach Behandlung in einem mittels DBD in Stickstoff generierten Plasma kann mithilfe der Röntgen-Photoelektronenspektroskopie (XPS) belegt werden [3-64]. Auf gleiche Art behandeltes PP-Gewebe änderte seine Eigenschaft von hydrophob zu hydrophil nicht nur an der Oberfläche, sondern auch im Inneren des Textils [3-65]. Höcker [3-66] stellt fest, dass eine Corona- oder DBD-Behandlung von PP-Fasern die Hydrophilie der Oberfläche signifikant steigert, da der Kontaktwinkel von Wasser von 90° auf 55° abnimmt. Sogar nach zwei Wochen Alterung kann der Effekt noch beobachtet werden, da der Kontaktwinkel noch 60° beträgt. Zusätzlich kann anhand des Verhältnisses Sauerstoff/Kohlenstoff in der atomaren Zusammensetzung der Oberfläche in PP-Vliesstoffen mit Schichtstruktur der Einfluss der Plasmabehandlung manifestiert werden.

Durch den Einsatz eines Remote-Plasma-Systems, bei dem die mittels DBD erzeugten Entladungen mit einer starken Gasströmung auf die Textiloberfläche geblasen werden, ist am Institut für Textil- und Verfahrenstechnik in Denkendorf (ITV) eine nur einseitige Behandlung und Modifizierung des Textils möglich, die durch die Dicke des eingesetzten Textils nicht begrenzt wird [3-67]. Das Niederdruck-Plasmaverfahren wird bei Vliesstoffen erstmals zur Herstellung von hydrophilen Filterstoffen für Blutfiltrationsanlagen aus Polypropylen-Vlies angewandt [3-68]. Ähnliche Untersuchungen mit PP-Vliesstoffen in einem Luft-, Argon- oder auch Helium-Plasma bei mittleren Drücken zeigen durch XPS und REM-Aufnahmen, dass die Funktionalisierung der Substratoberfläche bis zu einem Sättigungsgrad vorangetrieben werden kann, ohne jedoch die physikalische Zerstörung der Oberfläche zur Folge zu haben [3-49].

Bei der Herstellung textiler Bodenbeläge ist die Plasmamodifikation trotz positiver Resultate der Textilforschung noch nicht eingesetzt worden, wohingegen in der Veredlung von Flachgeweben durchaus erste Anlagen z.B. zur Beschichtungsvorbehandlung beispielsweise bei der Firma Schmitz-Werke GmbH + Co.KG, Emsdetten, installiert sind [3-69, 3-70].

Im Plasma sind unterschiedliche Reaktionen auf textilen Substratoberflächen möglich (Desorption, Chemisorption, Rekombination, Implantation, Polymerisation), die zu folgenden die Oberflächen modifizierenden Prozessen führen:

- Ätzprozesse (zur Strukturierung und Reinigung von Oberflächen),
- Funktionalisierung (z. B. Oxidation der Substratoberfläche) und
- Pfropfungsprozesse (z. B. für Beschichtungen).

Besonders die Funktionalisierung liegt im Zentrum der vorliegenden Untersuchungen, da diese eine Verbesserung der Verbundhaftung im textilen Bodenbelag in Aussicht stellt. In einem hochschuleigenen Laborreaktor wurde beispielsweise der Einfluss einer Niederdruck-Plasmavorbehandlung auf textile Flächengebilde aus PP im Rahmen des Forschungsvorhabens „Plasmaunterstützte Oberflächenmodifikation von Polypropylen“ untersucht. Darüber hinaus wurden in dem BMBF-Forschungsvorhaben CPNT 03142507 im Rahmenprogramm „Nanotextil“ physikalische Veredlungseffekte und deren Permanenz mittels DBD-Verfahren und Spray-Aerosol-Corona auf der hochschuleigenen Anlage optimiert [3-71, 3-72, 3-73, 3-74, 3-75, 3-76, 3-77]. In zwei weiteren Vorhaben im Rahmen der Ausschreibung NanoMat Textil des BMBF wird aktuell die Modifikation technischer Garne zur Verbesserung der Faser-Matrix-Haftung (PlasRec, BMBF 03x0129B) untersucht sowie die Anbindung katalytisch wirksamer Partikel auf PP-Nanofaservlies (Nanogetter, BMBF 03x0126D) [3-78, 3-79, 3-80].

3.9 Kritische Methodenbetrachtung

In den vorangegangenen Kapiteln wird ausgeführt, dass die Plasmatechnologie viele Möglichkeiten zur Textilfunktionalisierung bietet. Die Abhängigkeit des Energiegehalts der Elektronen und der Gasmoleküle vom anliegenden Druck lässt aber auch die Grenzen der Plasmatechnologie zur Funktionalisierung von Textilien deutlich werden:

- Bei Niederdruck herrscht eine hohe Elektronentemperatur bei gleichzeitig geringer Gastemperatur vor, so dass zahlreiche Oberflächenreaktionen möglich werden, ohne die Masse des Behandlungsguts thermisch zu schädigen. Diese Vorgehensweise ist jedoch mit einer kontinuierlichen Prozessweise kaum zu vereinigen und ist somit im Vergleich zu vielen konventionellen nasschemischen Prozessen der Textilausrüstung hinsichtlich der Prozessgeschwindigkeit und der Prozesskosten nachteilig.

- Bei Atmosphärendruck können im Hybridplasma ebenfalls moderate Gastemperaturen erzielt werden. Die Elektronentemperatur liegt ein bis zwei Zehnerpotenzen unter der im Niederdruckplasma. Die Oberflächenmodifikationen fallen dadurch schwächer aus. Diese Vorgehensweise gestattet auf der anderen Seite eine kontinuierliche, textiltypische Arbeitsweise.

Bild 3-15 unterstreicht diesen Zusammenhang für die Behandlung von Polypropylen. Der Sauerstoffgehalt, der in der Oberfläche von Polypropylen durch verschiedene Behandlungsmethoden und bei unterschiedlichen Behandlungszeiten erzeugt werden kann, ist dargestellt. Dabei wird deutlich, dass mittels Niederdruckplasma der Sauerstoffgehalt höher ausfällt und bereits nach 5 bis 6 Sekunden ein Wert von 40 Saustoffatomen auf 100 Kohlenstoffatomen erreicht wird. Mit Hilfe einer dielektrischen Barriereentladung kann dieses Effektniveau nicht erreicht werden, der maximale Wert liegt in diesem Versuch bei 27 Sauerstoffatomen auf 100 Kohlenstoffatomen, die Behandlungszeit liegt für diesen Effekt bei ca. 18 Sekunden. Diese Untersuchung stellt erneut heraus, dass mittels Niederdruckplasma in kürzerer Zeit ein höheres Effektniveau erreicht werden kann.

Hegemann vergleicht die beiden möglichen Prozesse hinsichtlich der Prozesskosten (Bild 3-21). Er kommt bei den von ihm gewählten Prozessbedingungen zu dem Schluss, dass die Niederdrucktechnologie der Coronatechnologie auch hinsichtlich der Prozesskosten überlegen ist [3-9]. Er betrachtet dazu die Behandlung von Gewebe aus Polyester im Atmosphärendruckplasma sowie im Niederdruckplasma mit zwei verschiedenen Behandlungsgasen. Unter Einsatz teurer Behandlungsgase amortisiert sich trotz der diskontinuierlichen Arbeitsweise die Vakuumtechnik seinen Berechnungen zu Folge nach einem bzw. zwei dreiviertel Jahren gegenüber der Atmosphärendrucktechnik. Allerdings basieren seine Betrachtungen auf dem Einsatz von Stickstoff und Argon bei der Coronabehandlung, ein Vergleich mit preiswertem Luftplasma wird nicht vorgenommen [3-9].

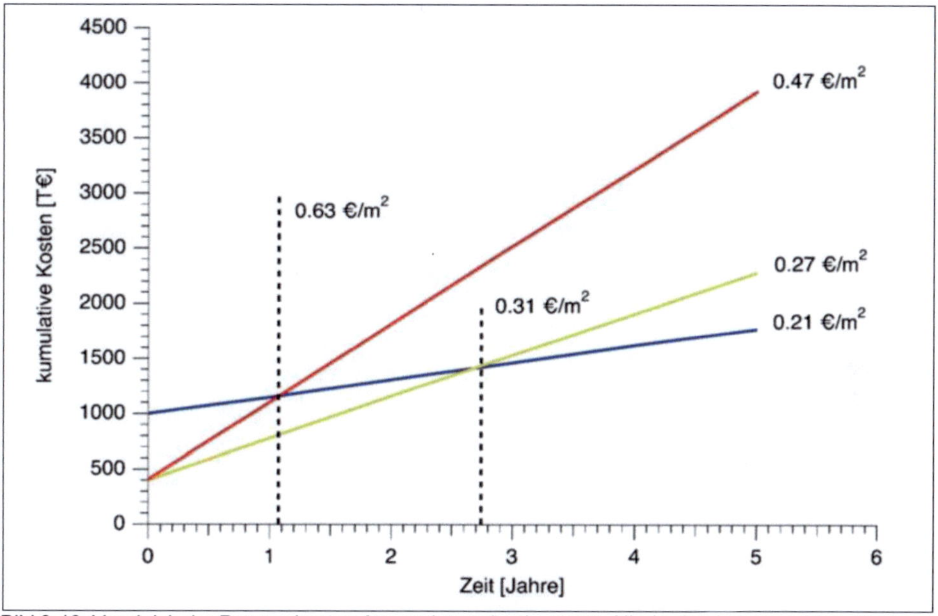

Bild 3-19: Vergleich der Prozesskosten Atmosphärendruck- versus Niederdruckplasma, blau: Niederdruckplasma, grün: Atmopsphärendruckplasma mit Stickstoff, rot: Atmosphärendruckplasma mit Helium [3-9]

Für die kritische Beurteilung der Plasmatechnologie sowie für einen Methodenvergleich ist darüber hinaus ein Vergleich mit der konventionellen nasschemischen Funktionalisierung notwendig. Zum Vergleich werden eigene Berechnungen einer industrietypischen, kontinuierlichen Oleophobierung und Hydrophobierung eines Polyestergewebes mittels Foulard und Spannrahmen herangezogen: Ein Gewebe mit einem Flächengewicht von 200 g/m², einer Warenbreite von 1,5 m und einer Länge von 10.000 m wird mit einer Flottenaufnahme von 40 % bezogen auf das trockene Warengewicht behandelt. Bei einer Einsatzmenge von 60 g/l ergibt sich eine Wirkstoffkonzentration von 2,4 % bezogen auf das trockene Warengewicht. Der Preis für ein hochwertiges Hydrophobierungsmittel wird mit 10 EUR/kg kalkuliert. Die Maschinenkosten können mit 180 EUR/Stunde bzw. 3 EUR/min angesetzt werden und umfassen Abschreibungen, Energiekosten und Personalkosten, die Prozessgeschwindigkeit beträgt 25 m/min. Die Chemikalienkosten betragen in diesem Beispiel somit 0,048 EUR/m² und ergeben zusammen mit den Maschinenkosten von 0,08 EUR/m² Kosten für die chemische Funktionalisierung von 0,128 EUR/m². In einem zweiten Beispiel soll dasselbe Gewebe antistatisch ausgerüstet werden. Die Prozessparameter ändern sich nur hinsichtlich der Produktionsgeschwindigkeit, die nun 30 m/min beträgt. Die Chemikalienkosten sind mit 7 EUR/kg günstiger als im vorherigen

Beispiel. Die Kosten für die Chemikalien liegen bei 0,033 EUR/m² und ergeben zusammen mit Maschinenkosten von 0,066 EUR/m² Funktionalisierungskosten von 0,099 EUR/m².

Die Plasmatechnologie müsste, um im wirtschaftlichen Wettbewerb mit der chemischen Funktionalisierung bestehen zu können, Prozesskosten von 0,1 bis maximal 0,15 EUR/m² gestatten. Dies ist nach Hegemann mit einer Niederdruckplasmatechnologie nur schwer möglich. Bei Atmosphärendruck können diese Prozesskosten erreicht werden, wenn auf reaktive Gase oder Edelgase verzichtet wird. Vor diesem Hintergrund sollte aus wirtschaftlichen Erwägungen für Textilanwendungen dem Atmosphärendruckplasma in der Form von Corona-, Dielektrischer Barriereentladung oder als Remoteplasma stets der Vorzug gegeben werden.

4 Innovative Funktionsbeschichtungen

Durch die Beschichtung von Textilien mit einer oder mehreren Kunststoffschichten entstehen neue Werkstoffe, die die Eigenschaften der verbundenen Materialien in sich vereinigen. Während die Textilien die physikalischen Eigenschaften wie die Zugfestigkeit bestimmen, beeinflussen die Beschichtungen die Oberflächeneigenschaften des Materialverbunds wie die Luft- und Wasserundurchlässigkeit, die Lösemittelbeständigkeit oder das Brandverhalten. So können durch Auswahl der Beschichtungspolymere Textilien unterschiedliche Funktionen erhalten. Die vorliegende Arbeit widmet sich einer innovativen Funktion, der elektrischen Leitfähigkeit. Der Branchenbericht 2015 „Technische Textilien“ der Commerzbank beschreibt, welche Entwicklungstrends für das nationale und globale Wachstum technischer Textilien sorgen werden [1-4]. Elektrische Funktionen sind neben den Entwicklungstrends Bionik, Nanotechnologie und Abstandstrukturen besonders zukunftsweisend:

- Elektrisch leitfähige Textilien: Als Wachstumstreiber für den Markt der Technischen Textilien gilt die Entwicklung von elektrisch leitfähigen Textilien für die Speicherung und Umwandlung von Energie (z. B. als Textile Fassade), die über Photovoltaik oder Photosynthese elektrisch Energie erzeugen [1-4].
- Smart Textiles: Die Autoren sehen die Integration elektronischer Bauteile zur Herstellung von Smart Textiles als einen weiteren Entwicklungstrend an. Es wird aufgeführt, dass Textilien durch elektrisch leitfähige Beschichtungen in die Lage versetzt werden sollen, sensorische Fähigkeiten aufzuweisen. Ihre Anwendungen liegen im Bereich Medizin, Schutz, Sport und der Elektromobilität. Für die Zukunft werden textile Displays oder auch reaktive Schutztextilien vorhergesagt [1-4].

Dieses hochaktuelle Thema - eine Veröffentlichung des Jahres 2014 über elektrisch leitfähige Textilien geht bereits so weit, Textilien als die neuen Leiterplatten zu bezeichnen [4-1] - soll in dieser Arbeit aufgegriffen werden, um zu erörtern, wie mittels Funktionalisierung elektrisch leitfähige Textilien erzeugt werden können.

4.1 Einleitung

Textilien bestehen überwiegend aus elektrisch nicht leitfähigen Faserstoffen wie Polyester oder Baumwolle [4-50]. Durch die Integration elektrisch leitfähiger Werkstoffe in Textilien können völlig neue Anwendungsgebiete eröffnet werden, neue Produktgruppen wie Smart Textiles oder Wearables entstehen. Nachfolgend werden zunächst einige in diesem Zusammenhang häufig erwähnte Begriffe erläutert.

Die wachsende Bedeutung tragbarer elektronischer Geräte und Computer führt zu einem verstärkten Interesse an elektrisch leitfähigen Textilien (E-Textilien, englisch: e-textiles). Die große Vielfalt von Textilien mit ihren typischen Eigenschaften wie Flexibilität, Drapierbarkeit, Biegeverhalten oder

Waschbarkeit machen sie zu idealen Trägern von Sensoren oder Aktuatoren, die direkt auf der menschlichen Haut getragen werden können, oder verwandeln sie selbst in solche. Hieraus leitet sich der Begriff der tragbaren Technologie (englisch: Wearable Technology oder verkürzt Wearables) ab [4-2].

E-Textilien werden z. B. als Smart Fabric Transducers eingesetzt, d. h. als Textilien, die als Sensoren oder Aktuatoren (oder synonym Aktoren) wirken. Textilien mit sensorischen Funktionen (Smart Fabric Sensors, SFS) sind empfänglich für verschiedene physikalische und chemische Parameter wie Temperatur, Druck, Kraft oder pH-Wert. Textile Aktuatoren hingegen sind Textilien, die in der Lage sind, sich aufgrund externer Stimuli zu verformen und elektrische Signale in Bewegungen umzusetzen. Darüber hinaus sind auch Textilien interessant, die beispielsweise Bewegung oder energiereiche Strahlung in elektrische Energie wandeln [4-2].

Textilien, die elektrisch leitfähige Komponenten enthalten, über die Strom oder Informationen geleitet werden können, sollen so verarbeitet sein, dass sie wie herkömmliche Textilien verwendet werden können, z. B. im Fall der „Wearables" als Oberbekleidung. Weiterhin muss es möglich sein, die funktionalisierten Textilien mit Computern, Displays, Smart Phones oder anderen elektrischen Bauteilen so zu verbinden, dass das Trage- und Pflegeverhalten erhalten bleibt. Über die Nutzung als tragbare Bekleidung hinaus können E-Textilien auch Anwendung in Heimtextilien z. B. als Bodenbelag, Wandbespannung oder auch als technische Textilien z. B. als Sensor für die Erkennung von Materialschäden finden. Dabei werden nicht einfach existierende elektronische Bauteile in Textilien integriert, sondern es müssen flexible, weiche Materialien entstehen [4-2].

Angetrieben durch militärische Forschung sowie Luft- und Raumfahrt wurden bereits Westen mit eingearbeiteten leitfähigen Garnen oder optischen Kabeln entwickelt, die beispielsweise die Verletzung eines Soldaten erkennen oder körperphysiologische Daten ermitteln und an eine zentrale Überwachung weiterleiten [4-3]. Die Anwendung der E-Textilien kann über die technische Nutzung hinaus auch ästhetischen Zwecken dienen. Beispielsweise integrierte Berzowska [4-4] LEDs, Sensoren und Lautsprecher in modische Erzeugnisse und Wanddekorationen.

Im Mittelpunkt der Entwicklungen stehen dabei häufig auf unterschiedliche Weise metallisierte Garne, die über verschiedene Konstruktionen zu textilen Flächengebilden verarbeitet oder mittels Sticktechnologie auf Textilien appliziert und für die Übermittlung von Informationen in Smart Textiles bereits industriell genutzt werden [4-2]. Eine Weiterführung der Arbeiten mit metallischen, linearen Stromleitern ist in der Entwicklung von textilen, flexiblen Flächenleitern zu sehen. Dazu werden textile Flächengebilde mit elektrisch leitfähigen Schichten mittels Flächenbeschichtung oder Drucktechnologie modifiziert. Hierbei kommen einerseits Polymere zum Einsatz, die über eine Elektronenleitfähigkeit verfügen und selbst leitfähig sind (intrinsisch leitfähige Polymere, intrinsically conducting polymers (ICP)). Andererseits werden extrinsisch leitende Polymerdispersionen verwendet, die erst durch den Zusatz von leitfähigen Additiven ihre leitfähige Eigenschaft erhalten (extrinsisch leitfähige Polymere, conductive particle polymers, CPP). Letztere sind in der Regel wässrige Dispersionen auf Basis isolierender Kunststoffe wie Polyurethan oder Polyacrylat, die durch Mischung mit leitfähigen Partikeln wie z. B. Graphit, Kohlenstoffnanoröhrchen (CNT), Eisen, Kupfer oder Silber gute elektrische Leitfähigkeit erhalten. Auf diese Weise entstehen elektroaktive Polymere (electro active polymers, EAP), organische Verbindungen, die in der Lage sind, nicht nur elektrische Anregungen zu empfangen, sondern auch auf sie zu reagieren beispielsweise durch Formveränderung [4-1, 4-11,4-12].

4.2 Physikalische Grundlagen der elektrischen Leitfähigkeit

Fließt durch ein Material Strom, so setzt es diesem einen elektrischen Widerstand R [Ω] entgegen (Formel 4.1). Der elektrische Widerstand R [Ω] ergibt sich aus dem Verhältnis von elektrischer Spannung U [V] zur Stromstärke I [A] [4-5].

$$R=U/I \qquad (4.1)$$

Darin bedeuten:

R: elektrischer Widerstand [Ω]

U: Spannung [V]

I: Stromstärke [A]

Der Kehrwert G=1/R ist der elektrische Leitwert, gemessen in Siemens [S] ($S=\Omega^{-1}$).

Der spezifische Widerstand ρ wird gemessen in [Ωm]. Werkstoffe mit großem spezifischen Widerstand sind Isolatoren. Der spezifische Widerstand ρ, eine Materialkonstante, ergibt sich aus dem Verhältnis (Formel 4.2) [4-5].

$$\rho=R*A/L \ [\Omega m] \qquad (4.2)$$

Darin bedeuten:

R: elektrischer Widerstand [Ω]

A: Fläche [m^2]

L: Länge des Leiters [m]

Der Kehrwert des spezifischen Widerstands ist die elektrische Leitfähigkeit σ [Sm^{-1}].

$$\sigma = 1/\rho \qquad (4.3)$$

Für leitfähige, sehr dünne Schichten wird häufig der Flächenwiderstand R/square angegeben (Formel 4.4), da davon ausgegangen wird, dass der Strom nur parallel zur Ebene fließen kann.

$$R/square = \rho/d \tag{4.4}$$

Darin bedeuten:

R/square: Flächenwiderstand [Ω]

d: Schichtdicke [m]

Wird Formel 4.2 in Formel 4.4 eingesetzt, so ergibt sich folgender Zusammenhang (Formel 4.5)

$$R/square = R*A/(L*d) \tag{4.5}$$

Eine Verringerung der Schichtdicke bewirkt eine Erhöhung des Flächenwiderstands. Die Fläche A der Elektrode entspricht dem Produkt aus der Schichtdicke d und der Flächenbreite b. Es gilt deshalb Formel 4.6:

$$R/square = R*(d*b)/(L*d)=R*b/L \tag{4.6}$$

Darin bedeuten:

b: Elektrodenbreite [m]

Für quadratische Schichten gilt b=L, woraus Formel 4.7 gefolgert werden kann:

$$R/square = R \tag{4.7}$$

Darin bedeuten:

R/square: Flächenwiderstand [Ω]

R: elektrischer Widerstand [Ω]

Die Umrechnung des Flächenwiderstands in den spezifischen Widerstand ρ bzw. die elektrische Leitfähigkeit σ erfordert die Kenntnis der Dicke der betrachteten Schicht.

Lassen sich die Träger der elektrischen Ladung (Elektronen, Ionen) einer Substanz durch ein äußeres elektrisches Feld leicht verschieben, so ist dieses Material ein elektrischer Leiter. Freie oder locker gebundene Elektronen sind die Ladungsträger. Die Energie der frei beweglichen Elektronen bildet im Bändermodell das Leitungsband. Im Gegensatz dazu bilden die Energien der Valenzelektronen im Gitterverband das Valenzband. Metalle sind sehr gute elektrische Leiter, ihre Leitfähigkeit nimmt mit steigender Temperatur ab.

In ionischen Verbindungen sind Ionen die Ladungsträger. Die wandernden Ionen besetzen Fehlstellen im Gitter, überschüssige Ionen belegen Zwischengitterplätze. Die Ionenbeweglichkeit μ nimmt mit der Temperatur zu (Formel 4.8), ein Phänomen, das mit der Diffusionszunahme bei steigender Temperatur erklärt werden kann, folglich nimmt auch die Leitfähigkeit ionischer Verbindungen mit der Temperatur zu [4-5].

$$\mu = (q * D)/k*T \tag{4.8}$$

Darin bedeuten:

μ: Ionenbeweglichkeit

q: Ladung

D: Diffusionskoeffizient

k: Boltzmannkonstante

T: Temperatur

In einem Isolator findet diese Ladungsverschiebung nicht oder nur um sehr kleine Distanzen statt. In keramischen Werkstoffen sinkt nach Formel 4.8 somit die Isolierfähigkeit mit steigender Temperatur [4-5].

Die meisten textilen Werkstoffe sind Isolatoren. Für einige Faserstoffe sind die spezifischen elektrischen Widerstände bzw. die elektrische Leitfähigkeit im Vergleich zu anderen Werkstoffen in Tabelle 4-1 zusammengestellt.

Tabelle 4-1: Leitfähigkeit und spezifischer Widerstand verschiedener Werkstoffe [4-5]

Werkstoff	**Elektrische Leitfähigkeit σ [S/cm]**	**Spezifischer Widerstand ρ [Ω cm]**
Kupfer	$5,9 \times 10^5$	10^{-6}
Silber	$6,3 \times 10^5$	10^{-6}
Aluminium	$3,6 \times 10^5$	10^{-6}
Eisen	$1,4 \times 10^4$	10^{-4}
Kohlenstoff	10^3	10^{-3}
Baumwolle	10^{-7}	10^7
Polyester	10^{-11}	10^{11} - 10^{14}
Polyamid 6, 6.6	10^{-9}	10^9 - 10^{12}
Wolle	10^{-10}	10^{10} - 10^{11}
Glasfasern	10^{-15}	10^{15}

Der Widerstand der Faserstoffe steht in folgendem Zusammenhang mit der Dielektrizitätszahl ε:

$$\log R = A/\varepsilon + B \quad (4.9)$$

Darin bedeuten:

R: Widerstand [Ω]

ε: Dielektrizitätszahl

A, B: Konstanten

Tabelle 4-2: Dielektrizitätszahl ε für Fasern und andere Materialien [4-5]

Material	**ε [dimensionslos]**
Luft (0°C)	1,00059
Wasser	81,1
Baumwolle (65 % rel. Luftf.)	18
Polyester	2,3
Polyamid 6, 6.6	3,4 - 4,3
Wolle	5,5
Porzellan	6
Keramik	5000

Manche Faserstoffe können größere Mengen Wasser temporär speichern, was sich auf den Widerstand bzw. die Leitfähigkeit auswirkt. Dies wird durch den Feuchtezuschlag berücksichtigt.

$$R = A/u^n \quad (4.10)$$

Darin bedeuten:

R: Widerstand [Ω]

A: Apparatekonstante

u: Feuchtezuschlag [%]

n: Materialkonstante

So nimmt der elektrische Widerstand von Baumwolle um sechs Zehnerpotenzen ab bei einer Zunahme des Feuchtigkeitsgehalts von 2 % auf 10%, ein Umstand, der in Trocknungsprozessen die Regelung des Feuchtigkeitsgehalts des Trocknungsgutes anhand von Leitfähigkeitsmessungen zulässt [5-6]. Dennoch weisen auch hydrophile Fasern wie beispielsweise Baumwolle durch die Feuchtigkeit keine Leitfähigkeiten auf, die sie zu elektrischen Leitern machen würden.

Darüber hinaus gibt es Halbleiter, zu denen auch die im Rahmen dieser Arbeit betrachteten elektrisch leitfähigen Polymere zählen. Zwischen dem Valenz- und Leitungsband gibt es bei ihnen einen Energiebereich, der durch externe Energiezufuhr in Form von Licht, Wärme oder Elektrizität von Ionen oder Elektronen, den Ladungsträgern, überwunden werden kann. Halbleiter werden mit steigender Temperatur leitfähiger. Ihre Leitfähigkeit wird zudem sehr stark durch Dotierungen mit Fremdatomen beeinflusst. Für den Ladungstransport sind Elektronen oder Ionen verantwortlich. Ihre Leitfähigkeit hängt von der Anzahl der Ladungsträger n ab, der Ladungsgröße q und der Beweglichkeit der Ladungsträger μ [4-5].

$$\sigma = n\, q\, \mu \tag{4.11}$$

Darin bedeuten:

σ: elektrische Leitfähigkeit [Sm^{-1}]

n: Anzahl der Ladungsträger

q: Ladungsgröße

μ: Beweglichkeit der Ladungsträger

Die Elementarladung eines Elektrons beträgt $e = 1{,}6 \cdot 10^{-19}$ C, die der Ionen ein Vielfaches. In Polymerwerkstoffen ist die Beweglichkeit der Ionen bei Temperaturen unterhalb der Glasumwandlungstemperatur gering, sie nimmt mit der Temperatur zu [4-5].

Alle bekannten Werkstoffe lassen sich auf der Basis der Messgröße elektrische Leitfähigkeit den Begriffen Leiter, Halbleiter und Isolator zuordnen. Metalle unterscheiden sich wie zuvor bereits dargestellt darüber hinaus grundsätzlich von Halbleitern und Isolatoren dadurch, dass sie bereits im Grundzustand über freie Elektronen im Leitungsband verfügen und der elektrische Widerstand mit der Temperatur zunimmt. Bei Halbleitern hingegen werden die Ladungsträger erst durch Energiezufuhr aktiviert, so dass die Leitfähigkeit mit der Temperatur zunimmt.

4.3 Elektrisch leitfähige Textilien

Die Erzeugung und Verwendung elektrisch leitfähiger Textilien (E-Textilien) ist sehr vielfältig und steht in direktem Zusammenhang mit der Komplexität der textilen Verarbeitung. Alle Verarbeitungsstufen von der Faser bis zur Fläche, sogar bis zum konfektionierten Endprodukt, ermöglichen die Erzeugung von E-Textilien durch Integration elektrisch leitfähiger Komponenten, die entweder faser- bzw. fadenförmig sind oder auf Beschichtungen basieren. Nachfolgende Darstellung differenziert die Möglichkeiten der Einbringung der leitfähigen Komponenten.

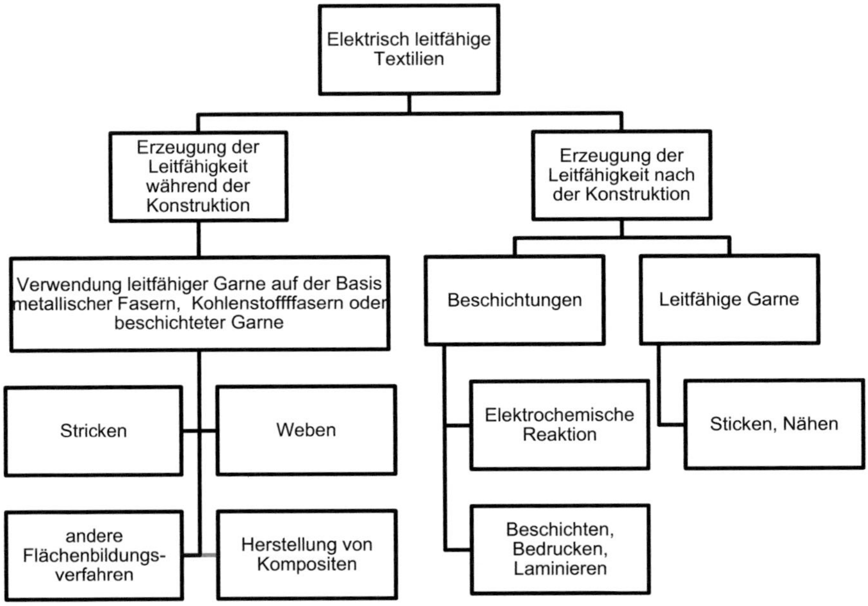

Bild 4-1: Technologie der Erzeugung elektrisch leitfähiger Textilien [in Anlehnung an 4-1]

In der Regel werden leitfähige Komponenten mit Fasern und Flächengebilden herkömmlicher Zusammensetzung kombiniert. So können Naturfasern ebenso wie Chemiefasern zum Einsatz kommen. Die Auswahl der textilen Rohstoffe wird durch die Endbestimmung des E-Textils vorgegeben und muss sorgfältig in das Design einbezogen werden. So können beispielsweise hydrophile Fasern von Vorteil sein, um elektrostatische Aufladung, die die elektrischen Funktionen des Endproduktes stören könnte, zu vermeiden. Andererseits können auch hydrophobe Faserstoffe erwünscht sein, um beispielsweise Maßänderungen durch hygrale Expansion zu verhindern oder um funktionsstörende Kurzschlüsse zu vermeiden.

Leitfähige Komponenten können in jeder Verarbeitungsstufe der textilen Produktionskette in Textilien eingebracht werden. Fasern aus leitfähigen Rohstoffen oder leitfähig veredelte Fasern oder Filamente werden eingesetzt, um leitfähige Garne herzustellen, die anschließend konstruktiv in Flächengebilde eingebunden werden [4-1]. Nachfolgende Bilder 4-2 und 4-3 stellen eine Möglichkeit dar, leitfähige Schussgarne in ein Drehergewebe (Easy-Leno-Gewebe) zu integrieren und mit zunehmender Dichte der Schussfäden den Widerstand von anfängliche 600 Ω/10 cm auf unter 100 Ω/10 cm zu reduzieren.

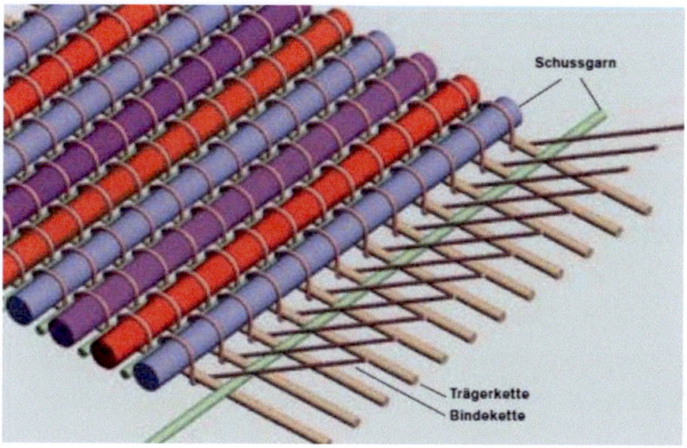

Bild 4-2: Drehergewebe Easy-Leno® 2T [4-7] mit unterschiedlichen Schussgarnen

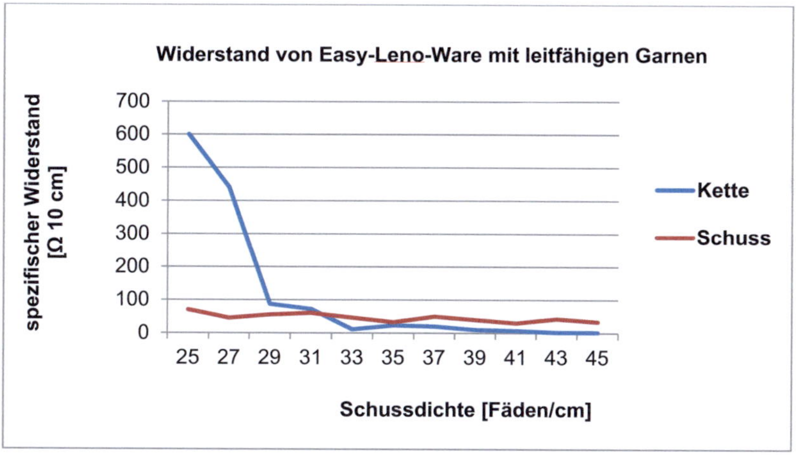

Bild 4-3: Widerstand eines Drehergewebes in Kett- und Schussrichtung in Abhängigkeit von der Dichte elektrisch leitfähiger Schussgarne (Kette Polyester, Schuss leitfähige Garne) [6-2]

Nicht elektrisch leitfähige Flächengebilde werden durch Beschichtungen mit leitfähigen Polymeren oder durch Aufsticken leitfähiger Garne modifiziert. Eine weitere Vorgehensweise ist denkbar, bei der unterschiedliche E-Textilien miteinander zu Kompositen verarbeitet werden [4-1].

4.4 Elektrisch leitfähige Polymere für Textilbeschichtungen

Mechanische Eigenschaften wie Festigkeit, Elastizität, Zähigkeit und Reibungswiderstand sind wesentliche Charakteristika von Kunststoffen. Die thermoplastische Verarbeitbarkeit, die Film- und Faserbildung machen sie zu interessanten Werkstoffen, die in der Lage sind, Metalle in vielen Anwendungen zu ersetzen. Lediglich die Leitfähigkeit der Metalle war lange Zeit nicht durch Kunststoffe erreichbar. Im Gegenteil: ihre Isolationswirkung gegenüber elektrischem Strom wird in Kabelummantelungen oder Bauteilen genutzt. Gerade für E-Textilien ist es von Interesse, die positiven Eigenschaften textiler Werkstoffe nicht durch die leitfähigen Komponenten zu stören. Beispielsweise kann in diesem Zusammenhang die Werkstoffdichte eine große Rolle spielen. Wie in Bild 4-4 dargestellt, steht der sehr guten Leitfähigkeit metallischer Werkstoffe eine hohe Dichte gegenüber. Um der Dichte textiler Werkstoffe oder Beschichtungsrohstoffe zu entsprechen, sind daher elektrisch leitfähige Kunststoffe interessante Alternativen.

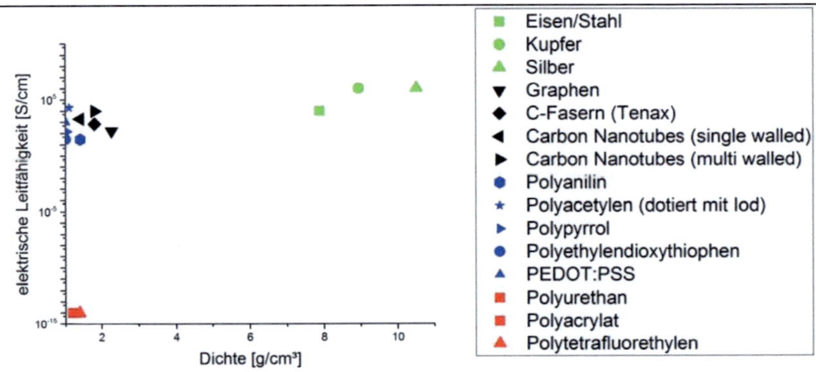

Bild 4-4: Elektrische Leitfähigkeit von Werkstoffen und ihre Dichte, schwarze Zeichen: Kohlenstoffverbindungen, grüne Zeichen: Metalle, blaue Zeichen: leitfähige Kunststoffe, rote Zeichen: isolierende Kunststoffe

Neben den Materialeigenschaften sind bei der Entwicklung von E-Textilien auch wirtschaftliche Aspekte zu berücksichtigen. Leitfähige Kunststoffe kosten gegenwärtig 1000 bis 10.000 EUR/kg, Metalle hingegen lediglich zwischen 10 und 1000 EUR/kg. Die Leitfähigkeit der dargestellten Kunststoffe ist andererseits auch noch nicht ausgereizt und auch Preisreduktionen sind zu erwarten. Beispielsweise erreichte Heraeus Clevios GmbH als führendes Unternehmen in der PEDOT-Synthese eine Steigerung der Leitfähigkeit von PEDOT:PSS (Polyethylendioxithiophen in Gegenwart von Polystyrolsulfonsäure polymerisiert) um den Faktor 10 im Jahr 2010 [4-8].

4.4.1 Polymermischungen mit leitfähigen Partikeln

Polymermischungen mit leitfähigen Partikeln (Conductive Particle Polymers) werden für die Textilbeschichtung auf der Basis bekannter Beschichtungspolymere wie Polyacrylat oder Polyurethan hergestellt, in welche entweder metallische oder kohlenstoffbasierte Partikel eingebracht werden. Bedingt durch eine große Oberfläche können auch Kohlenstoff-Halbleiter zu gebrauchsfähigen Leitfähigkeiten führen [4-20]. So zeigt ein Garn mit einer Beschichtung aus Single-Wall-Carbon-Nano-Tubes SWNT eine Leitfähigkeit von 125 S/cm. Auch werden Mischungen aus Graphit oder Kohlenstofffasern in Epoxidharz auf Polyester aufgetragen [4-1, 4-9, 4-10]. Zur Gewährleistung einer ausreichenden Leitfähigkeit müssen die in das Polymer eingebrachten Füllstoffe ein durchgehendes Netzwerk bilden, über das der Ladungstransport stattfindet. Des Weiteren bestimmen die Füllstoffart, die Korngröße sowie die Menge des eingesetzten Füllstoffes die Leitfähigkeit. Nach der Perkolationstheorie ist für jede Mischung diejenige Konzentration zu ermitteln, bei der die elektrische Leitfähigkeit ihr Optimum erreicht. Eindeutige Vorteile solcher leitfähigen Polymermischungen gegenüber metallischen Leitern liegen in der leichten Verarbeitbarkeit mit den textiltypischen Technologien, der Korrosionsbeständigkeit (sofern es sich nicht um Zusätze von metallischen Werkstoffen handelt) sowie der Flexibilität des Werkstoffs.

So wurden beispielsweise am Institut für Textilchemie und Chemiefasern Denkendorf über Inkjet-Druck mit extrinsisch leitfähigen, rußhaltigen Tinten ebene Kammelektroden realisiert [4-11]. Mit Hilfe metallischer Effektpigmente kann die Leitfähigkeit von Beschichtungen ebenfalls stark beeinflusst werden. In besonderem Maß sind hier Kupferpigmente und silberummantelte Kupferpigmente zu nennen. Für die Textilbeschichtung bieten sich plättchenförmige Pigmente aus diesen metallischen Leitern an, da durch diese Geometrie horizontale, leitfähige Pfade entstehen [4-43, 4-44]. Für eine ausreichende Leitfähigkeit sind Gewichtsanteile von über 10 % bezogen auf den Feststoffauftrag der Beschichtung erforderlich. Weiterhin ist ein Korrosionsschutz der Pigmente notwendig. Die Firma Eckart GmbH, Hartenstein [4-45], bietet beispielsweise hierzu besonders gut geeignete Kupferflakes an, die durch eine Silberummantelung vor Korrosion geschützt sind, ohne die Leitfähigkeit zu beeinträchtigen.

4.4.2 Intrinsisch leitfähige Polymere

Die Verwendung von leitfähigen Partikeln ist bereits ein hilfreicher Schritt, um eigentlich dielektrische Polymere mit elektrischer Leitfähigkeit auszustatten. Ein für die Textilbranche neues Entwicklungsgebiet stellen intrinsisch leitfähige Polymere dar. Bis in die späten 1970er Jahre war elektrische Leitfähigkeit nur mit metallischen Werkstoffen denkbar. Es war unvorstellbar, dass die als Isolatoren geltenden Kunststoffe elektrischen Strom ebenso gut leiten könnten wie Metalle [4-13]. Bei der Synthese von Polyacetylen hatte Hideki Shirakawa in Tokio aufgrund eines Laborfehlers das erste „synthetische Metall“ hergestellt, welches einen silbrig glänzenden Film bildete. Beim Dotieren mit Iod entstand aus dem veränderten Polymer ein metallisch goldfarbener Film, der 109-mal leitfähiger war als normales Polyacetylen. Die Entwicklung einer neuen Generation von Werkstoffen begann, welche die leitfähigen Eigenschaften von Metallen mit den mechanischen Eigenschaften von Kunststoffen verbinden. Sie stellten und stellen einen neuen Weg dar, metallische Werkstoffe „nachzuahmen“ und sind eine erfolgversprechende Alternative zur Herstellung leitfähiger Kunststoffe durch Inkorporierung von metallischen Partikeln oder durch Beschichten mit Metallen. Im Jahr 2000 wurden der Polymerchemiker Hideki Shirakawa, der Physiker Alan Heeger und der Metallorganiker Alan MacDiarmid für die Entdeckung der leitfähigen Polymere mit dem Nobelpreis für Chemie ausgezeichnet [4-11, 4-14].

Nach diesem Prototyp eines leitfähigen Kunststoffs sind inzwischen zahlreiche Polymere durch Dotieren in leitfähige Polymere umgewandelt worden. Besonders günstige Eigenschaften weisen Polyparaphenylen, Polythiophen, Polypyrrol und Polyanilin auf (Tabelle 4-3), so dass die Wissenschaft darauf ihr Augenmerk gerichtet hat [4-15]. Das Potential dieser Werkstoffe für die Textilbranche wurde bereits 1980 von Wegner und Enkelmann mit der Fragestellung „Fasern aus leitfähigen Polymeren – eine greifbare Utopie?“ provokant diskutiert. Sie waren damals fasziniert von dem Gedanken „über Materialien verfügen zu können, welche etwa nach den üblichen Verfahren der makromolekularen Technologie hergestellt werden könnten, um sodann als elektrisch leitende Kunststoffe oder Fasern eingesetzt zu werden“ [4-15].

Gewöhnliche Polymere haben die gleiche Elektronenbandstruktur wie Isolatoren, d.h. ihr Valenzband ist gefüllt, ihr Leitungsband dagegen leer, beide sind durch eine große Bandlücke getrennt. Elektronen können diese Lücke nicht überspringen, es kann also kein Strom fließen. Die intrinsisch leitfähigen Polymere weisen hingegen auch ohne elektrisch leitende Zusätze eine elektrische Leitfähigkeit auf. Sie verfügen über ein konjugiertes Doppelbindungssystem, in dem sich π-Elektronen frei bewegen können. Im neutralen Zustand ist die Leitfähigkeit recht gering, sie kann aber durch Zufuhr von Ladungsträgern mittels Oxidation (p-doping) oder Reduktion (n-doping) im konjugierten Polymerrückgrat gesteigert werden. Die leitfähigen Polymere sind sensitiv gegenüber Redox-Reaktionen und Säure-Base-Reaktionen, was sie auch für den Einsatz als Chemosensoren, als pH-Wert-Sensoren oder Peroxidsensoren prädestiniert [4-17, 4-18]. Polyacetylen ist der einfachste Vertreter intrinsisch leitfähiger Polymere.

$$\text{Acetylen} \xrightarrow{Ti(OC_4H_9)_4 + Al(C_2H_5)_3} \text{Polyacetylen} \xrightarrow{+ I_2} \text{Polyacetylen-Kation-Triiodid}$$

Durch Oxidation mit Iod wird dieses Polymer leitend, da Elektronen aus dem Valenzband entfernt werden, so dass Elektronen innerhalb des Valenzbandes das Energieniveau wechseln können. Während das erste synthetisierte leitfähige Polymer Polyacetylen aufgrund seiner Luftempfindlichkeit für technische Anwendungen nicht interessant ist, finden andere unempfindlichere Polyine wie Polyethylendioxythiophen Einsatz als Antistatika, in Kondensatoren oder auch in leuchtenden Dioden [4-16]. Während Metalle eine Leitfähigkeit von über 10.000 S/cm aufweisen, werden bei den intrinsisch leitfähigen Polymeren bisher nur etwa 100 bis 1000 S/cm erreicht. Eine vergleichende Übersicht der Leiter, Halbleiter und Isolatoren auf anorganischer und organischer Basis zeigt Tabelle 4-3 [4-12, 4-15].

Tabelle 4-3: Einteilung verschiedener Werkstoffe in Leiter, Halbleiter und Isolatoren [4-12, 4-15]

	Anorganika	**σ [S/cm]**	**Organika**
Leiter	Silber, Kupfer	10^{6}	dotiertes trans-Polyacetylen, verstreckt
	Eisen	10^{4}	dotiertes trans-Polyacetylen, unverstreckt
	-	10^{2}	dotiertes Polypyrrol, dotiertes Polythiophen, dotiertes Polyanilin
	Germanium	10^{-2}	
Halbleiter	-	10^{-4}	trans-Polyacetylen, undotiert
	Silicium	10^{-6}	
	-	10^{-8}	cis-Polyacetylen, undotiert, Polyanilin, undotiert
Isolatoren	Glas	10^{-12}	-
	Diamant	10^{-14}	Polyamid 6.6
	Schwefel	10^{-16}	Polyethylen, Polyphenylensulfid
	Quarz	10^{-18}	Polystyrol, Polyvinylchlorid, Polytetrafluorethylen

Die guten Leitfähigkeiten der Polymere sind bei Beschichtungen auf glatten Oberflächen und unter optimalen Applikationsbedingungen realisierbar [4-8]. Für ihre Anwendung in Textilbeschichtungen ist zu untersuchen, welche Auswirkungen die strukturierten Oberflächen der Textilien auf die Leitfähigkeit der Polymerschichten haben.

Die meisten intrinsisch leitfähigen Polymere sind als Reinsubstanz gerade in dotierter Form wasserunlöslich und nur schwer zu verarbeiten. Geringe Veränderungen an der Polymerkette, beispielsweise das Austauschen eines Wasserstoffatoms durch eine größere Kohlenwasserstoffgruppe können diese Eigenschaft positiv beeinflussen. Derzeit werden die als Granulat oder Pulver vorliegenden

Polymere für die Verarbeitung in einem organischen Lösemittel gelöst. Für elektronische Bauteile lassen sich die Polymerdispersionen auf Glas oder Folie in dünnen Schichten applizieren.

Für textile Applikationen stellt die Anwesenheit organischer Lösemittel sowohl während der Verarbeitung als auch im späteren Gebrauch ein Hindernis dar. Die unlöslichen Polymere Polyanilin, Polypyrrol und Polyethylendioxythiophen werden in Verbindung mit Dodecylbenzolsulfonat oder Polystyrensulfonat in kolloidale wässrige Systeme überführt und mittels beispielsweise Spraycoating oder Ink-Jet-Druck zu dünnen Filmen geformt. Sie können auch auf Garne oder Flächengebilde mittels herkömmlicher Auftragssysteme aufgebracht werden, jeweils unter Beachtung ihrer Viskosität [4-19]. Diese Polymere werden wie im nachfolgenden Kapitel gezeigt intensiv erforscht, sie haben aber noch keinen industriellen Einsatz in der Textilbeschichtung gefunden. Eines der wichtigsten Beschichtungspolymere ist Polypyrrol. Es zeigt eine hohe Leitfähigkeit, gute Beständigkeit gegenüber Umwelteinflüssen, gute Adhäsion und keine Umwelttoxizität. Eine weitere Polymerklasse stellen die Polythiophene dar. Sie sind in organischen Lösemitteln löslich, gut zu verarbeiten, transparent und umweltstabil. Die elektrische Leitfähigkeit ist gut. Für die Anwendung in Textilbeschichtungen ist Poly(3,4-ethylendioxythiophen) mit Polystyrol(-4-sulfonat) aufgrund des guten Auftragsverhaltens auch in wasserbasierten Pasten von besonderer Bedeutung (PEDOT/PSS). So wird in der Literatur von Rotationsbeschichtung, aber auch von Tauchbeschichtung oder Digitaldruck auf Textilien berichtet [4-1]. Die Leitfähigkeit dieses ICP wird wie von Zeng et al. beschrieben [4-21] durch Beimischung von leitfähigen Partikeln (Goldnanopartikeln) erhöht. Als drittes ICP wird Polyanilin (PANI) in Textilbeschichtungen auf unterschiedlichen Substraten eingesetzt [4-17].

Die für die vorliegende Arbeit wichtigsten intrinsisch leitfähigen Polymere sind in der folgenden Tabelle 4-4 aufgeführt.

Tabelle 4-4: Leitfähige Pomere [4-12, 4-22]

Polymer	Leitfähigkeit ohne Dotierung [S/cm]	Leitfähigkeit nach Oxidation [S/cm]	Anwendungen	Strukturformel
Polyacetylen (PAC)	Isolator bis Halbleiter	10^3 - $1{,}7 \cdot 10^5$	keine stabile Verbindung	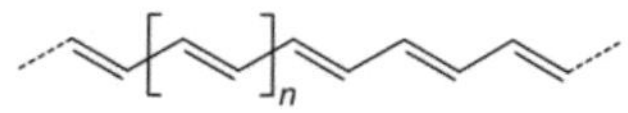
Polyanilin (PANI)	5	$10 – 10^2$	antistatische Ausrüstung, organische LEDs	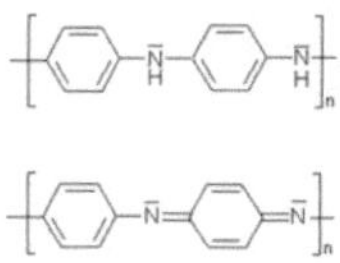
Polypyrrol (PPY)	keine	10^2 - $7{,}5 \cdot 10^3$	Mikrobiologie, Solartechnik, Sensortechnik	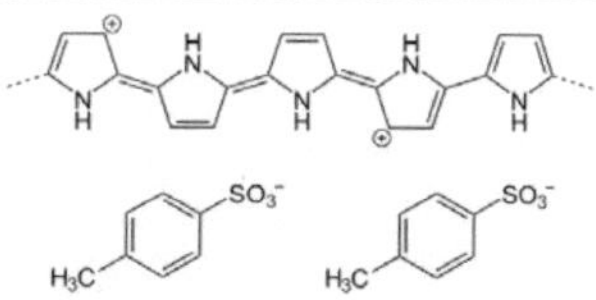
Polythiophen (PT)	10^{-7}	$10 – 10^3$	technische Kunststoffe OLEDs Lichtemitter	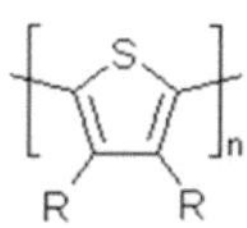
Poly-Ethylendioxythiophen/ Polystyrolsulfonat (PEDOT/ PSS)	Halbleiter	10^3	technische Kunststoffe organische LEDs Lichtemitter	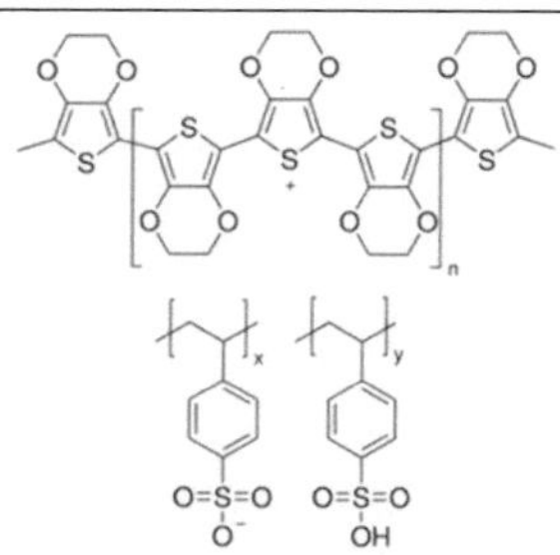
Poly(p-phenylen-vinylen) (PPV)	Keine Angaben	$3 – 5 \cdot 10^3$	OLEDs	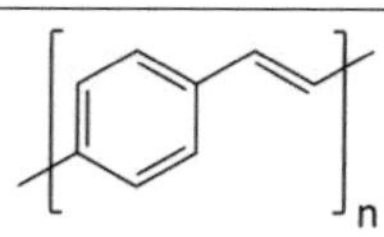

4.5 Stand der Forschung zur Textilfunktionalisierung mittels elektrisch leitfähiger Polymere

Die auf Basis leitfähiger Werkstoffe modifizierten Textilien lassen zahlreiche Nutzungsmöglichkeiten zu: Sie können für Sensoren verwendet werden, die beispielsweise Herzfrequenz, Hauttemperatur oder Schweißabgabe erfassen. Mittels elektrisch leitfähiger Textilien könnten auch flächige Wärmequellen erzeugt werden, beispielsweise als Sitzheizung in Automobilen [1-4]. Sie könnten auch als Elektroden in selbstleuchtenden, elektrolumineszenten Textilien zum Einsatz kommen, z. B. für selbstleuchtende Werbeträger, textile Warn- oder Hinweiszeichen in Gebäuden oder Verkehrsmitteln oder aktiv leuchtende Berufs- oder Sicherheitsbekleidung [5-23]. Die Erzeugung von organischen LEDs auf Textilien könnte ebenfalls auf der Basis elektrisch leitfähiger Textilien gelingen.

International befassen sich zahlreiche wissenschaftliche Arbeiten mit der Thematik der E-Textilien und betrachten von der Applikation über die Stromkontakte bis zur Anwendung ganz unterschiedliche Aspekte:

4.5.1 Funktionalisierung auf der Basis von Fasermischungen oder Kunststoffmischungen mit Metallen oder Kohlenstoff

Buechley und Eisenberg [4-25] befassen sich mit der Entwicklung von Methoden, elektrische Bauteile mit Textilien zu verbinden, mit dem Ziel, die Designentwicklung und die Realisation von E-Textilien voranzutreiben. Sie entwickeln diese, indem sie aus einem mit Sn/Cu platierten Gewebe mit einer Leitfähigkeit von 0,1Ω/sq mit Lasercutter Leiterbahnen ausschneiden, die mittels Schmelzkleber mit einem Trägermaterial verbunden werden. Auf diese Weise erzeugen sie textile Leiterplatten, die mit Mikroelektronikbauteilen über Löten verbunden werden. Selbst entwickelte LED-Pailletten werden außerdem über Sticken und Nähen unter Verwendung leitfähiger Garne auf Basis mit Silber metallisierter Fäden oder versponnener Edelstahlfasern mit diesen verbunden. Die Autoren fixieren außerdem Steckverbindungen für integrierte Schaltkreise (IC sockets) mittels Nähen. So werden unterschiedliche E-Textilien miteinander zu neuen Funktionen kombiniert. Zur Abschirmung werden leitfähige Garne mit isolierenden Garnen (Fadenisolator) überstickt, isolierende Textilflächen mittels Schmelzkleber auf leitfähigen Flächen appliziert (Gewebeisolator) oder Schaumpasten linien- oder flächenförmig auf den leitfähigen Komponenten aufgetragen.

Die entwickelten E-Textilien wie beispielsweise LED-Textilien unterziehen die Wissenschaftler einem Gebrauchstest, insbesondere Wäschen bei 20 °C gefolgt von Trocknungsprozessen in Haushaltstrocknern. Die Mindestanforderungen für tragbare LED-Displays definieren sie mit einer Widerstandsveränderung von 5 – 10 Ω über die Lebenszeit der Produkte.

Die Untersuchungen, über die bei Buechly et al. berichtet wird [4-25], belegen eine schlechte Waschbeständigkeit nicht elektrisch isolierter E-Textilien auf der Basis von verkupferten Geweben und eine recht stabile Beständigkeit der Sn/Cu-Beschichtungen auf Textilien. Eine besonders gute Waschbeständigkeit wird durch Flächenisolation mit Urethanbeschichtungen beobachtet. LED-Pailletten und Steckerverbindungen zeigten ebenfalls eine gute Waschbeständigkeit.

Forscher um Heinrich untersuchen das elektrische und piezoresistive Verhalten von Mischungen aus Naturkautschuk und MWCNT [4-47]. Weiterhin werden Monofilamente aus Polycarbonat durch Beimischung von MWCNT in einem Gewichtsanteil zwischen 2 und 6 % bezogen auf das Filamentgewicht erzeugt, deren Leitfähigkeit sie für den Einsatz in Sensortextilien befähigt [4-48]. Besonders interessant für textile Anwendungen ist die Entwicklung elastischer, leitfähiger Materialien. Dazu wurde Leitruß im nanoskaligen Maßstab in Styrolbutadienkautschuk eingebracht. Die Materialien zeigen eine hervorragende Leitfähigkeit von 40 S/m und eine Elastizität von 200 % [4-49].

Eine weitere Forschungsrichtung besteht in der Realisierung von E-Textilien durch Verarbeitung elektrisch leitfähiger Garne mittels Weben oder Stricken. Hier können komplexe Leiterbahnen entstehen. Am TITV - Textilforschungsinstitut Thüringen-Vogtland e. V. in Greiz werden in diesem Sinne leitfähige Fäden (ELITEX®-Fäden) durch Metallisierung und elektrochemische Nachbehandlung entwickelt. Die Garne lassen sich nach Angabe des Instituts problemlos auf Textilmaschinen verarbeiten und weisen textiltypische Eigenschaften auf. Sie sollen zur Herstellung wärmender oder sensorischer Textilien eingesetzt werden [4-27]. Eine besondere Anwendung finden diese Systeme z. B. bei der Herstellung textiler Beleuchtungssysteme; so werden am TITV galvanisierte Garne verwendet, die zu Kammelektroden in Geweben verarbeitet werden, um elektrolumineszente Pigmente zur Lichtemission anzuregen. Problematisch bei metallisierten Garnen ist dabei die mangelnde Waschbeständigkeit – während metallische Feindrähte in Umwindegarnen rasch brechen, neigen beispielsweise silberbeschichtete Garne zur Oxidation; andere Beschichtungen werden erfahrungsgemäß nach wenigen Wäschen abgerieben [4-26, 4-28, 4-29].

4.5.2 Funktionalisierung mit Polyethylendioxithiophen

Für textile Sensoren, Aktuatoren, elektromagnetische Abschirmung sowie wärmende oder kühlende Elemente ist es erforderlich, dass Textilien mit elektrisch leitfähigen Funktionen ausgestattet werden. Um diese Funktionen zu erreichen und damit zu einer Wertsteigerung von Textilien zu kommen, bieten sich Beschichtungsverfahren an, bei denen leitfähige Polymerdispersionen mittels Streichverfahren auf Textilien aufgetragen und anschließend konvektiv zu einem trockenen und gegebenenfalls vernetzten Film ausgehärtet werden. Akerfeldt et al. [4-30] entwickeln Textilbeschichtungen auf der Basis von wässrigen PEDOT:PSS-Dispersionen. Durch Zusatz des hochsiedenden Lösungsmittels Ethylenglykol können die leitfähigen Polymere noch besser orientiert, der Elektronenübergang erleichtert und folglich Beschichtungen mit höheren Leitfähigkeiten entwickelt werden.

Akerfeldt et al. [4-30] beschichten ein vorbehandeltes Polyestergewebe (159 g/m²) mittels eines Walzenrakels mit thermoplastischem, aliphatischem Polyurethan in wässriger Dispersion, Hydroxyethylcellulose als Verdickungsmittel und einem Feststoffgehalt von 35 % in Mischungen mit PEDOT:PSS in Anteilen von 20 – 80 % sowie einem weiteren nichtionogenen Verdickungsmittel auf der Basis von Polyurethan. Die Mischungen werden in Schichtdicken von 200 µm mit unterschiedlichen Auflagemengen von 19,3 – 155 g/m² aufgetragen. Die Scherrate beträgt 50 s^{-1}. Bei einer Konzentration von 6,18 % PEDOT:PSS bezogen auf das trockene Auflagegewicht liegt ein Oberflächenwiderstand von $1 * 10^3$ Ω/square vor. Dabei sank der Widerstand um mehr als 5 Potenzen im Vergleich zu Gewichtsanteilen von unter 1%. Der stärkste Abfall des Widerstands lag bei Gewichtsanteilen zwischen 2 und 3 %. Bei dieser Konzentration ist die Durchflussschwelle dieser Mischung zu vermuten, d. h. die Konzentration an leitfähigen Domänen ist gerade ausreichend, um einen Elektronenfluss zuzulassen. Eine Erhöhung der Konzentration führt zwar zu weiteren „Pfaden", dennoch kommt es zu einer Sättigung der Leitfähigkeit. Untersuchungen zur Schichtdickenverteilung machen deutlich, dass textile Träger ihre Strukturierung an die erzeugten leitfähigen Schichten weitergeben, wodurch Dickenunterschiede, unterschiedliche Querschnitte und folglich Schwankungen in der Leitfähigkeit auftreten.

In einer weiteren Studie untersuchen Akerfeldt et al. [4-31] diese leitfähigen Beschichtungen auf Polyestergewebe (PEDOT:PSS-Mischungen mit Polyurethan mit einem Mischungsanteil von 1,09%, Ethylenglykol als Leitfähigkeitsverstärker sowie Hydroxethylcellulose und modifizierten Urethanen zur Einstellung der Viskosität) genauer hinsichtlich der Gebrauchstauglichkeit. Höchstzugfestigkeit, Abrieb und Biegesteifigkeit der beschichteten Textilien werden nach genormten textilüblichen Methoden ermittelt. Gefunden wird, dass die Reißfestigkeit mit steigender Gewichtsauflage der Beschichtung aufgrund einer zunehmenden Versteifung der Materialien abnimmt. Ethylenglykol führt bei höherem Mischungsanteil zu Duktilität aufgrund einer allerdings begrenzten Glykolyse des Polyesters. Interessant für die Gebrauchstauglichkeit ist die Beständigkeit der Beschichtungen gegenüber einer Scheuerbeanspruchung. Der elektrische Widerstand nimmt mit der Beanspruchung leicht zu, auf einem Martindalegerät steigt er nach 50.000 Zyklen lediglich um eine Potenz. Mikroskopische Aufnahmen zeigen, dass die Beschichtungen durch die Reibbeanspruchung teilweise in das Textil hinein gedrückt werden, es jedoch nicht zu einer Zerstörung der leitfähigen Schichten kommt.

Neelakandan et al. [4-32] betrachten E-Textilien zur elektromagnetischen Abschirmung. Die Problematik, dass metallhaltige Textilien (z. B. Metallgewebe) die textilen Eigenschaften wie Biegesteifigkeit negativ beeinflussen und durch Umwelteinflüsse korrodieren, was zu einer Abnahme der elektrischen Leitfähikgeit führt, motiviert die Autoren, Beschichtungen mit ICP auf textilen Trägern zu entwickeln.

Angelo et al. [4-33] analysieren PEDOT, dispergiert in Wasser mit PSS als leitfähige Tinten für den Digitaldruck auf Papier. Die Ausgangsleitfähigkeit wird im Rahmen der Studie durch Zugabe von single-walled und multi-walled Carbon Nanotubes (SWCNT und MWCNT) auf 0,018 S/cm gesteigert.

Rauheit des Trägermaterials, Interaktionen mit Papierkomponenten wie z. B. Elektrolyten oder die Zugabe von Verdickungsmitteln führen dabei zu großer Streuung der Leitfähigkeitswerte.

Irwin et al. [4-34] befassen sich mit der Tauchbeschichtung von Garnen mit leitfähigen Polymeren. Dadurch sollen Garne entstehen, die weniger empfindlich gegenüber Abrasion oder Biegebeanspruchung sind und sich problemlos in Textilien einarbeiten lassen. Dazu wird PEDOT:PSS in einem Verhältnis von 50:50 aus einer Ethylenglykollösung auf dem Wege des Dip-Coating in mehreren aufeinander folgenden Tauchgängen auf Seidenfilamente appliziert und bei 110°C 10 Minuten getrocknet. Eine Leitfähigkeit von 9 S/cm kann im Vergleich zu 80 S/cm erreicht werden, gemessen an einem mit Silber beschichteten Garn.

Opwis et al. [4-35] erzeugen elektrisch leitfähige Schichten durch in-situ-Polymerisation von Poly(3,4-ethylene dioxythiophene) *p*-toluenesulfonic acid (PEDOT:PTSA) auf Polyestervlies. Der Widerstand betrug 10 Ω/sq. Die Forscher sehen den Nutzen der Schichten in der Anwendung als textile Heizelemente. Bei einer Spannung von 24 V können Temperaturen bis 170 °C erreicht werden.

4.5.3 Funktionalisierung mit Polypyrrol

Lin et al. [4-36] wählen für die Funktionalisierung von Polyesterflächengebilden mit Polypyrrol eine zweistufige Vorgehensweise. Hierbei werden zunächst Oligomere des Polypyrrols an der Textiloberfläche adsorbiert und anschließend polymerisiert. Die Polymerbildung findet sowohl an der Oberfläche als auch in Lösung statt. Lin et al. untersuchen dazu, wie über die Konzentration an Oligomeren, die Vorbehandlung der Textilien mit Eisenchlorid als Oxidationsmittel und über die Reaktionstemperatur die Schichtdicke beeinflusst werden kann.

Die in-situ-Polymerisation von Polypyrrol studieren Babu et al. [4-37] unter Verwendung von Silbernitrat als Oxidationsmittel. Hierdurch können Silbernanopartikel in die erzeugte Schicht aus leitfähigem Kunststoff eingelagert und dadurch die Leitfähigkeit gesteigert werden. Die erzeugte Leitfähigkeit liegt bei einer Polypyrrolbeschichtung (ohne Angabe der Schichtdicke) bei $1x10^{-3}$ S/cm, sie kann mittels Silbernanopartikel auf $4x10^{-3}$ S/cm gesteigert werden.

Molina et al. [4-38] polymerisieren ebenfalls Polypyrrol auf Polyester, um leitfähige Textilien herzustellen. Bei der in-situ-Polymerisation werden alle Komponenten gleichzeitig eingesetzt und die Polymerisation setzt auf dem Textil ein. Bei der Zweistufenmethode werden die Monomere oder die Oxidantien und Gegenionen zunächst adsorptiv am Textil gebunden und erst im zweiten Schritt durch Zugabe des jeweils anderen Reaktionspartners zur Polymerisation gebracht.

Sparavigna et al. [4-39] widmen sich insbesondere der Modifikation von Polyester mit Polypyrrol. Sie nutzen dabei die thermoelektrischen Eigenschaften der ICPs bei gleichzeitig geringer Dichte, um unter Ausnutzung des Peltier-Effekts (Erzeugung einer Temperaturdifferenz bei Stromdurchfluss durch ein Peltierelement) wärmende oder kühlende Systeme zu erzeugen. Die Beschichtung erfolgt in-situ auf Polyester-Gittergewebe durch Polymerisation direkt an der Faseroberfläche und durch Lösungspolymerisation, bei der sich die Ausfällungen auf der textilen Oberfläche ablagern. Die Schichtdicke auf den Fasern beträgt 1 µm, die erzeugte Leitfähigkeit 10^4 S/m. Die Materialien werden auf ihre Fähigkeit, Wärme zu erzeugen, untersucht. In linearer Abhängigkeit von der Stromstärke können an den Mustern Temperaturen bis zu 80 °C erzeugt werden (I= 250 mA, U=80V).
Eeonyx Corp [4-40] bietet mit EeonTex™ ein kommerzielles Produkt an. Dazu werden textile Flächengebilde, Garne und auch Leder mit leitfähigen Beschichtungen aus PPY versehen. Die Produkte sind für Anwendungen als leitfähige Handschuhe, Heizflächen und Sensoren vorgesehen.

McGraw et al. [4-41] erzeugen E-Textilien durch Funktionalisieren von Microfaser-Vliesstoff aus Polyamid 6 und Polypropylen mit Polypyrrol für den Einsatz in Biosensoren. Besonderes Augenmerk legen die Autoren auf den Einbau funktioneller Gruppen wie Carboxylgruppen in das leitfähige Polymer, um Avidin, ein Protein, das Biotin binden kann, anzubinden. In elektrochemischen Systemen können diese funktionalisierten Nonwovens Biotin bzw. Vitamin H erkennen, das bei Anbindung an Avidin zu Veränderungen der Leitfähigkeiten führt. Über diese elektrochemischen Signale kann die Anwesenheit von Biotin abgebenden, pathogenen Keimen detektiert werden.

4.5.4 Funktionalisierung mit Polyanilin

Steijskal [4-42] untersucht sogenannte Hybridcomposites, bestehend aus intrinsisch leitfähigen Polymeren, in erster Linie Polyanilin und Polypyrrol, sowie Silberpartikeln, deren Ausgangsleitfähigkeit vier bis fünf Logarithmusstufen über der der ICPs liegt, und erreicht Leitfähigkeitswerte bis maximal 1000 S/cm bei einem Gehalt von 70 % Silber. Die gegensätzliche Abhängigkeit der Leitfähigkeit von Metallen und Halbleitern von der Temperatur scheint sich aufzuheben und bewirkt bei den getesteten Hybridsystemen eine weitestgehend konstante Leitfähigkeit bei zunehmender Temperatur.

Weiser et al. [4-23] untersuchen PEDOT und PANI für die Foulardapplikation. Die experimentell bestimmten Widerstände liegen mit 10^4 - 10^6 Ω weit über den für leitfähige Textilien nutzbaren Widerständen (10 – 100 Ω) und dienen eher der Antistatik.

4.6 Kritische Betrachtung

Elektrisch leitfähige Textilien können wie zuvor gezeigt auf unterschiedliche Weise in linien- oder flächenförmiger Form hergestellt werden. Entwicklungen, die zu einer industriellen Fertigung und einem dauerhaften Gebrauch führen, sind nur vereinzelt auszumachen. Der Einsatz der metallischen

Systeme ist in der Entwicklung am weitesten fortgeschritten, allerdings weisen diese im Gebrauch durch Oxidation und Bruch schnell Mängel auf. Der Einsatz elektrisch leitfähiger Kunststoffe ist weniger weit ausgereift, die erzielbaren Leitfähigkeiten überzeugen nicht für den Einsatz in der Praxis. Der Vergleich der jeweiligen Systeme wird stark erschwert durch fehlende einheitliche Messsysteme, weiterhin werden besonders bei Flächenelektroden die Leitfähigkeiten in Ωsquare angegeben, ohne Hinweis auf die Dicke der leitfähigen Schicht. Ein Vergleich des Flächenwiderstands einzelner Entwicklungen mit der spezifischen Leitfähigkeit anderer Entwicklungen wird dadurch beeinträchtigt. Als Grundlage für die weitere Entwicklung elektrisch leitfähiger Textilien sollen deshalb nachfolglend wichtige Forschungsresultate (Tabelle 4-5) gegenübergestellt und anschließend bewertet werden.

Tabelle 4-5: Elektrische Leitfähigkeit und spezifischer Widerstand linienförmiger und flächenförmiger elektrisch leitfähiger Textilien

Material	**Elektrische Leitfähigkeit**	**Spezifischer Widerstand bzw. Flächenwiderstand**	**Anwendung**
Linienförmige E-Textilien (Garne) für die Verarbeitung in Flächengebilden durch Weben, Stricken, Wirken und Aufsticken			
Auf der Basis von Metallen			
Kupferdraht verzwirnt mit Polyamid 6.6, Baumwolle, p-Aramid (Kevlar), m-Aramid (Nomex) [4-1]	$4,7 \cdot 10^{-2}$ S/cm	21 Ωcm	Verarbeitung durch Weben, Stricken, Wirken und Sticken
Garn aus Edelstahlstapelfasern, gemischt mit Polyester [4-1]	$2 \cdot 10^{-2}$ S/cm	50 Ωcm	Verarbeitung durch Weben, Stricken, Wirken und Sticken
Silberfaden verzwirnt mit Polyamid 6.6 [4-1]	$3,9 \cdot 10^{-4}$ S/cm	85 Ωfoot bzw. 2590 Ωcm	Verarbeitung durch Weben, Stricken, Wirken und Sticken

Auf der Basis von Kunststoffen (ICP, CCP)			
Polyester/Baumwolle mit einer Beschichtung aus SWNT	125 S/cm	$8*10^{-3}$ Ωcm	Beschichtungen auf Fäden
PANI und PPY mit bis zu 70 % Silber [4-42]	10^{3} S/cm	10^{-3} Ω cm	Beschichtungen auf Fäden
PEDOT:PSS auf Seide [4-34]	9 S/cm bis 80 S/cm	0,11 Ωcm bis 1,24 * 10^{-2} Ωcm	Tauchbeschichtung auf Garnen
Flächenförmige E-Textilien auf der Basis von Kunststoffen			
PEDOT:PSS [4-1]	25 S/cm	$4*10^{-2}$ Ωcm	Ink-Jet-Print auf Baumwolle
PEDOT:PSS [4-1]	2 S/cm	0,5 Ωcm	Dip-coating auf einem Gestrick aus 50 % Nylon und 50 % Elastan
PEDOT:PSS in Wasser [4-33]	0,018 S/cm	55,56 Ωcm	Digitaldrucktinte
PEDOT:PSS in PU [4-30]		10^{3} Ω/square	Beschichtung auf Polyestergewebe
PEDOT:PTSA [4-35]		10 Ω/square	In-situ-Polymerisation
Naturkautschuk mit MWCNT [4-49]	0,4 S/cm	2,5 Ωcm	Keine Angabe
PPY auf PES-Gittergewebe [4-39]	100 S/cm	10^{-2} Ωcm	Polymerisation an der Faseroberfläche
PPY auf Gewebe mit Silbernitrat als Oxidationsmittel [4-37]	10^{-3} S/cm	1000 Ωcm	In-situ-Polymerisation
Polyacrylat mit PANI [4-31]	keine Angabe	10^{4} - 10^{6} Ω/square	Beschichtungen

Polyacrylatbinder mit PPY [4-31]	keine Angabe	10^{10} Ω/square	Beschichtungen
Polyurethan mit PEDOT:PSS [4-31]	keine Angabe	10^{3} Ω/square	Beschichtungen
Polyacrylatbinder, Poly-urethan, Silikon mit PANI [4-23]	keine Angabe	10^{4} Ω/square	Tauchapplikation
Polyacrylatbinder, Poly-urethan, Silikon mit PEDOT-PSS [4-23]	keine Angabe	10^{6} Ω/square	Tauchapplikation

Für die Entwicklung leitfähiger Textilien müssen die zu erwartenden Gebrauchsbeanspruchungen beachtet werden. Leitfähige Garne müssen den Beanspruchungen in der Verarbeitung widerstehen und z. B. für Wearables waschbeständig sein. Bei leitfähigen Beschichtungen wird die Entwicklung sehr stark auf Leitfähigkeit fokussiert, textiltypische Parameter wie z. B. die Verarbeitung in der in Textilbetrieben am häufigsten eingesetzten Streichbeschichtung und die Adhäsion der Schichten zu textilen Trägern wird wenig beachtet. Einige wenige Entwicklungen kombinieren erstmalig textiltypische Beschichtungspolymere wie Polyacrylat, Polyurethan und Silikon mit leitfähigen Polymeren. Die vorgestellten erzielten Widerstände sind jedoch viel zu hoch, um diese Materialien zu den leitfähigen Textilien zu zählen. Sollen E-Textilien in komplexe Systeme integriert werden, um beispielsweise Sensoren oder leuchtende Textilien zu erzeugen, so muss ein Flächenwiderstand von 10 Ω/square unterschritten werden.

Hieraus ist folgende Aufgabenstellung für weitere Entwicklungen abzuleiten:

- Entwicklung leitfähiger Beschichtungen mit einer elektrischen Leitfähigkeit im Bereich intrinsisch leitfähiger Polymere oder besser (elektrische Leitfähigkeit 10^{2} bis 10^{3} S/cm).
- Entwicklung leitfähiger Beschichtungen auf der Basis wässriger Dispersionen mit guter Verarbeitbarkeit in der Textilindustrie.
- Entwicklung leitfähiger Beschichtungen mit hoher Adhäsion zu textilen Trägern aus z. B. Polyester oder Baumwolle und guter Beständigkeit gegen mechanischer Belastung und Wäsche.

5 Funktionalisierung von Multifaserstrukturen

5.1 Einleitung

Die Untersuchungen der Auswirkungen verschiedener Plasmen auf Textilien fokussieren bislang wie zuvor gezeigt überwiegend auf einzelne Faserstoffe. Die Auswirkungen auf Multifaserstrukturen sind hingegen nicht Gegenstand der Forschung. Aus diesem Grund soll in der vorliegenden Arbeit dieser Aspekt anhand eines textiltypischen Beispiels für derartige Strukturen genauer betrachtet werden. Hierbei handelt es sich um Tuftingteppiche, die aus einem aus verschiedenen Fasern und Konstruktionen gebildeten Tuftinggrund und Polgarnen aus weiteren Faserstoffen bestehen. Für die Untersuchungen bieten diese Materialien noch weitere Besonderheiten, da sie eine ausgeprägte Dreidimensionalität aufweisen und mit hohen Produktionsgeschwindigkeiten erzeugt werden.

Die Tuftingtechnik ist eine sehr produktive Technik zur Herstellung textiler Flächengebilde. Im Jahr 2013 wurden in Deutschland 77,6 Mio. m² textiler Bodenbeläge produziert, von denen Tuftingbeläge mit 33 Mio. m² nach Nadelfilzen den zweitgrößten Anteil hatten [5-1]. Warenbreiten von über vier Metern können bei einer großen Musterungsvielfalt über Versatz- und Hoch-Tief-Strukturen mit hohen Produktionsgeschwindigkeiten realisiert werden. Die Fläche entsteht durch das Einnadeln von Polgarnen in textile Trägermaterialien (Bild 5-1).

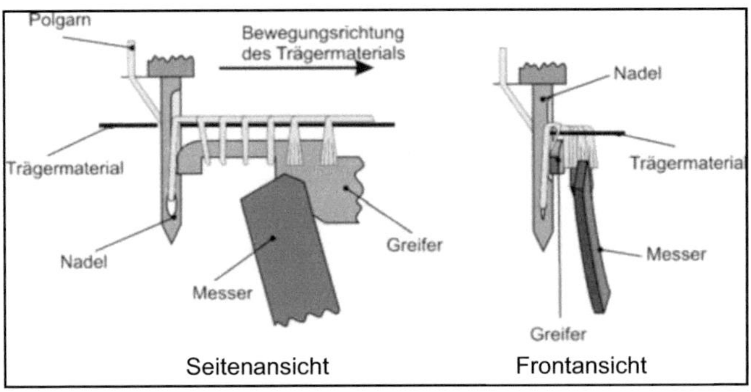

Bild 5-1: Grundprinzip der Tuftingtechnik [5-3]

Dabei kommen für die Träger Spinnvliesstoffe aus Polyester, Polyamid, Polypropylen und deren Mischungen sowie Bändchengewebe aus Polypropylen zum Einsatz. Als Polgarne werden texturierte Endlosgarne (sogenannte Bulked Continuous Filaments Garne) aus Polyamid 6.6, Polypropylen oder Polyester verwendet [5-4]. Die Trägermaterialien sind so konstruiert, dass die Fasern und Bändchen beim Einstechen der Tuftingnadeln und Einbringen des Polgarns verdrängt werden und sich nach dem Rückhub um das Polmaterial herum zurückziehen. Auf diese Weise werden die Polgarne mechanisch so verankert, dass die getuftete Rohware der Beanspruchung in den Nachfolgeprozessen

Stand hält. Für die Beanspruchung in der späteren Nutzungsphase muss der Bodenbelag jedoch mit einer rückseitigen Beschichtung versehen werden, die sich aus einer Mischung aus Styrolbutadienrubberlatex (SBR-Latex), Füllstoffen und Hilfsmitteln zusammensetzt. Aufgabe der Teppichrückenbeschichtung ist einerseits die Polnoppenverfestigung, die Verbindung zwischen Tuftingrohware und textilem Zweitrücken und die Stabilisierung der Fläche. Andererseits kommen der Beschichtung auch funktionsgebende Aufgaben zu. Hierzu gehören: Dimensionsstabilität, Elastizität, Raumakkustik, Wärmedämmung, Verlegung/Wiederaufnahme, Verschleißfestigkeit, Schnittkantenfestigkeit, Flammschutz und Antistatik.

Bei der Teppichbeschichtung wird die Rückseite der getufteten Rohware in einem ersten Arbeitsschritt durch ein Streichverfahren mit einem geschäumten Vorstrich versehen (Bild 5-2). Dieser Vorstrich hat eine geringe Viskosität und gestattet aufgrund der Kapillarkräfte die Penetration des Trägermaterials und der Polfasern durch die Beschichtungsmasse. Dabei ist zu beachten, dass der Vorstrich nur die Henkel des Polfadens mit dem Trägermaterial verbindet und nicht auf die rechte Warenseite durchschlägt. Anschließend wird mittels Nass-in-Nass-Beschichtung auf die gleiche Weise ein ähnlich zusammengesetzter Kaschierstrich aufgerakelt, in den wiederum kontinuierlich ein textiler Zweitrücken eingelegt wird. Die dauerhafte Verfestigung und Verbindung von Rohware, Vorstrich, Kaschierstrich und textilem Zweitrücken erfolgt durch eine Vernetzung und Aushärtung des Syntheselatex in einem Trockner, den die nass beschichtete Ware unmittelbar nach der Applikation durchläuft. Eine einstufige Arbeitsweise ist unter diesen Voraussetzungen nicht möglich, da der alleinige Kaschierstrich keine ausreichende Polnoppenverfestigung bietet.

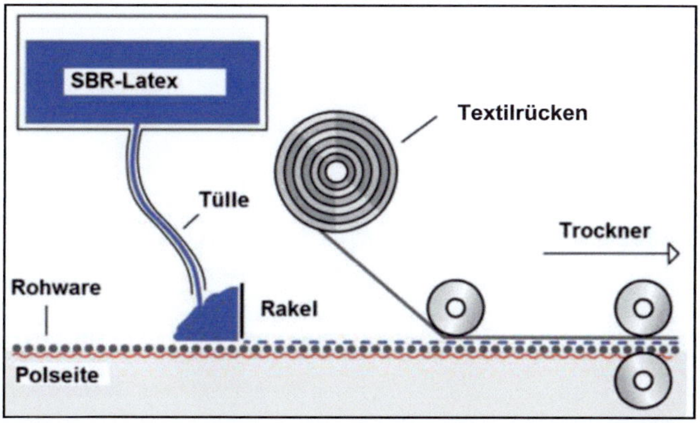

Bild 5-2: Schematische Darstellung der Teppichrückenbeschichtung mit Styrol-Butadien-Rubber (SBR)-Latex [5-4]

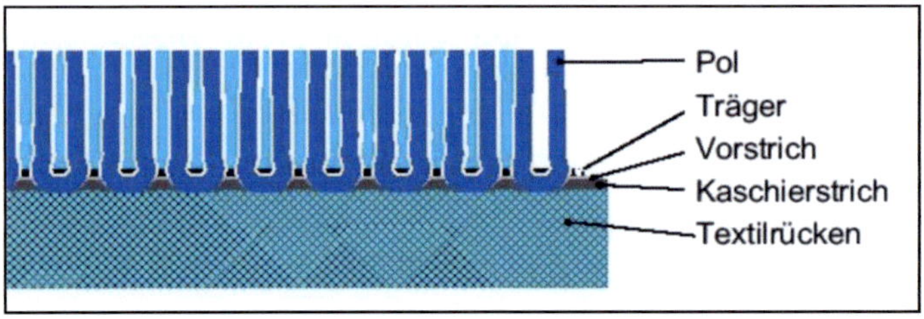

Bild 5-3: Schematische Darstellung des Tuftingteppichs mit Vorstrich, Kaschierstrich und Zweitrücken [5-4]

In Bild 5-3 ist der Aufbau eines getufteten textilen Bodenbelages schematisch im Querschnitt dargestellt. Hierbei ist zu erkennen, dass der Vorstrich die Polnoppen umschließt, die sich unterhalb des Trägermaterials befinden, während der Kaschierstrich die verbindende Kontaktfläche zwischen Vorstrich und textilem Zweitrücken bildet. Ziel der vorliegenden Studie ist es, diesen Vorstrich zu substituieren, indem das Benetzungsverhalten der Rückseite der Tuftingrohware gezielt verbessert wird und die Poleinbindung direkt durch den Kaschierstrich erfolgen kann.

5.2 Potenzial der Plasmabehandlung zur Funktionalisierung von Multifaserstrukturen

Die dargestellte zweistufige Arbeitsweise der Teppichrückenbeschichtung führt zu erhöhtem Ressourcenverbrauch. Es ist deshalb zu untersuchen, ob bei der Rückenausrüstung getufteter textiler Bodenbeläge durch den Einsatz atmosphärischer Plasmen eine verbesserte Haftvermittlung zwischen Rohwarenrückseite und Styrol-Butadien-Rubber erreicht und dadurch der haftvermittelnde Vorstrich substituiert werden kann. Das Forschungsziel fußt auf der Annahme, dass die Plasmatechnologie eine Plattform zur Funktionalisierung bietet. In der einfachsten Anwendung des Plasmas sollte ein verbessertes Benetzungsverhalten der textilen Rohstoffe erreicht werden können, das einerseits eine Penetration der Kaschierschäume und gleichzeitig eine bessere Verbundhaftung zwischen Kaschierstrich und Tuftingrohware bewirkt.

Die Flächenhaftung der Einzelkomponenten im textilen Bodenbelag beruht auf einem mechanischen und adhäsiven Verbund zwischen den eingesetzten Fasermaterialien (PA 6, PA 6.6, PP, PES) und Styrol-Butadien als Beschichtungspolymer. Bei dem mechanischen Verbund handelt es sich um eine formschlüssige Verklammerung des gehärteten Beschichtungspolymers in der Oberfläche des textilen Substrates. Dieser Verbund bildet sich aus, wenn die aufgrund von Strukturviskosität zum Zeitpunkt der Applikation niedrigviskose Beschichtungsmasse in die Poren oder Kapillaren des textilen Substrates eindringen kann und darin anschließend formschlüssig aushärtet. Für eine gute Benetzung muss die Oberflächenenergie des Beschichtungspolymers möglichst gering sein, die des zu benetzenden Materials hoch. Die für das Benetzungsverhalten durch wässrige Systeme verantwortlichen hydrophilen funktionellen Gruppen sind jedoch z.B. bei den Trägermaterialien aus PP nicht vorhanden bzw. bei PA 6 oder 6.6 lediglich durch die Verknüpfung der Monomere über die Amidgruppierungen und über die Polymerendgruppen gegeben.

Eine Funktionalisierung des textilen Fasermaterials in der Tuftingrohware mittels Plasmatechnologie sollte hingegen eine gute Benetzung der Oberflächen ermöglichen und damit eine Verbesserung der Verbundhaftung. Es wird deshalb überprüft, ob durch die Funktionalisierung mittels Atmosphärendruckplasma und die anschließende Kaschierung eines textilen Zweitrückens die Noppeneinbindung und Verbundhaftung ausreichend sind und somit der Vorstrich entfallen kann. Dabei wird berücksichtigt, dass die Tuftingrohware in der Regel aus unterschiedlichen Faserstoffen im Trägermaterial und im Polmaterial besteht, die aber gleichermaßen mit dem Kaschierstrich einen Verbund eingehen müssen.

Die nachfolgend dargestellten Untersuchungen werden im Forschungsvorhaben „Einsparung von Energie und Ausrüstungschemikalien bei der Rückenbeschichtung von Teppichböden durch Einsatz atmosphärischer Plasmen" erarbeitet [5-4].

5.3 Prinzipien zur Funktionalisierung

Zur Zielerreichung werden getuftete textile Bodenbeläge mit unterschiedlichen Konstruktions- und Materialeigenschaften als repräsentative Versuchswaren eingesetzt und mittels Atmosphärendruckplasmen modifiziert. Hierbei werden einerseits Trägermaterialien ohne Polgarne und andererseits Tuftingrohwaren behandelt, die sich hinsichtlich ihrer Faserzusammensetzung sowie ihrer Flächenkonstruktion unterschieden. Die Versuchswaren werden im atmosphärischen Plasma modifiziert, wobei anlagentechnische Prozessparameter wie Leistung, Geschwindigkeit, Spalthöhe und Umgebungsgase variiert werden, um optimale Einstellungen für den nachfolgenden Beschichtungsprozess zu finden. Zu diesem Zweck werden systematische Untersuchungen im Hinblick auf die Wirksamkeit der Plasmaanwendungen und die jeweils erzielten Auswirkungen auf die Eigenschaften der Versuchswaren durchgeführt.

Plasmen sind Vielteilchensysteme mit freien Ladungsträgern, welche durch Zufuhr von elektrischer Energie erzeugt werden und sich durch Quasineutralität und kollektives Verhalten auszeichnen. In der Textilindustrie lassen sich vorwiegend auf den Normaldruckbereich spezialisierte Plasmen wie die Coronaentladung und die dielektrische Barriereentladung (DBD) einsetzen, da sie eine kontinuierliche Verfahrensweise gestatten. Letztere finden in diesen Versuchen Anwendung, da die Oberflächen getufteter Rohwaren hiermit großflächig, schnell und kostengünstig modifiziert und funktionalisiert werden können [5-2, 5-5]. Die Studien im Labor- und Technikumsmaßstab sollen eine Skalierbarkeit auf die industrielle Anwendung gestatten. Besonderes Augenmerk bei der Auswahl der Plasmaquelle ist auf die Dreidimensionalität der Tuftingrohware zu legen. Alle Untersuchungen müssen deshalb berücksichtigen, dass in einer späteren industriellen Praxis Textilien mit einer Materialdicke von > 5 mm behandelt werden müssen. Dies ist für konventionelle Corona- oder dielektrische Barriereentladung eher ungewöhnlich und setzt den Einsatz eines Remoteplasmas voraus.

Weiterhin ist zu beachten, dass die Tuftingrohware in der Regel aus mindestens zwei verschiedenen Faserstoffen und –aufmachungsarten besteht z. B. Polypropylenbändchengarn im Tuftingträger und Polyamid 6.6 Endlosfilamente im Pol. Für die vorrangig betrachteten Polymere Polypropylen, Polyamid 6, Polyamid 6.6 und Polyester deuten einige schon in Kapitel 3 beschriebene Forschungsresultate auf eine erfolgreiche Funktionalisierung hin, eine Untersuchung der speziellen Situation des Verbundes verschiedener Faserstoffe und unterschiedlicher Konstruktionen im textilen Bodenbelag mit starker Dreidimensionalität wird im Rahmen dieser Studie genauer betrachtet.

5.4 Versuchsaufbau zur Funktionalisierung von Multifaserstrukturen

5.4.1 Material

Für die Untersuchungen werden fünf verschiedene Tuftingträger aus Vliesstoffen (Polyestervliesstoff (Lutradur), Polyestervliesstoff recycelt (X33PCRC) und ein Polyester Polyamid 6 Kern/Mantel-Vliesstoff (Colback SM 100/110/120)) sowie aus Bändchengeweben (Polypropylen mit Polyamid 6 Vliesstoff, (Polybac CLW 30) und Polypropylen (Polybac 10)) zunächst einzeln und anschließend im Tuftingverbund mit drei verschiedenen Polgarnen (Polypropylen BCF-Garn, spinngefärbt, 1.800 dtex, Polyamid 6 BCF-Garn, spinngefärbt, 1.400 dtex und Polyamid 6.6 heißverstreckt, rohweiß, 1.375 x 2 dtex) untersucht. Die Trägermaterialien werden mit und ohne Vorreinigung durch Spülen mit Wasser und anschließender Trocknung plasmabehandelt, um den Einfluss der Präparationen auf die Funktionalisierung zu ermitteln. Im Technikum des TFI - Institut für Bodensysteme an der RWTH Aachen e.V. werden Schnittpoltuftingartikel auf einer Labortuftingmaschine (A. + P. Maschinenbau GmbH, Bad Hersfeld) mit einer Einstellung von 40 Fäden/10 cm, einer Stichdichte von 50 Stichen/10 cm und einer Schnittpolhöhe von 6 mm erzeugt. Dazu werden alle Tuftingträgermaterialien mit allen Polgarnen kombiniert (Tabelle 5-1). Lediglich die Kombination von polyamidhaltigen Grundwaren mit Tufinggarn aus Polypropylen wird nicht realisiert. Polyamid ist im Grundmaterial nur dann erforderlich, wenn auch das Polmaterial Polyamid enthält, damit der Tuftinggrund im Färbeprozess die Farbe des Polmaterials annehmen kann. Darüber hinaus werden von der Firma Vorwerk & Co. Teppichwerke GmbH & Co. KG in Hameln auf Industriemaschinen zwei Tuftingrohwaren der Kombinationen Polyester Polyamid 6 Kern / Mantel Vliesstoff und Polypropylenbändchengewebe mit einem Polyamid 6

Vliesstoff jeweils mit einem Polgarn aus Polypropylen hergestellt. Die Rohwaren werden beim Projektpartner industriell gewaschen, um durch ein Entfernen der Präparation die Haftkräfte durch die Plasmabehandlung möglichst weiter zu verbessern.

Tabelle 5-1: Übersicht hergestellter Kombinationen aus Tuftingträgermaterial und Polgarn

Trägermaterial	**Polgarn**		
	A: PP	**B:** PA 6	**C:** PA 6.6
1: PET / PA6 (Kern / Mantel, Vliesstoff)	-	X	X
2: PET (Vliesstoff)	X	X	X
3: PP / PA6 (Bändchengewebe + Vliesstoff)	-	X	X
4: PP (Bändchengewebe)	X	X	X
5: PET (Vliesstoff, recycelt)	X	X	X

Die Tuftingartikel werden auf der Rückseite mit einem Vorstrich und einem Kaschierstrich aus Styrol-Butadien-Rubber-Compound (SBR-Compound) beschichtet. Darüber hinaus wird ein Gittergewebe aus Polyester in den Kaschierstrich eingelegt. Die Beschichtungen werden manuell und auf einer Laborbeschichtungsanlage (J. Zimmer Maschinenbau GmbH Screen & Coating Systems, Klagenfurt, Österreich) mit Hilfe eines Magnetrakels vorgenommen. Der Vorstrich wird mit einer Trockenmasse von 400 g/m² eingesetzt und ist folgendermaßen zusammengesetzt: 50 % Wasser, 25 % carboxylgruppenhaltiges Styrol-Butadien-Copolymer, 49 % Kreide, 1 % Entschäumer. Der Kaschierstrich wird mit 600 g/m² Trockenmasse eingesetzt und beinhaltet zu 59 % Kreide, 22 % carboxylgruppenhaltiges Styrol-Butadien-Copolymer, 18 % Wasser, 1 % Entschäumer. Die Aushärtung der beschichteten und mit textilem Zweitrücken versehenen Versuchswaren erfolgt im Trockenschrank bei einer Temperatur von ca. 120 °C.

5.4.2 Plasmafunktionalisierung

Die Trägermaterialien werden auf einer Sprayaerosol-Dielektrischen Barriereentladungs-Apparatur (ASCS-12-200, Ahlbrandt System GmbH, Lauterbach) mit einer Behandlungsbreite von 1600 mm modifiziert. Die Einstellungen der Plasmaanlage werden dazu folgendermaßen variiert:

- Geschwindigkeit: 2 m / min, 10 m / min
- Leistung: 1 kW, 4 kW
- Elektrodenabstand: 1 mm, 3 mm
- Elektrodenfeld: 1 von 2 (entspricht einer einseitigen Behandlung)
- Prozessgas: Luft, Kohlendioxid, Luft-Wasser-Aerosol

Bei einer Behandlungsbreite von 1600 mm ergeben sich unter Beachtung der Formel 3-2 vier unterschiedliche Coronadosen (Tabelle 5-2):

Tabelle 5-2: Coronadosis bei der Behandlung mit einer dielektrischen Barriereentladung

Leistung / Geschwindigkeit	1 kW	4 kW
2 m/min	312,5 Wmin/m²	1250 Wmin/m²
10 m/min	62,5 Wmin/m²	250 Wmin/m²

Weiterhin werden die Schnittpolartikel plasmamodifiziert. Dazu wird ein Remoteplasma (Linearplasma, 300 mm Breite, Firma Softal Corona & Plasma GmbH, Hamburg) verwendet, da aufgrund der Dicke der Textilmuster eine dielektrische Barriereentladung nicht eingesetzt werden kann.

Tabelle 5-3: Coronadosis bei der Remoteplasma-Behandlung

Material		**Coronadosis (Wmin/m²)**		
1	PET / PA 6 (Kern / Mantel, Vliesstoff)	0 (Referenz)	500	1.000
2	PET (Vliesstoff)	0 (Referenz)	500	1.000
3	PP / PA 6 (Bändchengewebe, Vliesstoff)	0 (Referenz)	500	1.000
4	PP (Bändchengewebe)	0 (Referenz)	500	1.000
5	PET (Vliesstoff, recycelt)	0 (Referenz)	500	1.000
A	PP (Polgarn)	0 (Referenz)	500	1.000
B	PA 6 (Polgarn)	0 (Referenz)	500	1.000
C	PA 6.6 (Polgarn)	0 (Referenz)	500	1.000

Die Beschichtungen erfolgen auf der unmittelbar zuvor plasmabehandelten Tuftingrohware sowohl mit einer standardmäßigen Kombination aus Vorstrich und Kaschierstrich als auch alternativ nur mit Kaschierstrich. Zur späteren Untersuchung etwaiger verbesserter Hafteffekte aufgrund der Plasmabehandlungen werden von allen Kombinationen ebenfalls Referenzproben beschichtet und mit textilem Zweitrücken ausgerüstet, die keiner Plasmabehandlung ausgesetzt werden.

5.4.3 Prüfmethoden

Mittels Steighöhentest, Untersuchung der mechanischen Trennkräfte, Röntgenphotoelektronenspektroskopie (XPS), digitaler Mikroskopie und Rasterelektronenmikroskopie werden die durch Plasma erzielten Effekte und ihre Auswirkung auf den Beschichtungsverbund analysiert.

5.4.3.1 Steighöhentest

Zur ersten Bewertung der Oberflächenveränderung wird die Steighöhe in Anlehnung an DIN 53924 [5-6] mit einer 2%igen wässrigen Lösung des Farbstoffs Patentblau V, wie er auch in TEGEWA Tropftests verwendet wird, durchgeführt. Es werden je Material und Einstellung mindestens fünf Wiederholungen in Längs- und Querrichtung der Trägermaterialien durchgeführt.

5.4.3.2 Mechanische Trennfestigkeit

Die Adhäsion wird weiterhin durch Testen der mechanischen Trennfestigkeit in Anlehnung an DIN 54310 [5-7] mit einem handelsüblichen, doppelseitigen Klebeband von Tesa® an einem Zwick 1455 Universalprüfgerät bestimmt. In Vorversuchen hat sich dieses Klebeband als das beste im Vergleich mit anderen Klebebändern (Malerband, beige [Tesa®], Paketband, braun [NOPI®], Klebeband, transparent [Niceday®] getestet an einer Folie sowie an Trägermaterialien) herausgestellt. Es werden je Material und Einstellung drei Wiederholungen durchgeführt.

5.4.3.3 Untersuchungen zur Polnoppenauszugskraft

Da eine ausreichende Einbindung der Polgarne in ein textiles Trägermaterial unabdingbar für die gesamte Konstruktion eines getufteten, textilen Bodenbelages ist, werden zu einer grundsätzlichen Bestimmung der jeweils erzielten Noppeneinbindungen an den unterschiedlich plasmabehandelten und beschichteten Versuchswaren die Polnoppenauszugskräfte in Anlehnung an ISO 4919 gemessen und ausgewertet [5-8]. Die Messungen der Polnoppenauszugskräfte erfolgen im TFI - Institut für Bodensysteme an der RWTH Aachen e.V. mit einem Zwick-Zugprüfgerät. Bei der Prüfung werden in Einzeldurchgängen mithilfe einer scherenartigen Klemme einzelne Polnoppen der Warenoberseite fixiert bzw. von dieser festgehalten und aus einer Probe herausgezogen. Das Herausziehen der Polnoppe erfolgt bei konstanter Geschwindigkeit, wobei die oberhalb der Probe angeordnete und mit einem Kraftmess-Sensor gekoppelte Klemme die Polnoppe festhält, während die darunter horizontal positionierte und mithilfe einer Platte fixierte Probe nach unten gezogen wird. Die in Newton gemessene Kraft, die durch das Zugprüfgerät aufgebracht werden muss, um eine Polnoppe herauszuziehen, wird von dem Kraftmess-Sensor erfasst und mittels Software aufgezeichnet. Aus den zu verwertenden Einzelmessungen kann nach der Prüfung der arithmetische Mittelwert berechnet werden.

5.4.3.4 Lagentrennfestigkeit

Ebenso wichtig wie eine stabile Polnoppenverankerung ist bei der Rückenausrüstung von Tuftingbelägen die Applikation eines textilen Zweitrückens, der fest mit der Beschichtung verbunden ist. Die Überprüfung der Lagentrennfestigkeiten erfolgt im TFI - Institut für Bodensysteme an der RWTH Aachen e.V. in Anlehnung an DIN EN ISO 11857 mit einem Zugprüfgerät an den unterschiedlich plasmabehandelten, beschichteten und mit textilem Zweitrücken applizierten Versuchswaren aus den

Versuchsreihen 1 und 2. Bei der Prüfung werden Proben bezogen auf die Herstellrichtung des textilen Bodenbelages getrennt und in mehreren Einzeldurchgängen in Längs- und Querrichtung gemessen, da bei textilen Bodenbelägen je nach Konstruktion unterschiedliche Haftkräfte in Längs- oder Querrichtung auftreten können. Vor dem eigentlichen Zugversuch wird jede Probe zur Messung der Rückenhaftkräfte präpariert, indem ein ca. 5 cm breiter Streifen des Rückens von Hand abgelöst wird. Die beiden aus Oberware und Rücken bestehenden abgelösten Enden der Probe werden anschließend in einer oberen und unteren mechanischen Klemme im Zugprüfgerät fixiert, wobei die obere Klemme mit einem Kraftmess-Sensor gekoppelt ist. Das Abschälen des textilen Zweitrückens erfolgt bei konstanter Geschwindigkeit, wobei die obere Klemme den eingespannten Zweitrücken festhält, während die untere Klemme die Oberware abzieht. Die in Newton gemessene Kraft, die durch das Zugprüfgerät aufgebracht werden muss, um Oberware und Rücken zu trennen, wird von dem Kraftmess-Sensor erfasst und mittels Software aufgezeichnet. Aus den zu verwertenden Einzelmessungen kann nach der Prüfung der arithmetische Mittelwert für Längs- und Querrichtung berechnet werden.

5.4.3.5 Digitalmikroskopische Untersuchungen

Die Muster werden mit Hilfe eines Konfokal-3D-Laserscanning-Mikroskops (Firma Keyence) optisch untersucht. Hierbei handelt es sich um ein spezielles Lichtmikroskop, bei dem ein fokussierter Lichtstrahl die Musteroberfläche abrastert. Die nacheinander von der Probe reflektierten Lichtstrahlen werden zu einem Gesamtbild addiert. Auf diese Weise kann die spezifische Oberfläche von Mustern erfasst werden. Der Quotient aus der spezifischen Oberfläche und der geometrischen Oberfläche ergibt die Oberflächenrauheit.

5.4.3.6 Röntgenphotoelektronenspektroskopie

Mithilfe der Röntgenphotoelektronenspektroskopie (XPS-Methode) können Festkörper bzw. deren Oberflächen im Hinblick auf ihre chemische Zusammensetzung zerstörungsfrei untersucht werden. Genutzt wird der äußere Photoeffekt, indem durch elektromagnetische Röntgenstrahlung Elektronen aus dem zu untersuchenden Substrat herausgelöst werden. Dabei werden die Elektronen zunächst durch einfallende Photonen angeregt und aus ihren inneren, emergieärmeren Orbitalen abgespalten, sodass sie letztlich aus ihrem Atom „austreten“. Die Bindungsenergie, die aus der kinetischen Energie eines Elektrons abgeleitet werden kann, ist für jedes Atom charakteristisch, aus dem das Elektron ausgetreten ist. Mithilfe eines Detektors, der über elektrostatische Linsen nur bestimmte Elektronen passieren lässt, kann so ein charakteristisches Spektrum aufgezeichnet werden, in welchem die Konzentrationen bzw. Intensitäten der detektierten Elektronen aus verschiedenen Atomen einer Probe graphisch dargestellt werden können. In einem XPS-Diagramm wird die Konzentration einzelner Elemente einer Probe in Atom% angegeben. Die Messungen werden an ausgewählten Proben am DWI

- Leibniz-Institut für Interaktive Materialien an einem Typ Ultra Spektrometer der Firma Kratos Analytical durchgeführt, mit dem eine Informationstiefe von ca. 10 nm erreicht wird.

Um etwaige Funktionalisierungen aufgrund der Einwirkung atmosphärischer Plasmen in den obersten Grenzschichten der Rohwarenrückseiten ermitteln zu können, werden die eingesetzten Trägermaterialien und Polgarne nach der Plasmabehandlung bei der Firma Softal Corona & Plasma GmbH mittels Röntgenphotoelektronenspektroskopie untersucht. Da ein zeitlicher Abbau funktioneller Gruppen (z.B. OH-Gruppen, Carboxylgruppen) nicht ausgeschlossen werden kann, erfolgen die Untersuchungen im DWI unmittelbar nach den Plasmabehandlungen im Abstand von einem Tag. Es ist anzumerken, dass bei dem Trägermaterial 1 in den XPS-Messungen PA 6 als außen liegender Mantel der Kern-/Mantelfasern vermessen wird. Beim Trägermaterial 3 befindet sich das PP-Bändchengewebe auf der Warenunterseite, sodass hier der Polypropylen-Anteil des Trägermaterials vermessen wird. Weiterhin ist anzumerken, dass bei den Messungen der Polgarne jeweils ein einzelner, aus der entsprechenden plasmabehandelten Rohware entnommener Polschenkel der Warenunterseite vermessen wird.

5.4.3.7 Rasterelektronenmikroskopische Untersuchungen

Zur Untersuchung der Latexanhaftung von Vorstrich und Kaschierstrich an den rückseitigen Polnoppen und dem Trägermaterial einer Tuftingrohware werden an einzelnen Materialkombinationen Untersuchungen mit einem Rasterelektronenmikroskop durchgeführt.

Die Einstellungen am Elektronenmikroskop sind im Folgenden aufgeführt:

- Gerät: Hitachi TM 3300 TabletopMicroscope
- Beschleunigungsspannung: 15 kV
- Scan-Geschwindigkeit: FAST (Bildausschnitt) / SLOW (Bildspeicherung)
- Messabstand: ca. 1 mm bezogen auf Probenoberfläche
- Vergrößerungsstufen: 40x / 100x / 300x / 600x / 1500x / 3000x / 6000x
- Modi: Compo / Shadow / Topology / Image
- Fokussierung: Auto / Manuell

5.5 Ergebnisse und Diskussion

Nachfolgend werden wesentliche Ergebnisse der Untersuchungen präsentiert und erläutert. Weitere Analyseergebnisse sind zusätzlich im Anhang I dargestellt, auf den an gegebener Stelle stets verwiesen wird.

5.5.1 Funktionalisierung von Trägermaterialien

Die Auswirkung der Behandlung von Trägermaterialien mittels einer dielektrischen Barriereentladung ist sehr gut anhand des Benetzungsverhaltens zu beobachten, aufgrund der stark strukturierten Oberflächen wird anstatt des Kontaktwinkels (Kapitel 2.4.1) die Steighöhenmethode (2.4.1) zur Prüfung eingesetzt. Mit zunehmender Coronadosis nimmt die Steighöhe für ausgewählte Trägaterialien zu (Bild 5-4 und Anhang I Bild I-1, Bild I-2 und Bild I-3). So zeigen Vliesstoffe aus Polyester nach anfänglich 3,8 cm Steighöhe eine Steigerung der Saugwirkung auf nahezu 6 cm Steighöhe, die bereits mit einer Coronadosis von 62,5 und 250 W*min/m² erreicht werden. Eine weitere Erhöhung der Coronadosis führt zu leichten Verbesserungen, im Falle der Spalthöhe von 3 mm allerdings zu einer Abnahme des Effekts. Für das Trägermaterial Polypropylenbändchengewebe mit Polyamid 6 Vliesstoff ist ebenfalls eine Zunahme der Steighöhe von 1,8 cm auf ca. 4 cm für die Spalthöhe 1 mm zu beobachten. Die Verbesserung der Benetzbarkeit ist in beiden Fällen auf die Einführung von Sauerstoff in die Oberfläche der Faserstoffe unter Bildung polarer, funktioneller Gruppen zurückzuführen. Dies wird später anhand der röntgenphotoelektronenspektroskopischen Untersuchungen untermauert (siehe 5.5.3). Mit der Coronadosis, die sich aus der Plasmaleistung und der Prozessgeschwindigkeit ergibt, steigt die Plasmaintensität, so dass die Bildung funktioneller Gruppen zunimmt. Bei einer Prozessgeschwindigkeit von 2 m/min ist die Verweilzeit der Textilien in der Plasmazone 5 mal länger als bei der Prozessgeschwindigkeit von 10 m/min, was zu einer Effektverbesserung führt. Weiterhin führt auch die Vervierfachung der Leistung von 1 kW auf 4 kW zu einer Effektsteigerung. Es ist allerdings zu beobachten, dass die erzielbaren Effekte bei einer Coronadosis von 250 - 312,5 W*min/m² in diesen Versuchen schon einen Maximalwert erreichen. Für eine industrielle Nutzung bedeutet dies, dass eine Prozessgeschwindigkeit von 10 m/min zu verwertbaren Verbesserungen der Benetzungseigenschaft führen kann. Bei einer höheren Coronadosis bedingt durch eine hohe Leistung oder eine lange Verweilzeit kann die Bildung funktioneller Gruppen nicht weiter erhöht werden, zugleich steigt aber das Risiko, dass in der Entladungszone, bei der es sich um ein Hybridplasma mit heißen Entladungszonen neben kalten Zonen handelt (Kapitel 3.3.2), bereits erste thermische Schäden auftreten.

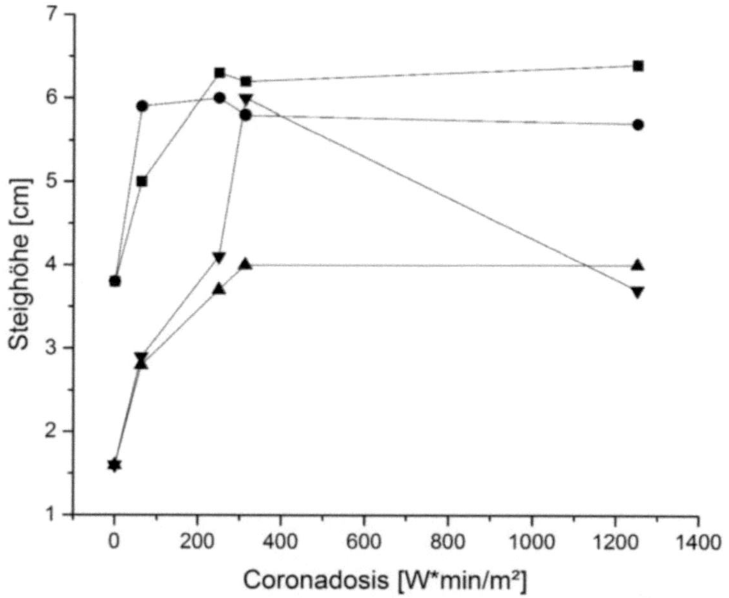

Bild 5-4: Ergebnisse der Steighöhentests verschiedener Materialien nach einer Behandlung auf einer dielektrischen Barriereentladung in Abhängigkeit von der Coronadosis und der Spalthöhe in der Entladungszone, -■- Polyestervliesstoff, 1 mm Spalthöhe, -●- Polyestervliesstoff, 3 mm Spalthöhe, -▼- Polypropylenbändchengewebe mit Polyamid 6 Vliesstoff, 1 mm Spalthöhe, -▲- Polypropylenbändchengewebe mit Polyamid 6 Vliesstoff, 3 mm Spalthöhe

Die Spalthöhe zwischen den Elektroden der dielektrischen Barriereentladung sollte so gering wie möglich gewählt werden. Es kann beobachtet werden, dass bei einer Spalthöhe von 1 mm ein stabiles Plasma erzeugt wird, die Steighöhe nimmt für die ausgewählten Muster sogar geringfügig höhere Werte an als bei den Versuchen mit einer Spalthöhe von 3 mm. Da sich die Entladung zwischen den Elektroden im Spalt ausbreitet, ist bei einer Spalthöhe von 1 mm davon auszugehen, dass das Plasma gleichmäßig brennt und keine Entladungsspitzen auftreten. Bei einer größeren Spalthöhe ist dies nicht über die gesamte Prozesszeit zu gewährleisten und das Plasma brennt weniger homogen. In diesem Fall wird die höhere Spaltbreite dennoch untersucht, um für die später zu behandelnden Tuftingrohware eine geeignete Plasmaquelle zu finden. Die hier durchgeführten Versuche deuten allerdings darauf hin, dass die Funktionalisierung von Materialien mit einer Dicke > 1 mm nicht in einer dielektrischen Barriereentladung durchgeführt werden kann.

Das verbesserte Benetzungsverhalten soll bei einer Beschichtung zukünftig zu einem besseren Adhäsionsverhalten der Multifaserstrukturen führen. Aus diesem Grund wird anhand von Schnelltests betrachtet, wie die Plasmafunktionalisierung die Haftkraft der Trägermaterialien beeinflusst. Dazu werden nach der Funktionalisierung Klebestreifen (siehe 5.4.3.2) auf die Muster aufgeklebt und die Haftkraft über die Bestimmung der mechanischen Trennfestigkeit untersucht (Bild 5-5 und Anhang I, Bilder I-4 und I-5). Die Plasmabehandlung führt für die betrachteten Materialien bei dem Behandlungsgas Luft zu Verbesserungen der mechanischen Trennfestigkeit, beispielsweise kommt es bei Polypropylenbändchengewebe zu einer Steigerung von 1,2 N auf 3,2 N, in Kohlenstoffdioxid lässt sich keine Verbesserung erkennen. Einen stärkeren Einfluss auf die Haftkraft bis zu einem Faktor 10 für das Polypropylenbändchengewebe hat allerdings die vorherige Spülung der Trägergewebe mit Wasser. Durch eine Plasmabehandlung kann danach für dieses Material keine weitere Verbesserung erzielt werden, in Luft kommt es sogar zu einer Abnahme der Haftfestigkeit. Die Haftfestigkeit der Klebebänder auf Vliesstoffen aus Polyester und Polyester Polyamid 6 lässt sich im Luftplasma sehr schwach und im Kohlenstoffdioxidplasma gar nicht steigern. Auch hier spielt die wässrige Vorreinigung wieder eine große Rolle und führt zu einer Steigerung der Haftfestigkeit von unter 1 N auf über 2 N für Polyester und fast 4 N für Polyester Polyamid 6 Vliesstoffe. Mittels Luftplasma kann die Haftfestigkeit nur noch geringfügig gesteigert werden, Kohlenstoffdioxid führt erneut zu einer Effektabnahme. Die Ergebnisse zeigen auf, dass die Entfernung von Präparationen die Adhäsion maßgeblich verbessert. Dies gelingt durch Spülprozesse sehr gut. Die Plasmabehandlung hingegen kann trotz hoher Coronadosis, bedingt durch die niedrige Prozessgeschwindigkeit von 2 m/ min bei einer Leistung von 4 KW, die Präparation nicht ausreichend durch Ätzprozesse abbauen. Es ist davon auszugehen, dass geringfügige Ätzprozesse bei gleichzeitiger Erhöhung des Anteils funktioneller Gruppen lediglich zu einer leichten Verbesserung der Haftfestigkeit bei nicht gewaschenen Mustern führen. Im Hinblick auf das Ziel der Versuche, ein Verfahren zur verbesserten Benetzung von Tuftingrohwaren zu entwickeln, um den Vorstrich bei der Teppichrückenbeschichtung zu substituieren, unterstreichen diese Versuche, dass eine Vorreinigung der Materialien in wässrigen Medien nicht durch eine Plasmabehandlung bei den gewählten Prozessbedingungen ersetzt werden kann und weiterhin Bestandteil des Veredlungsprozesses bleiben sollte. Hinsichtlich der Prozessgase ist Luft zu bevorzugen, da sowohl das Benetzungsverhalten als auch die Trennfestigkeit positiv beeinflusst werden. Kohlenstoffdioxid in der Entladungszone kann das Adhäsionsverhalten hingegen nicht steigern. Dieses Resultat ist für die industrielle Anwendung der Plasmatechnologie von Vorteil, da die Spülung einer dielektrischen Barriereentladung mit anderen Gasen oder Gasmischungen als Luft sehr aufwändig ist und die Prozesskosten erhöht.

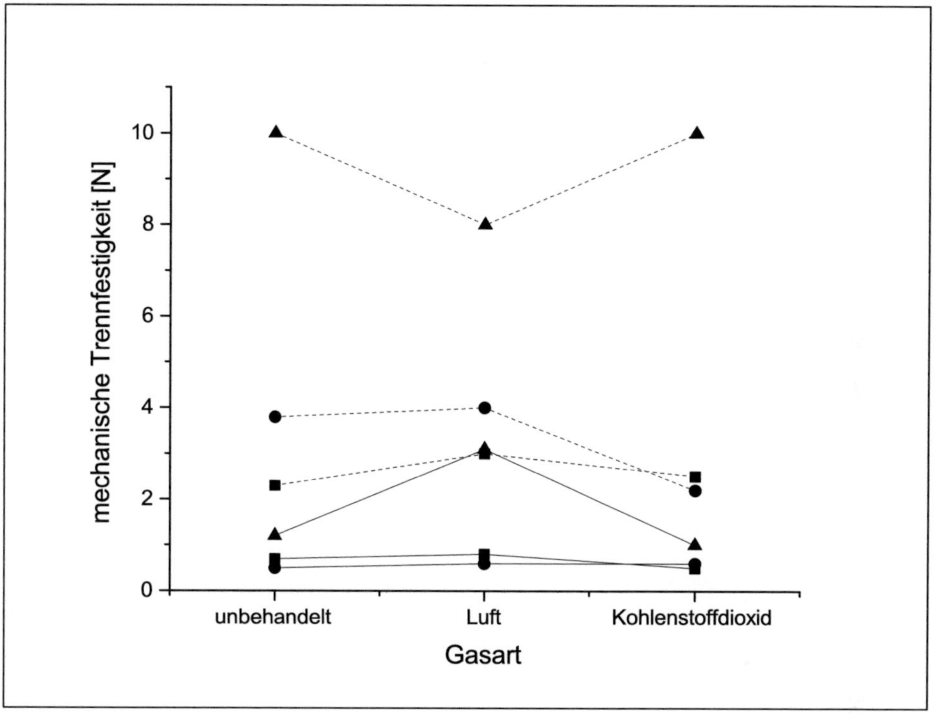

Bild 5-5: Abhängigkeit der mechanischen Trennfestigkeit von Klebestreifen auf Trägermaterialien von der Vorreinigung und der Gasart nach einer Behandlung in einer dielektrischen Barriereentladung bei einer Coronadosis von 1250 W*min/m², -■- Polyestervliesstoff, - -■- - Polyestervliesstoff, gewaschen, -▲- Polypropylenbändchengewebe, - -▲- - Polypropylenbändchengewebe, gewaschen, -●- Polyester Polyamid 6 Vliesstoff, - -●- - Polyester Polyamid 6 Vliesstoff, gewaschen

Es ist zu beachten, dass die wässrige Vorreinigung die Adhäsionskräfte beeinflusst, jedoch nicht das Benetzungsverhalten der Fasern bzw. des Faserverbunds mit einem wässrigen Beschichtungscompound. Am Beispiel des Trägermaterials Polyester Polyamid 6 Vliesstoff (Bild 5-6, Anhang I, Bild I-4) kann dies aufgezeigt werden. Das Trägermaterial weist im ungewaschenen Zustand ein gutes Benetzungsverhalten mit einer Steighöhe von 3,8 cm auf, das nicht auf den Faserstoff, sondern auf die Präparationen zurückgeführt werden muss. Durch eine Wäsche fällt die Steighöhe auf 2,1 cm ab – die Präparationen sind entfernt, das gereinigte Fasermaterial ist mit Wasser nicht mehr gut zu benetzen. Mit der Einwirkung eines Luftplasmas wird die Benetzbarkeit wieder erhöht auf 3,7 cm bzw. 3,1 cm im Kohlenstoffdioxidplasma. Für Polypropylenbändchengewebe ist derselbe Einfluss der Wäsche und der nachgelagerten Plasmabehandlungen festzustellen.

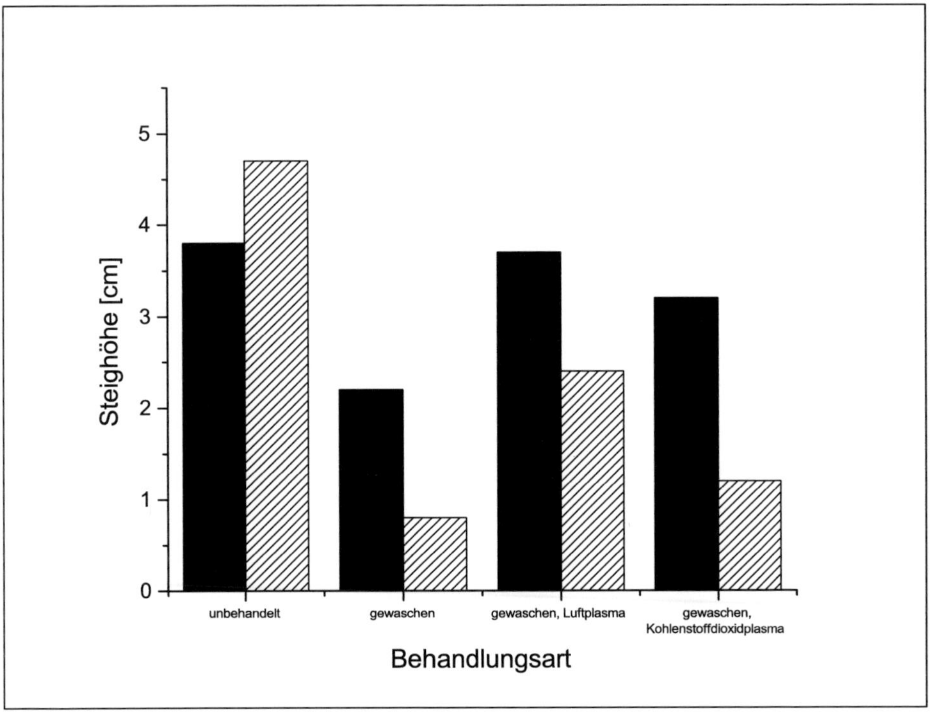

Bild 5-6: Einfluss von Wäsche und Plasmabehandlung in einer dieelektrischen Barriereentladung auf das Benetzungsverhalten, gemessen an der Steighöhe von Trägermaterialien, ■Polyester-Polyamid 6 Vliesstoff, ▨ Polypropylenbändchengewebe

Die vollständige Entfernung der Präparationen erhöht die mechanische Trennfestigkeit, da Präparationen als Trennmittel zwischen den Fasern und dem Haftband nicht länger störend wirken. Diese Wirkung kann das Plasma auf einer nicht gewaschenen Probe nicht entfalten, da unter den gegebenen Bedingungen wie zuvor geschildert die Präparation nicht ausreichend entfernt wird. Im Hinblick auf das Versuchsziel ist jedoch zu berücksichtigen, dass es sich bei der Beschichtungsmasse um eine wässrige Dispersion handelt mit einem Anteil von 50 % Wasser im Rezept des Vorstrichs bzw. 18 % im Rezept des Kaschierstrichs. Wenn es gelingen soll, dass die Beschichtungsmasse des Kaschierstrichs die Tuftingrohware rückseitig kontrolliert benetzt, ist die Entfernung der Präparation alleine nicht ausreichend, da sie das Benetzungsverhalten verschlechtert. Die Plasmabehandlung hingegen kann auf der vorgereinigten Ware die Benetzung und damit den Beschichtungsprozess positiv beeinflussen.

In weiteren Untersuchungen wird darüber hinaus die Auswirkung eines Luft-Wasser-Aerosols im Vergleich zu Luft in der Entladungszone der dielektrischen Barriereentladung betrachtet. Sowohl das mittels Steighöhe betrachtete Benetzungsverhalten sowie die mechanische Trennfestigkeit ergeben für beide Medien eine sehr hohe Übereinstimmung der Werte für alle betrachteten Trägermaterialien (Anhang I, Bilder I-6 und I-7). Diese Ergebnisse rechtfertigen den technischen Aufwand einer Aerosolbildung in der Plasmazone für weitere Versuche oder eine spätere industrielle Nutzung nicht. Zusätzlich wird die Alterung der durch Luft und Luft-Wasser-Aerosol erzeugten Effekte über fünf und neun Tage untersucht (Anhang I, Bilder I-6 und I-7). Die Steighöhe und auch die mechanische Trennfestigkeit unterliegen zeitlichen Änderungen. Es kommt in einigen Fällen z. B. bei Polyestervliesstoffen und bei Polyester Polyamid 6 Vliesstoffen zu einer geringfügigen Verbesserung der Effekte, bei Polypropylenbändchengewebe, bei Polypropylenbändchengewebe mit Vliesstoff aus Polyamid 6 kommt es zu einer Effektabnahme.

Zusammenfassend können aus diesen Untersuchungen für die Funktionalisierung zur Steigerung des Benetzungsverhaltens von Textilien aus den Faserstoffen Polyester, Polyamid 6 und Polypropylen in Form von Vliesstoffen und im Falle von Propylen auch Bändchengeweben, deren Dicke < 3 mm (kleiner als die Spalthöhe einer dielektrischen Barriereentladung) ist, Behandlungen mit einer dielektrischen Barriereentladung empfohlen werden. Eine Prozessgeschwindigkeit von 10 m/min erscheint möglich, die Coronadosis kann dabei bei 250 W*min/m² liegen. Als Behandlungsgas ist Luft geeignet. Es ist zu beachten, dass sich die Effekte erst auf einer von Präparationen befreiten Ware erzeugen lassen.

5.5.2 Funktionalisierung von Tuftingrohwaren

Die Ergebnisse der vorherigen Untersuchungen werden auf die Multifaserstrukturen, d. h. auf die getufteten Rohwaren, übertragen. Ziel der Studie ist dabei die spätere Substitution des Vorstrichs bei der Teppichrückensbeschichtung. Dazu ist zu berücksichtigen, dass die Tuftingrohware auf der zu beschichtenden Rückseite einerseits aus dem Trägermaterial besteht und andererseits die Polnoppen der Polgarne aufweist. Daraus ergibt sich eine sogenannte Multifaserstruktur, die z. B. im Fall des Musters 3 C (Tabelle 5-1) Polypropylen, Polyamid 6 und Polyamid 6.6 enthält oder im Fall des Musters 5 A (Tabelle 5-1) Polyester und Polypropylen. Darüber hinaus weist die Tuftingrohware eine Dicke von > 6 mm auf, die sich aus der Schnittpollänge von 6 mm, dem Trägermaterial und der rückseitigen Polnoppe ergibt.

Es wird zunächst darauf geachtet, dass die Muster vor der Plasmabehandlung von der Präparation in einem wässrigen Prozess befreit werden. Für die Plasmabehandlung ist die Schnittpolhöhe von 6 mm so groß, das anstatt einer dielektrischen Barriereentladung ein Remoteplasma eingesetzt werden muss (Firma Softal Corona & Plasma GmbH, Hamburg). Als Behandlungsgas kann aufgrund der ersten Erkenntnisse Luft ausgewählt werden. Da das Remoteplasma nur indirekt auf das Textilgut einwirkt, wird die Coronadosis nicht auf die zuvor ermittelte Dosis beschränkt, sondern auf 500 und 1000 W*min/m² ausgeweitet. Nach der Plasmabehandlung werden die Muster rückseitig mit einem Vorstrich und einem Kaschierstrich versehen sowie nur mit einem Kaschierstrich. Die Aufgabe des Vorstrichs im Tuftingteppich ist die Fixierung der Polnoppen. Deshalb wird die Kraft, um die Polnoppen aus dem Verbund zu entfernen, als ein wesentliches Merkmal für die Qualität der Teppichrückenbeschichtung herangezogen.

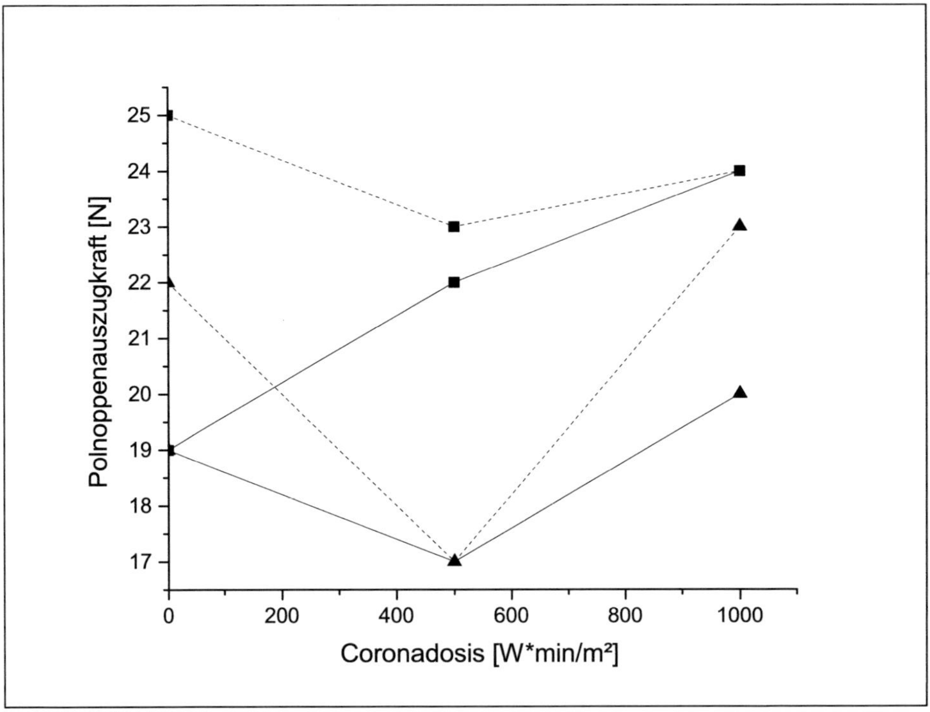

Bild 5-7: Polnoppenauszugkraft von Polgarnen aus Polypropylen aus verschiedenen Tuftingrohwaren in Abhängigkeit von der Coronadosis, der Anzahl der Beschichtungsstriche und dem Trägermaterial, -■- Polyestervliesstoff mit Vorstrich und Kaschierstrich - -■- - Polyestervliesstoff mit Kaschierstrich, -▲- Polypropylenbändchengewebe mit Vorstrich und Kaschierstrich, - -▲- - Polypropylenbändchengewebe mit Kaschierstrich

Am Beispiel der Polnoppenauszugkraft von Polgarnen aus Polypropylen aus ausgewählten Tuftingrohwaren (Bild 5-7 und Anhang I, Bild I-8) wird der Einfluss der Plasmabehandlung auf die Qualität der Teppichrückenbeschichtung aufgezeigt. Die mit Vorstrich und Kaschierstrich beschichteten Muster zeigen für beide Artikel eine Verbesserung der Werte bei einer Coronadosis von 1000 W*min/m², für 500 W*min/m² ist nur für den Vliesstoff aus Polyester der erwünschte Effekt zu beobachten. Werden die Tuftingrohwaren nur mit einem Kaschierstrich versehen, so ist in Bild 5-7 zu erkennen, dass die Werte insgesamt nicht unter das Niveau der zweifach beschichteten Artikel zurück fallen. Der Einfluss der Plasmabehandlung lässt sich jedoch nicht eindeutig ablesen.

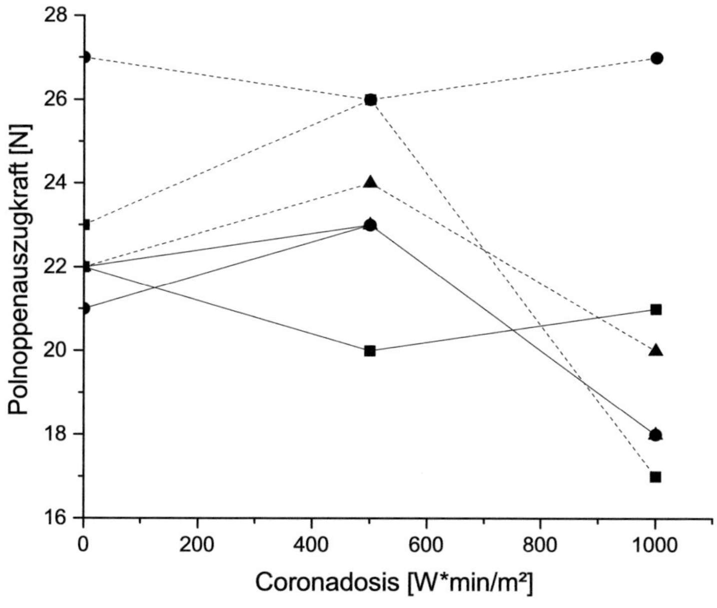

Bild 5-8: Polnoppenauszugkraft von Polgarnen aus Polyamid 6.6 aus verschiedenen Tuftingrohwaren in Abhängigkeit von der Coronadosis, der Anzahl der Beschichtungsstriche und dem Trägermaterial, -■- Polyestervliesstoff, Vorstrich und Kaschierstrich, - -■- - Polyestervliesstoff, Kaschierstrich, -▲- Polypropylenbändchengewebe, Vorstrich und Kaschierstrich, - -▲- - Polypropylenbändchengewebe, Kaschierstrich, -●- Polypropylenbändchengewebe Polylamid 6 Vliesstoff, Vorstrich und Kaschierstrich, - -●- - Polypropylenbändchengewebe Polyamid 6 Vliesstoff, Kaschierstrich

Es ist erkennbar, dass bei Mustern mit einem Polypropylenbändchengewebe als Trägermaterial die Polgarne weniger gut fixiert sind und die Auszugskräfte unter denen der Muster mit Polyestervliesstoffen als Trägermaterial liegen. Dies kann einerseits auf die Faserstoffe zurück geführt werden, da zwischen Polypropylen und dem Beschichtungspolymer eine geringere Adhäsion zu erwarten ist, andererseits aber auch auf die offene Konstruktion des Bändchengewebes im Vergleich zu einem Vliesstoff. Die Untersuchung verschiedener Tuftingrohwaren mit einem Polgarn aus Polyamid 6.6 (Bild 5-8, Anhang I Bild I-9) zeigt erneut, dass die Substitution des Vorstrichs möglich ist, da die Auszugskräfte der nur einfach beschichteten Muster diejenigen der standardmäßig zweifach beschichteten übersteigen. Durch das Plasma kann die Einbindung der Polnoppen in allen Fällen leicht gesteigert werden. Die niedrigsten gemessenen Polnoppenauszugskräfte (Bild 5-7) von ca. 17 N bis hin zu knapp 27 N (Bild 5-8, Anhang I, Bild I-8 und Bild I-9) im höchsten Fall bei einer Variante ohne Vorstrich nach einer Plasmabehandlung eines Tuftingsrohstoffs aus Polypropylenbändchengewebe mit Polyamid 6 Vliesstoff und einem Polgarn aus Polyamid 6.6 bei 1.000 Wmin/m² lassen eine Plasmabehandlung zur Substitution des Vorstrichs möglich erscheinen. Insgesamt zeigen die ermittelten Polnoppenauszugskräfte, dass auch bei den Varianten ohne Vorstrich durchschnittliche Werte erzielt werden, die deutlich über den in EN 1307 geforderten Werten von $\geq$ 15 N für getuftete Schnittpolwaren der höchsten Beanspruchungsklasse 33 (volle Objekteignung) liegen (normativer Anhang: Tabelle F.3) [5-9].

Weiterhin wird die Lagentrennfestigkeit der ein- und zweifach beschichteten Muster ermittelt und ausgewertet. Die Lagentrennfestigkeit bringt zum Ausdruck wie gut der textile Zweitrücken über den Kaschierstrich mit der Tuftingrohware verbunden ist und spiegelt somit die Adhäsion zwischen textilem Träger, Polgarn und Beschichtung wider. Dabei zeigt sich, wie in Bild 5-9 und Anhang I, Bilder I-10 bis I-16 ersichtlich, eine Erhöhung der Festigkeitswerte durch die Einwirkung des Plasmas bei Mustern, die nur mit Kaschierstrich behandelt wurden. Beispielsweise steigt für das Trägermaterial Polyestervliesstoff mit einem Polgarn aus Polyamid 6.6 eine Zunahme der Lagentrennfestigkeit des nur mit Kaschierstrich beschichteten Musters von 23 N für die nicht plasmabehandelte Ware auf 26 N für die mit einer Coronadosis von 500 W*min/m² behandelten Ware. Die ermittelten Werte übersteigen zudem die Werte des nicht plasmabehandelten und standardmäßig zweifach beschichteten Musters derselben Zusammensetzung (22 N). Bei der Untersuchung der Lagentrennfestigkeit ist an dieser Stelle allerdings auch zu beachten, dass nicht nur die Adhäsion zwischen Tuftingrohware und Beschichtung, sondern auch die Adhäsion zwischen Beschichtung und textilem Rücken die Werte beeinflusst.

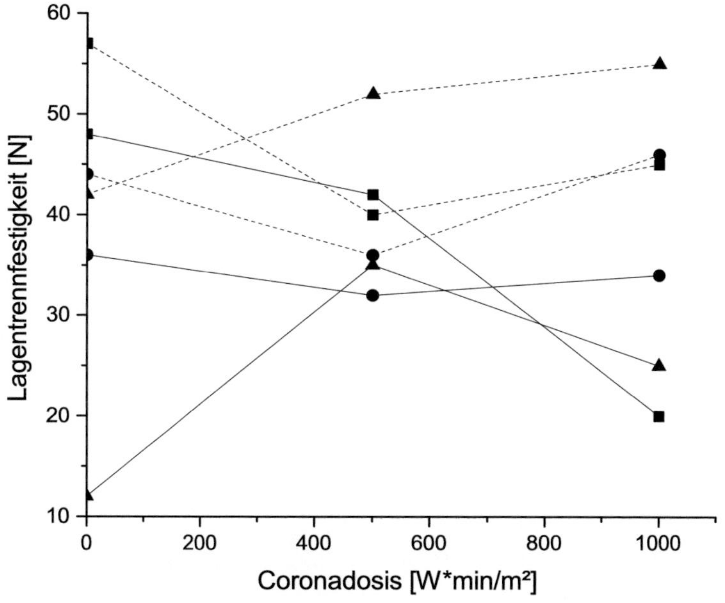

Bild 5-9: Lagentrennfestigkeit in Längsrichtung des textilen Zweitrückens in beschichteten Tuftingartikeln mit Polgarnen aus Polyamid 6.6 in Abhängigkeit von der Coronadosis, der Anzahl der Beschichtungsstriche und dem Trägermaterial, -■- Polyestervliesstoff, Vorstrich und Kaschierstrich, - -■- - Polyestervliesstoff, Kaschierstrich, -▲- Polypropylenbändchengewebe mit Polylamid 6 Vliesstoff, Vorstrich und Kaschierstrich, - -▲- - Polypropylenbändchengewebe mit Polylamid 6 Vliesstoff, Kaschierstrich, -•- Polyester Polylamid 6 Vliesstoff, Vorstrich und Kaschierstrich, - -•- - Polyester Polyamid 6 Vliesstoff, Kaschierstrich

5.5.3 Röntgenphotoelektronenspektroskopie

Die Röntgenphotoelektronenspektroskopie wird an mittels Remoteplasma behandelten Mustern durchgeführt. Die Plasmabehandlung führt, wie Bild 5-10 zeigt, für Trägermaterialien aus Polypropylen zu einer Zunahme des Sauerstoffgehalts und einer Abnahme des Kohlenstoffgehalts mit zunehmender Coronadosis. Auch der Vliesstoff aus recyceltem Polyester zeigt eine leichte Zunahme des Sauerstoffgehalts in der Faseroberfläche. Diese Veränderung ist darauf zurückzuführen, dass während der Plasmabehandlung Sauerstoffatome in die Polymeroberfläche eingetragen werden. Mit der

Zunahme des Sauerstoffs wird anteilmäßig der Gehalt an Kohlenstoff reduziert. Diese Funktionalisierung führt zu der in Kapitel 5.5.1 dargestellten Verbesserung des Benetzungsverhaltens, welche sich auch positiv auf die Benetzung der Trägermaterialien durch eine Dispersion von Styrol-Butadien-Rubber in Wasser auswirkt und damit auf die Einbindung der Polnoppen. Der Vliesstoff aus Polyester und das Trägermaterial Vliesstoff aus Polyester und Polymid 6 zeigen keine oder sogar eine gegenläufige Veränderung der chemischen Zusammensetzung, d. h. eine Zunahme an Kohlenstoff und Abnahme an Sauerstoff. Dieses Ergebnis stimmt nicht mit den experimentell beobachteten Effekten überein. An dieser Stelle wäre der Ablauf der Untersuchung zu optimieren. Die Funktionalisierung der Textilien und ihre Analyse mittels Röntgenphotoelektronenspektroskopie müssen zeitlich sehr schnell aufeinander folgen. Durch die Problematik, dass die Remoteplasmaanlage und die Analytik nicht an einem Ort durchgeführt werden können, lassen sich die Ergebnisse vermutlich auf Alterungseffekte zurückführen.

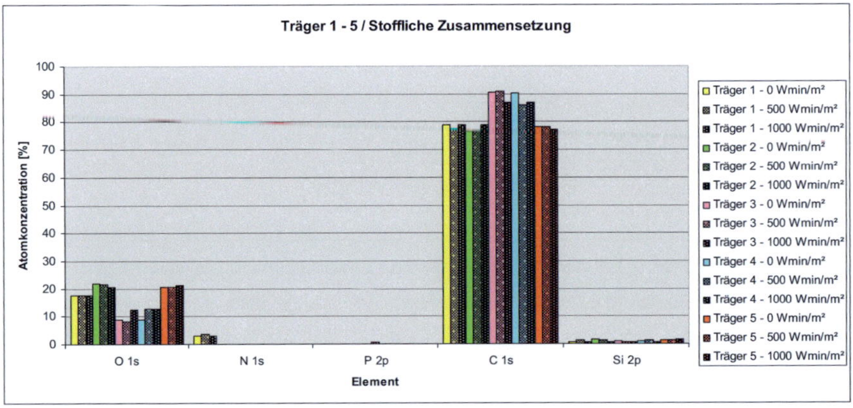

Bild 5-10: XPS-Auswertung der stofflichen Zusammensetzung nach Plasmabehandlung mit 500 Wmin/m² und 1.000 Wmin/m² (0 Wmin/m² = Referenz): Vergleich Träger 1 – 5: 1 = Polyester Polyamid 6 Vliesstoff, 2 = Polyester Vliesstoff, 3 = Polypropylenbändchengewebe Polyamid 6 Vliesstoff, 4 = Polyproplyenbändchengewebe, 5 = Polyestervliesstoff, recycelt

Die röntgenphotoelektronenspektroskopische Untersuchung der Polgarne (Bild 5-11) weist für alle drei Rohstoffe eine Abnahme des Kohlenstoffgehalts mit zunehmender Coronadosis auf. Polypropylen und Polyamid 6 lassen darüber hinaus auch eine leichte Zunahme des Elements Sauerstoff erkennen, für Polyamid 6.6 ist dies nicht der Fall.

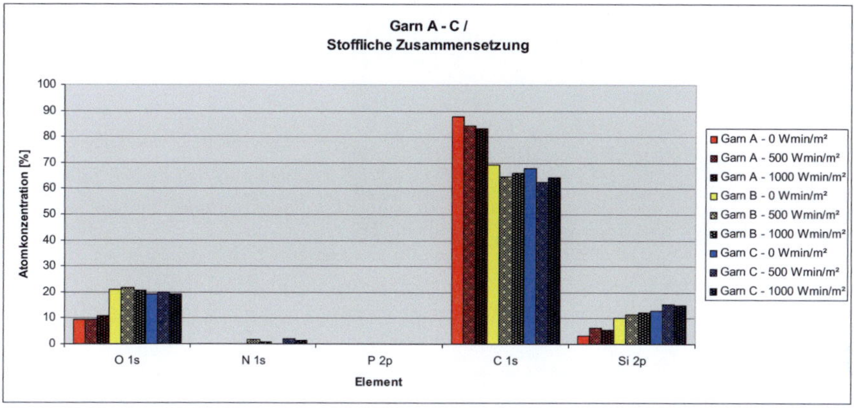

Bild 5-11: XPS-Auswertung der stofflichen Zusammensetzung nach Plasmabehandlung mit 500 Wmin/m² und 1.000 Wmin/m² (0 Wmin/m² = Referenz): Vergleich Polgarne A – C, A = Polypropylen, B = Polyamid 6, C = Polyamid 6.6

Die stoffliche Zusammensetzung deutet wie in den Bildern 5-10 und 5-11 zu erkennen darauf hin, dass der in Luft ebenfalls enthaltene Stickstoff nicht eingelagert wird und es offenbar nicht zur Ausbildung stickstoffhaltiger funktioneller Gruppen kommt.

5.5.4 Digitalmikroskopische Untersuchungen

Im Rahmen der Untersuchungen wird auch die Oberflächentopographie der Substrate erfasst (Bild 5-12 und Bild 5-13). Die Darstellungen zeigen für den Trägervliesstoff aus Polyester und das Trägerbändchengewebe aus Polypropylen eine Oberflächenrauheit. Diese kann durch das Verhältnis zwischen der spezifischen Strecke und der geometrischen Strecke des Materials beziffert werden. Für den Vliesstoff (Bild 5-12) ergibt sich aus einem Verhältnis von 40 mm : 10 mm ein Rauheitsfaktor von 4, für das Trägerbändchengewebe mit einem Verhältnis von 15 mm : 10 mm ein Rauheitsfaktor von 1,5. Diese Faktoren können bei der Übertragung von Coronadosen aus der Folienbearbeitung auf die Textilbearbeitung helfen, die effektive Anlageneinstellung schneller zu ermitteln.

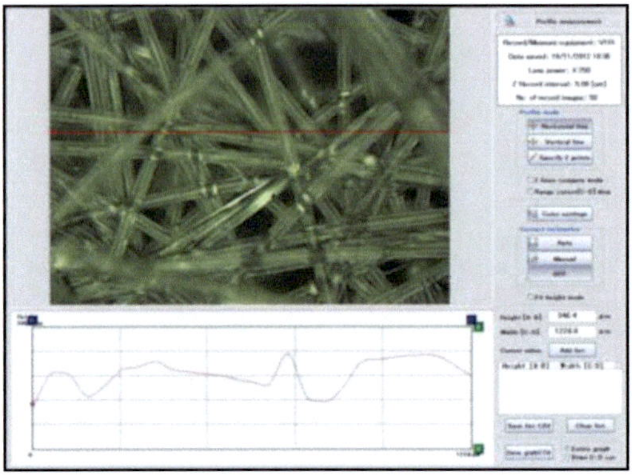

Bild 5-12: Digitalmikroskopische Vermessung der Oberflächentopografie eines Trägervliesstoffes aus Polyester

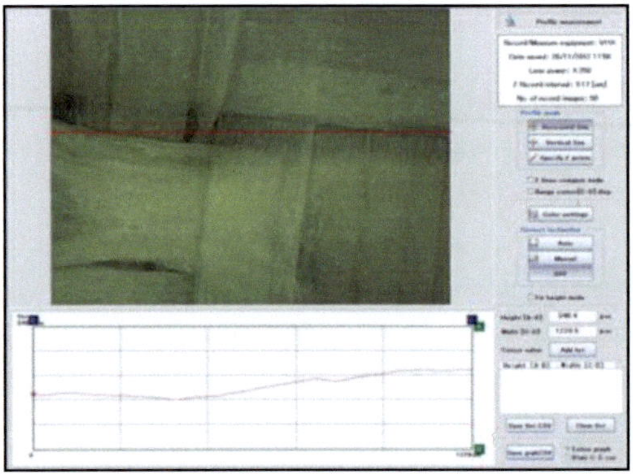

Bild 5-13: Digitalmikroskopische Vermessung der Oberflächentopografie eines Trägergewebes aus Polypropylen

5.5.5 Rasterelektronenmikroskopie

Wie in den Bildern 5-14 und 5-15 gezeigt, bildet der Kaschierstrich auf der Rückseite der Tuftingrohware einen Film aus, der die Polgarne und auch die Fasern des Tuftingträgers umschließt. Es handelt sich dabei um ein Muster, das nach einer Behandlung in einem Remoteplasma bei 1000 W*min/m² mit nur einem Strich, dem Kaschierstrich, beschichtet wurde. Diese Darstellungen unterstützen die Annahme, dass die Substitution des Vorstrichs bei der Teppichrückenbeschichtung durch eine Erhöhung der Benetzbarkeit der beteiligten Faserstoffe möglich ist.

Bild 5-14: Rasterelektronenmikroskop-Aufnahme einer rückseitigen Polnoppengasse der Materialkombination Polyestervliesstoff als Trägermaterial und einem Polgarn aus Polyamid 6.6 nach einer Plasmabehandlung mit 1.000 W/min/m² und Beschichtung mit Kaschierstrich bei 40facher Vergrößerung

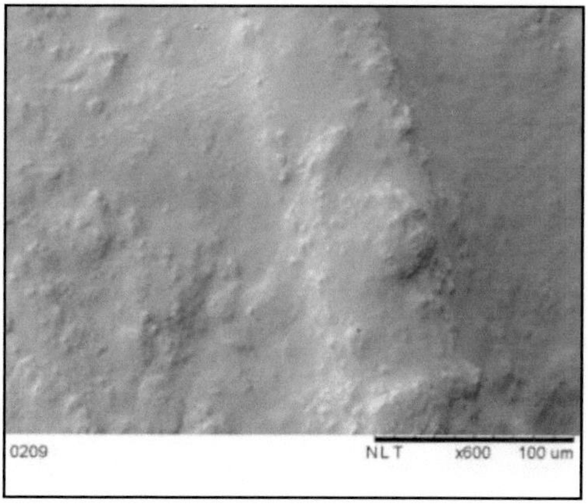

Bild 5-15: Rasterelektronenmikroskop-Aufnahme einer rückseitigen Vlies-Einzelfaser der Materialkombination Polyestervliesstoff als Trägermaterial und einem Polgarn aus Polyamid 6.6 nach einer Plasmabehandlung mit 1.000 Wmin/m² und Beschichtung mit Kaschierstrich bei 600facher Vergrößerung

5.6 Entwicklung eines industriellen Verfahrens

Aus den Ergebnissen ergeben sich deutliche Ansatzpunkte, die es vor dem Hintergrund des Forschungszieles möglich erscheinen lassen, auf den Vorstrich in der Rückenausrüstung getufteter textiler Bodenbeläge vollkommen zu verzichten. Dabei sind Alterungseffekte der Plasmafunktionalisierung zu berücksichtigen. Die Ergebnisse zur Alterungsbeständigkeit der Funktionalisierung in Luft und mit Aerosol an Tuftingträgern (Anhang I, Bilder I-6 und I-7) spiegeln eine Veränderung der Oberflächeneigenschaften innerhalb von 5 und 9 Tagen wider. Die Steighöhe zeigt einen Abfall des Effekts, die Klebkraft z. T. auch Effektzunahmen. Es ist deshalb anzuraten, eine Übergangszeit zwischen Funktionalisierung und Teppichrückenbeschichtung zu vermeiden. Im Idealfall sollte die Plasmamodifikation in den Beschichtungsvorgang, der nur noch einen einmaligen Auftrag des Kaschierstrichs umfasst, integriert werden.

5.7 Wirtschaftlichkeitsbetrachtung

Zur Betrachtung der Wirtschaftlichkeit des entwickelten Verfahrens werden die Einzelkosten ohne Lohnkosten und Maschinenkosten herangezogen. Dazu werden Herstellerangaben zu Grunde gelegt [5-4]. Die Berechnung erfolgt für die Verarbeitung von 2400 m²/h einer Tuftingrohware mit einer Warenbreite von 4000 mm. Die Produktionsgeschwindigkeit in der Beschichtung beträgt 10 m/min. Der Stromverbrauch liegt bei 1,18 kWh/m², es ergeben sich bei 0,20 EUR/kWh Stromkosten von 0,24 EUR/m². Weiterhin werden 1,5 kg/m² Dampf benötigt bzw. 0,6 EUR/m² bei 0,4 EUR/kg Dampf. Der Gasverbrauch beträgt 0,12 m³/m². Bei einem Brennwert von 10 kWh/m³, einer Zustandszahl von 0,95 und Gaskosten von 0,05 EUR/kWh beträgt der Gaspreis pro Quadratmeter 0,05 EUR/m². Wasser wird für den Ansatz der Beschichtungspasten benötigt sowie für Kühlkreisläufe und kostet 0,07 EUR/m². Darüber hinaus sind Chemikalienkosten von 0,89 EUR/m² zu berücksichtigen. In der Summe ergeben sich aus diesen Daten direkte Kosten von 1,85 EUR/m². Bei einer einfachen Annahme eines Nass-in-Nass-Auftrags würden bei einer Substitution des Vorstrichs die Kosten für Chemikalien reduziert auf 0,75 EUR/m² [5-4], alle weiteren Kosten blieben in diesem theoretischen Ansatz unverändert. Die direkten Kosten betrügen 1,70 EUR/m². Gleichzeitig müsste der Energiebedarf der Remoteplasmaanlage berücksichtigt werden. Der Coronadosis von 500 W*min/m² entspricht bei einer Prozessgeschwindigkeit von 10 m/min und einer Warenbreite von 4000 mm eine Leistung von 20 kW bzw. Stromkosten von 4 EUR/h oder 0,0015 EUR/m². Die Coronadosis von 1000W*min/m² entspricht einer Leistung von 40 kW und Stromkosten von 8 EUR/h bzw. 0,003 EUR/m². Allein die Reduktion der Chemikalienkosten bewirkt somit eine Einsparung von 0,149 EUR/m² bei der Coronadosis von 500 W*min/m² und 0,147 EUR/m² bei der doppelt so hohen Dosis. Innerhalb einer Stunde ergeben sich auf diese Weise Einsparungen von 357,60 EUR/h bzw. 352,80 EUR/h. Der Neupreis einer Remotaplasmaanlage mit einer Arbeitsbreite von 4000 mm beträgt 198.800 EUR [5-10]. Nach rund

555,9 bzw. 563,5 Arbeitsstunden oder bei einer wöchentlichen Beschichtungszeit von 20 h/Woche [5-4] nach 27,8 bzw. 28,2 Wochen wäre der Anlagenpreis bereits erwirtschaftet.

5.8 Zusammenfassung

Es werden Tuftingrohwaren mit Materialmischungen aus Polgarnen aus Polyamid 6, Polyamid 6.6 und Polypropylen mit gewebten oder Vliesstoff-Tuftingträgern aus Polyester, Polyamid 6 und Polypropylen mit atmosphärischen Plasmen behandelt und anschließend mit einer Teppichrückenbeschichtung versehen. Es wird gezeigt, dass mittels Plasma der Gehalt an sauerstoffhaltigen funktionellen Gruppen in der Oberfläche von Faserstoffen gesteigert werden kann. Das Benetzungsverhalten mit wässrigen Lösungen, nachgewiesen durch Steighöhentests an Tuftingträgern, nimmt zu. Hinsichtlich einer industriellen Nutzung der Plasmafunktionalisierung wird weiterhin die Teppichrückenbeschichtung mit wässrigen Styrol-Butadien-Rubber-Dispersionen betrachtet. Hier kann gezeigt werden, dass die Plasmafunktionalisierung das Benetzungsverhalten des gesamten Tuftingverbunds so optimiert, dass bereits mit einem Kaschierstrich eine gute Polnoppenverfestigung erzielt werden kann. Als Plasmaquelle ist ein Remoteplasma erforderlich, um auch Materialien, die eine Schichtdicke > 6 mm aufweisen, einseitig behandeln zu können. Die Ermittlung einer geeigneten „universellen" Plasmadosis ist aufgrund der vielfältigen Mischungen an Fasern und Trägerkonstruktionen schwierig. Die Versuche zeigen tendenziell einen guten Kompromiss aus wirksamer Funktionalisierung und gleichzeitigem Faserschutz bei 500 bis maximal 1000 Wmin/m² im Remoteplasma. Als Behandlungsgas wird Luft empfohlen. Die erzielbaren Effekte sind für die Funktionalisierung ausreichend, gleichzeitig kann auf aufwändige Technik zur Erzeugung von Aerosolen in der Entladungszone oder die Spülung mit anderen Gasen als Luft verzichtet werden. Für die Berechnung einer textiltypischen Coronadosis ist vorab eine Untersuchung der Oberflächenrauheit durchzuführen. Mit Hilfe von Rauheitsfaktoren kann die in der Folienindustrie experimentell optimierte werkstoffbezogene Coronadosis näherungsweise eingegrenzt und der Versuchsaufwand bei der Einführung der Technologie in der Textilindustrie reduziert werden.

6 Funktionalisierung von Textilien mittels elektrisch leitfähiger Polymere

6.1 Einleitung

Die Funktionalisierung von Textilien zur Erzeugung elektrisch leitfähiger Strukturen kann, wie zuvor dargestellt, mittels elektrisch leitfähiger Polymere gelingen. Dieses hat den Vorteil, dass die geringe Dichte und weitere für Polymere typische Eigenschaften genutzt werden könnten. Eine Herausforderung liegt darin, dass die elektrische Leitfähigkeit der inhärent leitfähigen Polymere und der Polymermischungen mit leitfähigen Partikeln geringer ist als die metallischer Werkstoffe. Gleichzeitig müssen die Polymere hinsichtlich des Verarbeitungsverhaltens und der Gebrauchsbeständigkeit an klassische textile Beschichtungspolymere angenähert werden.

6.2 Untersuchungsziel

Es ist zu erarbeiten, in welcher Form intrinsisch leitfähige Polymere mit konventionellen Beschichtungspolymeren kombiniert werden müssen, um elektrisch leitfähige und dennoch textiltypische Beschichtungen zu erzeugen. Dabei soll der Einsatz leitfähiger Partikel in Polymermischungen ebenfalls Beachtung finden. Eigene Untersuchungen im Rahmen verschiedener Forschungsvorhaben für Leuchttextilien oder Sensortextilien zeigen bereits vielversprechende Polymerformulierungen, die einer genaueren Untersuchung bedürfen [6-1, 6-2, 6-3, 6-4, 6-5]. Um die zur Zeit intensiv erforschte Technologie zur Herstellung leuchtender Textilien weiter zu entwickeln, ist es notwendig, die normalerweise aus Indiumzinnoxid bestehende Anode durch ein weniger sprödes Material zu ersetzen, um Brüche und damit Widerstandserhöhungen in der Anode zu vermeiden. Hier bietet die Nutzung leitfähiger Polymere große Chancen [6-6, 6-7].

Die vorliegende Arbeit widmet sich deshalb der Entwicklung elektrisch leitfähiger Textilien mittels einer Beschichtung auf Basis leitfähiger Pasten sowie als Beispiel für ihre Nutzung der Erzeugung leuchtfähiger Textilien. Die Untersuchungen hierzu werden im Rahmen des AiF-IGF Forschungsvorhabens „Lösemittelfreie Textilbeschichtung mit intrinsisch elektrisch leitfähigen Polymeren“ durchgeführt [6-11].

6.3 Experimentelles

6.3.1 Material und Geräte

Elektrisch leitfähige Textilien können wie zuvor beschrieben durch den Auftrag elektrisch leitfähiger Polymere auf textile Träger erzeugt werden. In der vorliegenden Studie werden dazu einerseits eine Polymerfolie aus Polyester und ein Gewebe aus Polyesterfilamentgarn (200g/m²) mit unterschiedlichen Polymeren und Polymermischungen beschichtet. Dabei werden einerseits Handelsprodukte verglichen und auf ihre Eignung für die Erzeugung leitfähiger Beschichtungen untersucht. Andererseits wird die Verträglichkeit der Mischungen betrachtet und dabei ermittelt, welche Synergien ermöglicht werden können. Als nicht leitfähige Beschichtungspolymere bzw. Bindemittel werden Polyurethan (Tubicoat ELH, Tubicoat PU60, anionisch, CHT R. Beitlich GmbH, Tübingen) und Polyacrylat (Tubicoat A 22, anionisch und Printperfekt, CHT R. Beitlich GmbH, Tübingen) verwendet. Als intrinsisch leitfähige Beschichtungspolymere werden Polyanilin, dotiert mit p-Toluolsulfonsäure (Süd-Chemie AG, München), Polypyrrol, dotiert mit Sulfonsäure, 5 %ige wässrige Dispersion (Sigma-Aldrich GmbH, München) und Poly-3,4-ethylendioxythiophen:Polystyrolsulfonsäure (Clevios SV3, Clevios SV4, Clevios FET und Clevios PHCV4, Clevios PH 1000, Heraeus Precious Metals GmbH & Co. KG, Köln, weitere Angaben zu den Produkten sind in Anhang II, Tabelle II-1 dargestellt) verwendet. Weiterhin kommen leitfähige Partikel zum Einsatz. Hierbei handelt es sich um Silberpigmente (Silberflakes B190, Korngröße 7 – 10 µm, Silberflakes F56T, Korngröße 9 – 16 µm, Dudocu GmbH, Pforzheim), Kupferpigmente (Kupferflakes E 900, Eckart GmbH, Hartenstein), Eisenpigmente (Ferricon, ECKART GmbH, Hartenstein), silberummantelte Kupferpigmente (eConduct, Partikelgröße 4 µm, 12µm, 42µm, ECKART GmbH, Hartenstein), CNT-Dispersionen (Aquacyl AQ 101, < 2% MW-CNT, Aquacyl AQ 301, < 5 % CNT und Sizicyl XC R2G, < 5% MW-CNT und < 2,5 % Natriumdodecylbenzylsulfonat, Nanocyl S.A., Belgien sowie Baytubes DW55 PS, Baytubes DW55 PV, Baytubes DW55 CM, Bayer Material Science AG, Leverkusen), Graphit (V-SGA 10 und SGA 10, Graphit Kropfmühl GmbH, Hauzenberg) und Leitruß. Als Verdickungsmittel wird für einige Dispersionen Methylcellulose eingesetzt. Die Polymere und Partikel werden in einem Dissolver Dispermat LC 30 (VMA-Getzmann GmbH, Reichshof) gemischt, der folgende Spezifikation aufweist: 20 000 rpm, Becher mit 100, 250, 500 und 1000 ml Volumen, Dissolverscheiben mit einem Durchmesser von 25, 30, 40 und 50 mm. Die Viskosität der Pasten wird mittels Haake Viscotester 2 plus untersucht. Der Auftrag der Pasten erfolgt mittels Spiralfilmziehgerät Modell 358 (Erichsen GmbH, Hemer) für Nassfilmdicken von 6, 12, 24, 40, 50, 60, 80, 100 und 200 µm. Darüber hinaus werden Filme mittels Walzen-Rakel-Beschichtung mit einem kombinierten Mathis-Labcoater und –Labdryer (Werner Mathis AG, Oberhasli, Schweiz) erzeugt. Nach dem Auftrag werden die Filme getrocknet. Alle Beschichtungen auf Folien werden bei 90°C und über eine Zeit von 180 Sekunden und auf Textilien bei 120 °C und 180 Sekunden im Mathis Labortrockner getrocknet.

6.3.2 Erzeugung leitfähiger Beschichtungen

Die ausgewählten Handelsprodukte werden in reiner Form und in unterschiedlichen Mischungen auf Folie und Gewebe aufgetragen. Im Folgenden werden die Beschichtungsrezepte vorgestellt. Die intrinsisch leitfähigen Polymere (Anhang II, Tabelle II-16) werden auf Folie und Gewebe aufgetragen. Nach der Trocknung der Filme wird ihr Flächenwiderstand bestimmt. Außerdem werden Dispersionen mit leitfähigen Partikeln auf Folien appliziert und getrocknet (Anhang II, Tabelle II-17). Auch an diesen Filmen wird der Flächenwiderstand ermittelt. Für die Beschichtung auf Geweben werden aufgrund der Kapillaraktivität des Trägermaterials die Dispersionen mit leitfähigen Partikeln in Mischung mit dem Bindemittel Printperfekt eingesetzt (Anhang II, Tabelle II-18). Die Carbonnanotubes der Firma Bayer Material Science AG wurden im Verlauf der Untersuchungen vom Markt genommen, weitere Versuche zu Carbonnanotubes werden deshalb mit Produkten der Firma Nanocyl S. A. vorgenommen. Der Flächenwiderstand der Filme wird nach der Trocknung untersucht. Darüber hinaus werden die intrinsisch leitfähigen Polymere durch Beimischung elektrisch leitfähiger Partikel modifiziert (Anhang II, Tabelle II-2). An den so erzeugten Filmen wird ebenfalls der Flächenwiderstand gemessen. Auf der Basis der gewonnen Erkenntnisse werden weitere Mischungen aus Polyanilin und Polyethylendioxythiophen, isolierenden Bindemitteln aus Polyurethan oder Polyacrylat und leitfähigen Partikeln entwickelt und erprobt (Anhang II, Tabelle II-3).

6.3.3 Prüfmethoden

Die Prüfmethoden dienen zunächst der Bestimmung der leitfähigen Eigenschaften. An ausgewählten Schichten werden anschließend textiltypische Prüfungen und Prüfungen zur Anwendung der elektrischen Leitfähigkeit in selbstleuchtenden Textilien durchgeführt.

6.3.3.1 Bestimmung des Flächenwiderstands

Der Flächenwiderstand der Textilmuster wird mit einem Milli-TO3 in Kombination mit einer TE-50 Vierpunkt-Textilelektrode (4-Punkt-Messmodus) von H.-P. Fischer Elektronik GmbH & Co. Industrie und Labortechnik KG, Mittenwalde, sowie einem MR-1 Vierpunkt-Messgerät mit abgerundeten Spitzen an der speziellen Textilmesssonde von Schütz GmbH Messtechnik ermittelt.

6.3.3.2 Rasterelektronenmikroskopie

Mit einem Rasterelektronenmikroskop, Typ TM 3000 (Hitachi) werden die Beschichtungen optisch untersucht. Dieses ist mit einer Einheit für energiedispersive Röntgenspektroskopie (EDX) ausgestattet, um bei Materialproben die Elementverteilung untersuchen zu können.

6.3.3.3 Lichtmikroskopie

Oberflächenuntersuchungen werden auch mittels Lichtmikroskopie durchgeführt. Mit dem Keyence Mikroskop VH-Z20R wird die Oberflächenbeschaffenheit der leitfähigen Schichten mit maximal 1000-facher Vergrößerung betrachtet. Mit dem Keyence Mikroskop VZ 250R können Bilder in 250- bis 2500-facher Vergrößerung angefertigt werden. Darüber hinaus ermöglicht dieses Mikroskop die Darstellung der Topographie der Muster.

6.3.3.4 Messung der Leuchtstärke

Zur Messung der Leuchtstärke von leuchtfähigen Textilien wird das Messgerät Digi Eye One der Firma X-Rite verwendet.

6.3.3.5 Textiltypische Untersuchungen

Abriebbeständigkeit

In Anlehnung an DIN EN ISO 12947-1 wird ein Martindale-Abrasions-Test durchgeführt. Der elektrische Widerstand der Muster wird nach festgelegten Touren regelmäßig untersucht [6-8].

Lichtechtheit

Untersuchungen zur Lichtechtheit werden mit einem Xenon-Tester in Anlehnung an DIN EN ISO 105-B02:2011-03 durchgeführt. Der elektrische Widerstand wird nach 100-stündiger Belichtung der Muster untersucht [6-9].

Wärme- und Kältebeständigkeit

Zur Bestimmung der Wärmebeständigkeit werden Proben mit einer Größe von 100 cm² für 48 Stunden einer Temperatur von 100 °C ausgesetzt. Die Bestimmung der Frostbeständigkeit wird für 48 Stunden bei -18 °C durchgeführt. Jeweils nach 24 Stunden Klimatisieren in Normklima wird der elektrische Widerstand der Proben bestimmt.

Waschbeständigkeit

Die Waschversuche werden in einer Haushaltswaschmaschine im Feinwaschgang bei einer Temperatur von 40 °C durchgeführt. Anschließend werden die Proben 24 Stunden bei Raumtemperatur getrocknet. Nach 24 Stunden Klimatisieren im Normklima wird der Widerstand der Beschichtung bestimmt.

6.4 Ergebnisse und Diskussion

6.4.1 Untersuchung intrinsisch leitfähiger Polymere

Zur Entwicklung elektrisch leitfähiger Beschichtungen auf Textilien werden intrinsisch leitfähige Polymere in reiner Form (Bilder 6-1 und 6-2) und in Mischungen mit isolierenden Polymeren, um textiltypische Filmeigenschaften zu erzeugen, sowie mit leitfähigen Partikeln untersucht.

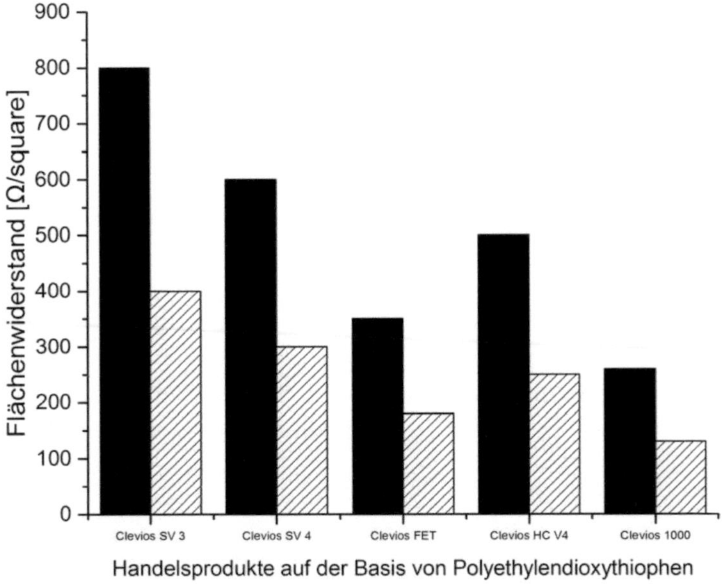

Bild 6-1: Vergleich verschiedener Handelsprodukte auf der Basis von PEDOT:PSS bei einer Auflagemenge von ■ 6 g/m² und ▨ 12 g/m² auf Polyesterfolie

Die Polymere Polyanilin, Polypyrrol und Polyethylendioxythiophen weisen nach einer Auswertung des Kenntnisstands in Forschung und Anwendung (Kapitel 4) ein großes Potenzial für die Textilbeschichtung auf. Besonders das Polymer Polyethylendioxythiophen ist für eine anwendungsorientierte Entwicklung sehr interessant, da es bei der Herstellung elektrischer Geräte bereits in der Massenfertigung verarbeitet wird und in größeren Mengen verfügbar ist. Die betrachteten Handelsprodukte weisen, wie in Bild 6-1 erkennbar, Unterschiede im Flächenwiderstand auf. Alle Produkte enthalten 1 % des leitfähigen Polymers (Anhang II, Tabelle II-1). Die Produkte Clevios SV 3, Clevios SV 4 und Clevios HC V4 basieren auf demselben Polymer mit einer elektrischen Leitfähigkeit von 250 S/cm – 500

S/cm (Anhang II, Tabelle II-1), die resultierenden Flächenwiderstände liegen dadurch auf einem höheren Niveau als die der Produkte Clevios FET und Clevios PH 1000. Diese basieren auf einer neueren Generation des leitfähigen Polymers, die elektrische Leitfähigkeit der Dispersion liegt bei 900 S/cm. Zwischen den Produkten Clevios FET und Clevios PH 1000 sind dennoch Unterschiede im Flächenwiderstand festzustellen, der bei einer Filmdicke von 12 µm für Clevios FET bei 180 Ω/square und für Clevios PH 1000 bei 130 Ω/square liegt. Diese Differenz ist darauf zurückzuführen, dass das höher leitfähige Produkt lediglich als 1 %ige Dispersion in Ethylenglykol vorliegt, wohingegen dem Produkt Clevios FET Bindemittel beigemischt sind. Aufgrund dieser Erkenntnis wird für die weitere Entwicklung leitfähiger Textilbeschichtungen im Rahmen dieser Studie das Handelsprodukt Clevios PH 1000 bevorzugt eingesetzt. Darüber hinaus ist auch die Abhängigkeit des Flächenwiderstands von der Schichtdicke zu beachten. Wie in Formel 4.4 beschrieben führt eine Verdopplung der Schichtdicke zu einer Halbierung des Flächenwiderstands. Dieser Zusammenhang kann auch bei diesen Messungen nachgewiesen werden. Der Flächenwiderstand liegt z. B. für Clevios PH 1000 bei einem Produktauftrag von 6 g/m² bei 260 Ω/square und bei einer doppelt so hohen Auflage bei 130 Ω/square. Für textile Beschichtungen ist dies, wie Beschichtungen auf Folien und Geweben im Vergleich (Bild 6-2) zeigen, von besonderer Relevanz, da im Streichverfahren aufgrund der Eigenstruktur von Textilien Filme mit Schichtdickenunterschieden entstehen. Dazu werden verschiedene Polymere auf Polyesterfolie und Polyestergewebe appliziert. Der Flächenwiderstand von Filmen aus den isolierenden Polymeren Polyacrylat oder Polyurethan ist mit 10^{14} Ω/square sowohl auf Geweben als auch auf Folien sehr hoch und für die Herstellung elektrisch leitfähiger Textilien nicht ausreichend. Filme aus intrinsisch leitfähigen Polymeren weisen hingegen einen um 4 – 6 Zehnerpotenzen niedrigeren Flächenwiderstand auf Polyestergewebe sowie einen um 10 - 12 Zehnerpotenzen niedrigeren Flächenwiderstand auf Folien auf. Der Flächenwiderstand auf dem textilen Träger übersteigt bei diesen Untersuchungen den Flächenwiderstand auf Folien um 5 (Polyanilin) und um 7 (Polyethylendioxythiophen) Zehnerpotenzen. Dieser Effekt kann einerseits auf die Saugwirkung der Textilien zurückgeführt werden, da die Beschichtungspolymere mit den Lösungsmitteln in das Textil eindringen und nicht vollständig für die Ausbildung einer geschlossenen leitfähigen Schicht zur Verfügung stehen. Diesem Phänomen wird im Rahmen der vorliegenden Studie nicht weiter nachgegangen. Andererseits führen auch Schichtdickendifferenzen in der Textilbeschichtung zu diesem Effekt.

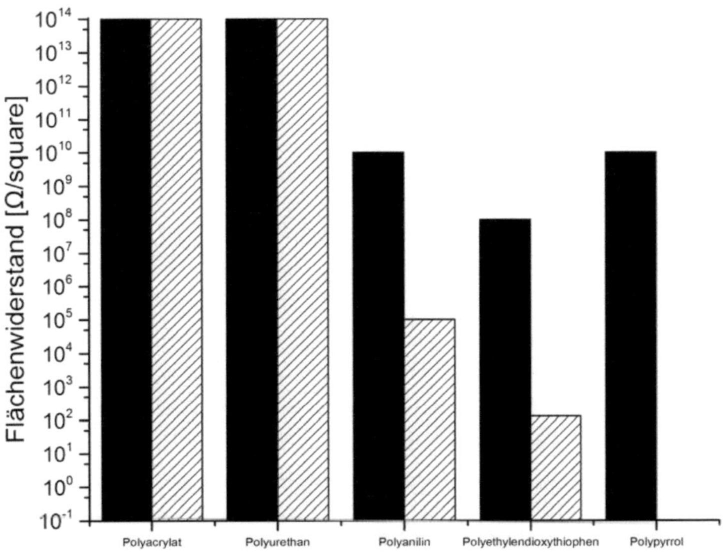

Bild 6-2: Vergleich verschiedener Polymere auf Polyestergewebe oder Polyesterfolie bei einer Auflagemenge von 10 g/m², ■ Polymerfilme auf Polyestergewebe und ▨ Polymerfilme auf Polyesterfolie

Die lichtmikroskopische Untersuchung der Beschichtungen (Bild 6-3) unterstreicht, dass es richtig ist, den Anstieg der Flächenwiderstände mit Schichtdickenunterschieden zu erklären. Das Textil weist eine starke bindungsbedingte Strukturierung mit Hoch- und Tiefpunkten auf.

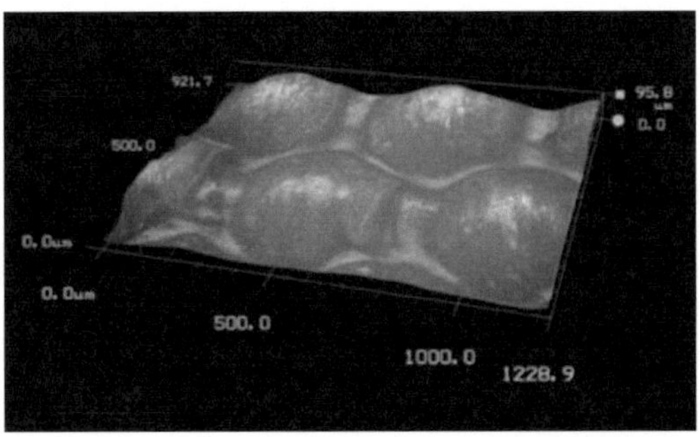

Bild 6-3: Beschichtung von Polyethylendioxythiophen auf Polyestergewebe (Lichtmikroskop x250)

Der Film wird durch den Auftrag mittels Streichverfahren über alle Hoch- und Tiefpunkte des Trägergewebes hinweg appliziert, so dass der resultierende Film Dick- und Dünnstellen enthält. Mittels Rasterelektronenmikroskopie lassen sich die Schichtdickendifferenzen noch deutlicher nachweisen. In Bild 6-4 ist ersichtlich, dass der Polymerfilm aus Polyethylendioxythiophen (Clevios SV 4) auf dem Bindungshochpunkt (links) eine geringere Schichtdicke aufweist als in dem Bindungstiefpunkt und kurz vor dem „Anstieg“ zum nächsten Bindungshochpunkt.

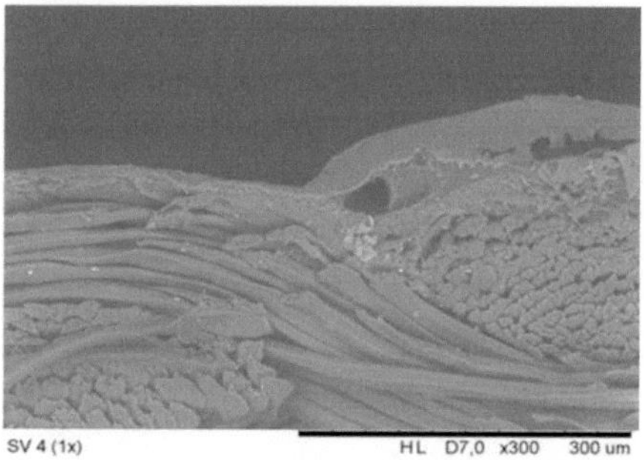

Bild 6-4: Rasterelektronenmikroskopische Aufnahme eines Querschnitts mit Polyethylendioxythiophen (Clevios SV 4) auf Polyestergewebe

Unabhängig von der Problematik der Schichtdickendifferenz machen diese Messwerte deutlich, dass die intrinsische Leitfähigkeit der Polymere Polyanilin, Polytethylendioxythiophen und Polypyrrol nicht ausreicht, um den in Kapitel 4.6 formulierten Flächenwiderstand von 10 Ω/square zu erzielen. Die Reduktion des Flächenwiderstands kann, wie Bild 6-2 zeigt, auf diese Weise lediglich bis in den Bereich von 10^7 bis 10^8 Ω/square erfolgen.

6.4.2 Untersuchung von Polymermischungen mit leitfähigen Partikeln

Wie bereits in Kapitel 4 und auch in Bild 6-2 dargestellt, sind die textiltypischen Beschichtungspolymere Polyacrylat und Polyurethan durch einen sehr hohen Flächenwiderstand gekennzeichnet. Mittels Beimischung verschiedener Partikel auf metallischer Basis oder Kohlenstoffbasis müsste dieser gemäß der Erkenntnisse aus Kapitel 4 reduziert werden können. Werden dem Beschichtungspolymer Polyacrylat Silberpartikel, Silber/Kupferpartikel und Eisenpartikel in Mischungsanteilen von jeweils 5 g/100 g, 10 g/100 g und 20 g/100 g zugegeben, so weisen die erzeugten Schichten für alle realisierten Nassfilmdicken von 50 µm, 100 µm und 200 µm eine deutliche Reduktion des Flächenwiderstands auf (Bild 6-5). Die Zugabe von Eisenpartikeln führt bei einer Konzentration von 20 % bezogen auf das Gewicht und der Schichtdicke 200 µm zu einem Flächenwiderstand von 2×10^8 Ω/square, die Zugabe von Silberpartikeln zu 5×10^5 Ω/square. Eine wesentlich stärkere Reduktion ist mit den Silber/Kupferpartikeln eConcuct erzielbar. Hier ergeben die Zugabe von 20 % Partikeln und die Nassfilmdicke von

200 µm einen sehr niedrigen Wert von 0,16 Ω/square. Auch bei geringerer Filmdicke und geringerer Dosierung an Partikeln können Werte um die angestrebte Größenordnung von 10 Ω/square realisiert werden, z. B. beträgt der Flächenwiderstand bei Zugabe von 10 g/100 g eConduct und einer Filmdicke von 100 µm noch 12 Ω/square.

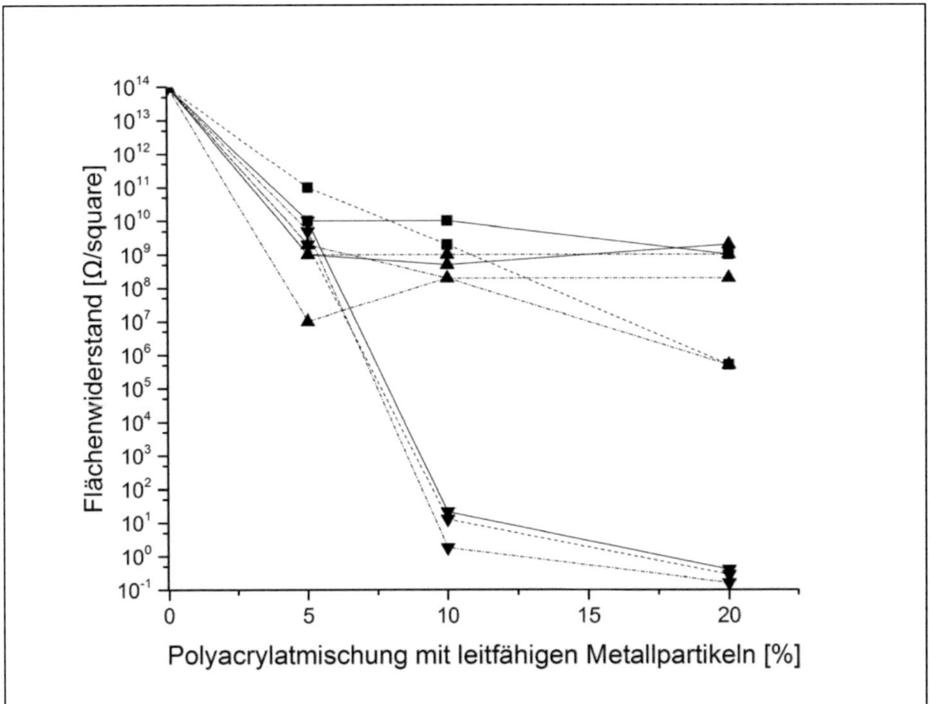

Bild 6-5: Mischung von Polyacrylat mit leitfähigen Metallpartikeln in Abhängigkeit von der Konzentration und der Nassfilmschichtdicke, -■- Polyacrylatmischung, Silberpartikel, 50 µm - -■- - Polyacrylatmischung, Silberpartikel, 100 µm, - ·- ■- · - Polyacrylatmischung, Silberpartikel, 200 µm, -▼- Polyacrylatmischung, Silber/Kupferpartikel, 50 µm, - -▼- - Polyacrylatmischung, Silber/Kupferpartikel, 100 µm, - · - ▼- · - Polyacrylatmischung, Silber/Kupferpartikel, 200 µm, -▲- Polyacrylatmischung, Eisenpartikel, 50 µm, - -▲- - Polyacrylatmischung, Eisenpartikel, 100 µm, - ·- ▲- · - Polyacrylatmischung, Eisenpartikel 200 µm

Die ebenfalls untersuchten Kupferpartikel zeigen ein ähnliches Verhalten wie Eisenpartikel und Silberpartikel (Anhang II, Tabelle II-2 und Tabelle II-5). Diese Ergebnisse verdeutlichen, dass die hohe elektrische Leitfähigkeit metallischer Leiter in Mischungen mit isolierenden Polymeren deren Widerstände reduziert. Eisen ist dabei als Leiter um einen Faktor 10 schlechter einzustufen als Kupfer und Silber (Tabelle 4-1). So weisen auch die Messwerte in den Polymermischungen mit Eisen höhere Widerstandswerte auf als für die anderen Metalle. Reines Silber und reines Kupfer führen in dieser Untersuchung zu höheren Flächenwiderständen als die silberummantelten Kupferflakes, da es vermutlich bei diesen Partikeln zu einer verstärkten Oxidationen an der Oberfläche und dadurch zu einer Abnahme der Leitfähigkeit kommt.

Auch die Beimischung kohlenstoffhaltiger Partikel senkt die Flächenwiderstände. Dazu werden Kohlenstoffnanotubes in zwei verschiedenen Konzentrationen und Leitruß ohne weitere Bindemittel auf eine Polyesterfolie aufgetragen sowie in Gegenwart des Bindemittels Printperfekt auf Polyestergewebe (Bild 6-6).

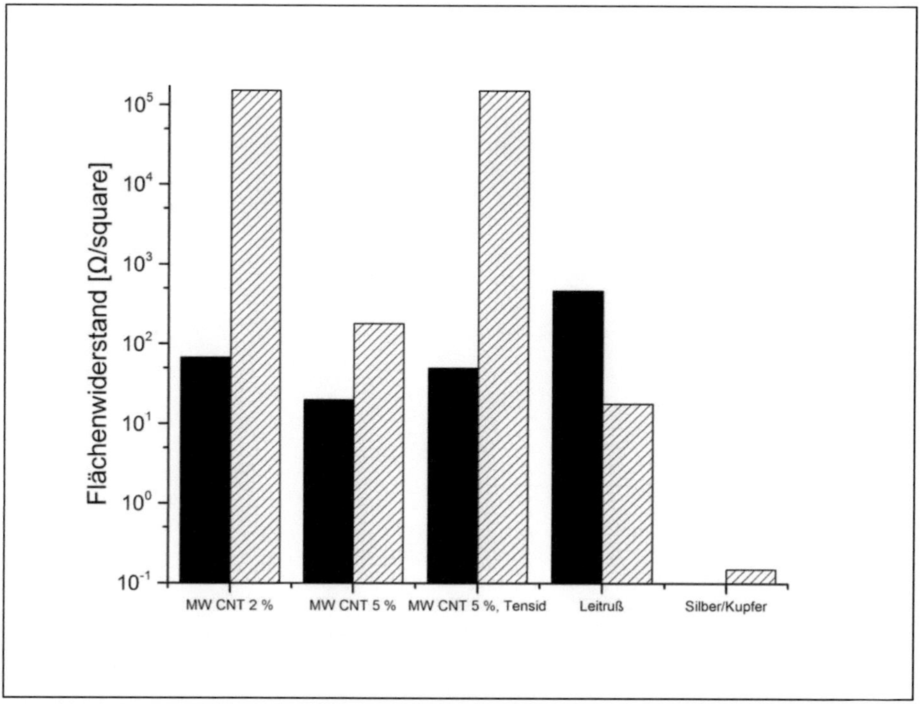

Bild 6-6: Flächenwiderstand von Filmen aus kohlenstoffhaltigen Dispersionen,
■ Filme aus unmodifizierter Dispersion, aufgetragen auf Polyesterfolie, ▨ Filme aus 80 % Printperfekt und 20 % Additiv, aufgetragen auf Polyestergewebe

Bei einem Nassfilmauftrag von 100 µm wird, wie in Bild 6-6 dargestellt, ohne Bindemittel mit 2 % Multiwall-Carbonnantubes ein Flächenwiderstand von 67,5 Ω/square ermittelt, bei einem höheren Anteil der Carbonnanotubes ein Wert von 20 Ω/square. Die Zugabe von Tensiden in der Mischung mit 5 % Carbonnanotubes zeigt einen störenden Effekt. In Verbindung mit einem Bindemittel und auf Textilien aufgetragen, entstehen Schichten, deren Flächenwiderstand um 5 bis 6 Zehnerpotenzen über dem der Kombination mit den zuvor präsentierten sehr wirksamen Silber/Kupferpartikel liegt. Die Untersuchungen legen den Schluss nahe, dass mit Metallpartikeln der Flächenwiderstand stärker reduziert werden kann als mit kohlenstoffbasierten Partikeln. Die sehr wirksamen Silber/Kupferpartikel werden zusätzlich auch in Mischungen mit elektrisch leitfähigen Polymeren untersucht (Bild 6-7).

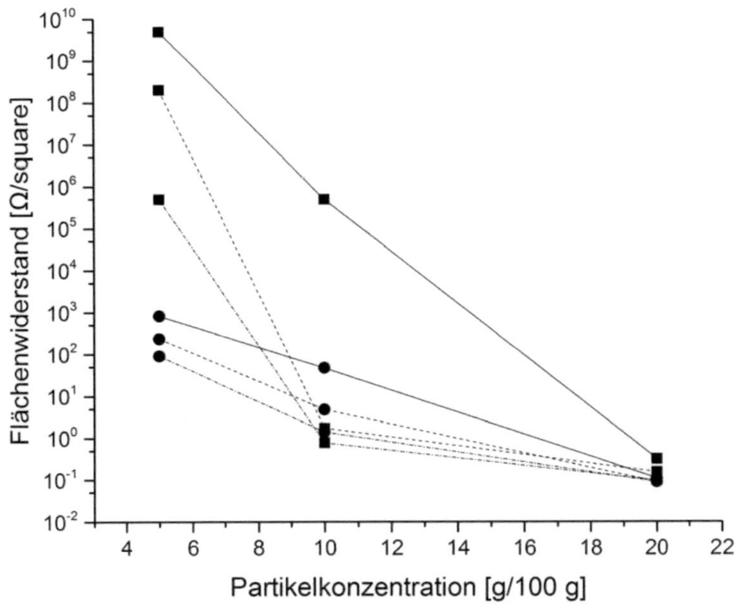

Bild 6-7: Flächenwiderstand von Polyanilin und Polyethylendioxythiophen mit Silber/Kupferpartikeln (12 µm Durchmesser) in Abhängigkeit von der Partikelkonzentration und der Schichtdicke, -■- Polyanilinmischung mit Silber/Kupferpartikeln, 50 µm - -■- - Polyanilinmischung mit Silber/Kupferpartikeln, 100 µm - ·- ■- · - Polyanilinmischung mit Silber/Kupferpartikeln, 200 µm, , -●- Polyethylendioxythiophen mit Silber/Kupferpartikeln, 50 µm - -●- - Polyethylendioxythiophen mit Silber/Kupferpartikeln, 100 µm - ·- ●- · - Polyethylendioxythiophen mit Silber/Kupferpartikeln, 200 µm

Wie Bild 6-7 und Anhang II, Tabellen II-7, II-8 und II-9 zeigen, bewirkt die Zugabe von 5, 10 oder 20 g/100 g Metallpartikel auch eine Reduktion des Flächenwiderstands der Filme aus den leitfähigen Polymere Polyanilin und Polyethylendioxythiophen (Clevios PH CV4) auf Polyestergeweben. Die niedrigsten Flächenwiderstände können mit 0,0902 Ω/square für die Mischung Polyethylendioxythiophen mit 20 g/100 g Silber/Kupferpartikeln bei einer Nassfilmdicke von 200 µm bzw. von 0,098 Ω/square für die Mischung Polyanilin mit 20 g/100 g Silber/Kupferpartikeln bei einer Nassfilmdicke von 200 µm erzielt werden. Mit zunehmender Schichtdicke nehmen die Flächenwiderstände ab, wobei auch bei 100 µm Nassfilmdicke für Filme aus beiden leitfähigen Polymeren Flächenwiderstände unter 1 Ω/square erzielt werden können (0,09 0,15 Ω/square für die Polyethylendioxythiophenmischung und 0,15 Ω/square für die Polyanilinmischung).

6.4.3 Untersuchung von Polymermischungen mit isolierenden und leitfähigen Polymeren sowie leitfähigen Partikeln

Die durchgeführten Untersuchungen zeigen auf, dass besonders durch die Beimischung von Silber/Kupferflakes in isolierende Polymere Filme bzw. Schichten mit geringen Flächenwiderständen realisiert werden können. Elektrisch leitfähige Polymere haben im Vergleich dazu eine geringere Auswirkung. Es ist zu untersuchen, ob die Kombination beider Vorgehensweisen eine synergistische Wirkung zeigt. Dazu werden isolierende Polymere mit den leitfähigen Polymeren Polyanilin und Polyethylendioxythiophen jeweils mit 3 g/100 g gemischt und mit unterschiedlichen Partikelsystemen ergänzt. In Bild 6-8 wird dazu die Partikelverteilung in solch einer Mischung exemplarisch für Silber/Kupferflakes anhand einer mikroskopischen Darstellung gezeigt.

Bild 6-8: Verteilung von 10 g/100 g (links), 20 g/100 g (Mitte) und 30 g/100 g (rechts) Silber/Kupferpartikeln in leitfähigen Beschichtungen auf Polyestergewebe

Es wird deutlich, dass die Beschichtungen erst ab einer Konzentration von 20 g/100 g Beschichtungspaste so dicht liegen, dass eine geschlossene Partikelschicht entsteht. Ferner wird in Bild 6-9 dargestellt, dass der Flächenwiderstand der Polyacrylatmischung und der Polyurethanmischung erwartungsgemäß mit Metallpartikeln (Silber/Kupferpartikel, 12 µm Partikeldurchmesser) abnimmt in Abhängigkeit von der Partikelkonzentration. Dabei ist der Wert für 30 g/100 g (linke, schwarze Säulen) am niedrigsten und für 10 g/100 g (rechte, schraffierte Säulen) am höchsten. Durch Zugabe von Polyanilin und Polyethylendioxythiophen wird dieser Wert bei Polyacrylat bei höherer und mittlerer Partikelkonzentration noch weiter abgesenkt. Bei 10 g/100 g muss hingegen eine weitere Zunahme des Flächenwiderstands beobachtet werden, was darauf schließen lässt, dass die synergistische Wirkung nur bei hoher und mittlerer Partikelkonzentrationen eintritt. In der Polyurethanmischung kann der positive Einfluss nur bei der mittleren Konzentration von 20 g/100 g beobachtet werden (Bild 6-9).

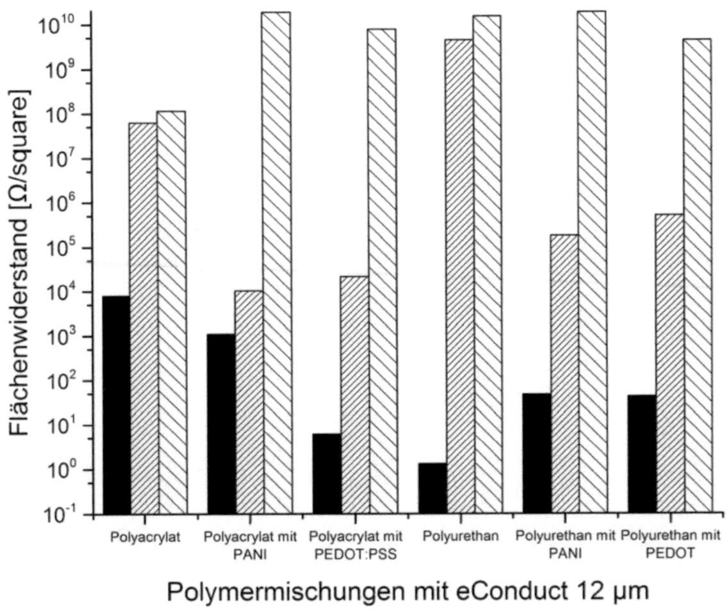

Bild 6-9: Abhängigkeit des Flächenwiderstands von Filmen aus Polyacrylat- und Polyurethanmischungen auf Polyestergeweben mit Metallpartikeln und intrinsisch leitfähigen Polymeren in Abhängigkeit von der Partikelkonzentration, ■ Mischungen mit 30 g/100 g eConduct 12 µm, ▨ Mischungen mit 20 g/100 g eConduct 12 µm und ▧ Mischungen mit 10 g/100 g eConduct 12 µm

Dieser Effekt kann durch die Anordnung der Partikel in der Mischung erklärt werden. Bei hoher Konzentration ist die Ausbildung einer geschlossenen Metallpartikelschicht, die einen Elektronenfluss ermöglicht, zu erreichen (siehe auch Bild 6-10). Bei geringer Partikelkonzentration kommt es nicht zu einer durchgängigen Berührung der Beimischungen, was einen größeren Flächenwiderstand zur

Folge hat. In allen Fällen stellen die Übergänge zwischen den Partikeln Hindernisse für den Elektronenfluss dar. Befindet sich in den Lücken zwischen Metallpartikeln ein Bindemittel, dessen Leitfähigkeit durch intrinsisch leitfähige Polymere erhöht wird, so können der Elektronenfluss erleichtert und der Widerstand reduziert werden. Wie bereits zuvor gezeigt wird die Leitfähigkeit der gesamten Mischung von den metallischen Partikeln stärker positiv beeinflusst als von leitfähigen Polymeren, so dass letztere nur einen unterstützenden Effekt leisten können und das auch nur dann, wenn zuvor durch eine hinreichende Menge an z. B. Metallpartikeln ein geringer Flächenwiderstand erzeugt wurde. Diese Interpretation wird von weiteren Untersuchungen, gezeigt in Bild 6-10, untermauert.

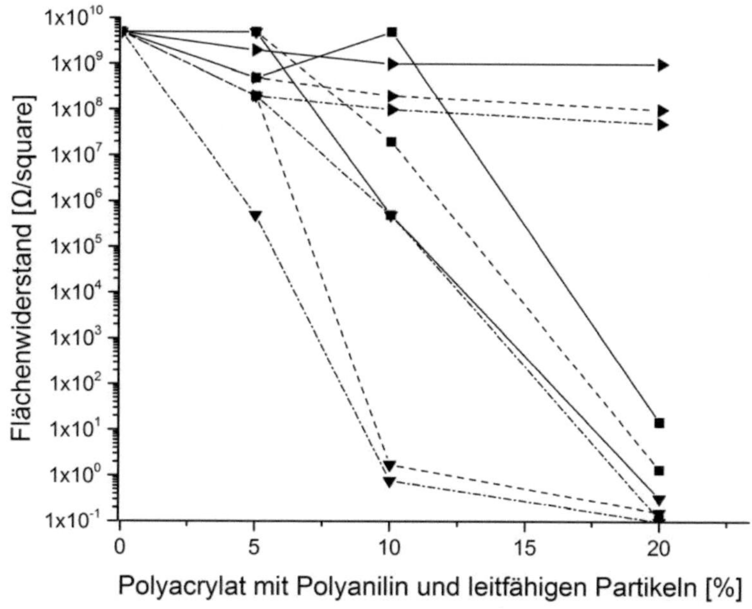

Bild 6-10: Mischung von Polyacrylat und Polyanilin und leitfähigen Metallpartikeln in Abhängigkeit von der Konzentration und der Schichtdicke, -■- Polyanilinmischung und Silberpartikel, 50 µm - -■- - Polyanilinmischung und Silberpartikel, 100 µm - ·- ■- · - Polyanilinmischung und Silberpartikel, 200 µm -▼- Polyanilinmischung und Silber/Kupferpartikel, 50 µm, - -▼- - Polyanilinmischung und Silber/Kupferpartikel, 100 µm, - · - ▼- · - Polyanilinmischung und Silber/Kupferpartikel, 200 µm , -▶- Polyanilinmischung und Eisenpartikel, 50 µm, - -▶- - Polyanilinmischung und Eisenpartikel, 100 µm, - ·- ▶- · - Polyanilinmischung und Eisenpartikel 200 µm

An dieser Stelle ist zusätzlich festzuhalten, dass eine Partikelkonzentration von 30 g/100 g zu einem hohen Auftragsgewicht (Anhang II, Tabelle II-14) führt. Während die Polymerbeschichtungen zu Auflagegewichten von 10 – 20 g/m² führen, entstehen bei den Pasten mit Metallpartikeln Auflagemengen von bis zu 100 g/m² bei hohen Partikelkonzentrationen, die bis zu 50 % des Gewichts des Flächengebildes ausmachen. Für die industrielle Anwendung ist auch aus Kostengründen (siehe Anhang II, Tabelle II-4) ein möglichst niedriger Partikelgehalt zu favorisieren. Aus diesem Grund werden Mischungen aus Polyacrylat mit 3 g/100 g Polyanilin mit Silberpartikeln, Silber/Kupferpartikeln und Eisenpartikeln in unterschiedlichen Konzentrationen untersucht (Bild 6-10). Es zeigt sich erneut, dass Eisenpartikel, die aufgrund niedriger Preise (0,09 EUR/kg, Anhang II, Tabelle II-4) für Textilbeschichtungen sehr interessant sein könnten, keine technisch nutzbare Reduktion des Flächenwiderstands bewirken. Silberpartikel und Silber/Kupferpartikel bewirken eine deutliche Abnahme des Flächenwiderstands auf den Bereich 1 – 100 Ω/square für 20 g/100 g Silber und unter 1 Ω/square für 20 g/100 g Silber/Kupferpartikel. Die Konzentration von 10 g/100g führt lediglich bei Silber/Kupferpartikeln zu Werten < 10 Ω/square. Mit 5 g/100 g werden zwar erste Trends zur Reduktion des Flächenwiderstands für Nassfilmdicken ab 100 µm ermittelt, die Werte liegen jedoch > 10^5 Ω/square. Die Konzentration der leitfähigen Partikel, insbesondere aus Silber/Kupferflakes sollte nach diesen Ergebnissen mindestens 10 g/ 100 g betragen, mit 20 g/ 100 g sind Flächenwiderstände < 10 Ω/square realistisch. Geringere Konzentrationen verhindern wie zuvor erläutert eine geschlossene „Leiterbahn" im Polymerfilm, beigemischte intrinsisch leitfähige Polymere können diesen Mangel nicht durch „Überbrückung" beheben. Für alle Mischungen wird darüber hinaus der Einfluss der Schichtdicke auf den Flächenwiderstand bestätigt: von einer Nassfilmdicke von 50 µm (kompakte Linie) über 100 µm (gestrichelte Linie) bis hin zu 200 µm nimmt der Widerstand (Punkt-Strich-Linie) ab.

Der Zusammenschluss der leitfähigen Partikel im Beschichtungsfilm hängt außer von der Konzentration auch von der Größe der Partikel bei gleicher Konzentration ab. Es wird deutlich, dass mit dem Partikeldurchmesser der Stromfluss verbessert wird und der Flächenwiderstand abnimmt. So zeigt Bild 6-11, dass Partikel für alle Konzentrationen mit einem Durchmesser von 4 µm zu einem höheren Flächenwiderstand führen als Partikel mit einem Durchmesser von 12 µm. Da die Leitfähigkeit der Metalle um mehrere Zehnerpotenzen höher ist als die der leitfähigen Polymere ist es günstig, wenn die Partikel groß sind und bei gleichem Metallgehalt weniger Partikelübergänge überwunden werden müssen. Bild 6-11 zeigt allerdings auch, dass oberhalb von 12 µm der Flächenwiderstand wieder zunimmt, hier nachgewiesen an einem Partikeldurchmesser von 42 µm. Dieser Durchmesser ist größer als oder annähernd so groß wie die Dicke der Filme nach Trocknung (30 – 60 µm). Hierdurch wird die laminare Ausrichtung der Partikel erschwert und es kann zu Dachziegelformationen kommen, die den Stromfluss behindern. Untersuchungen mit anderen Partikeldurchmessern können aufgrund fehlender Verfügbarkeit nicht durchgeführt werden. Weiterführende Untersuchungen mit Partikelmischungen der verfügbaren Durchmesser wären ebenfalls aufschlussreich, werden aber an dieser Stelle nicht weiter verfolgt.

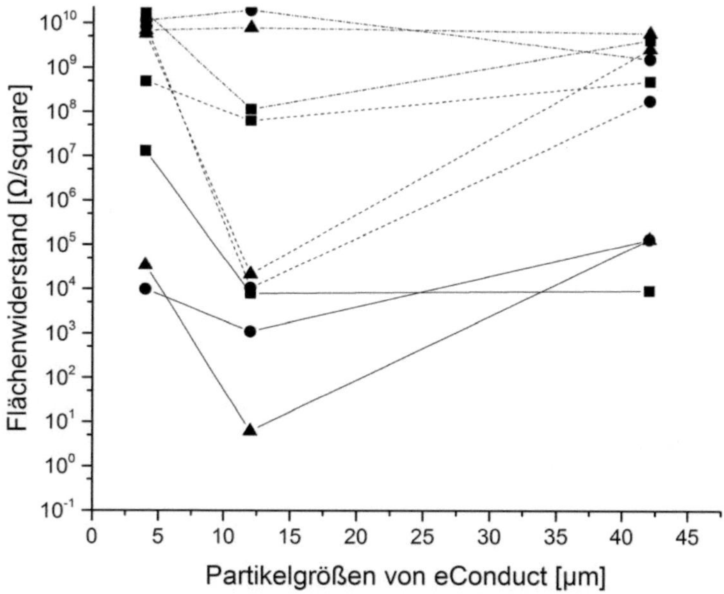

Bild 6-11: Flächenwiderstand von Polymermischungen aus Polyacrylat mit 3 g/100 g Polyanilin und Silber/Kupferpartikeln in Abhängigkeit von der Konzentration und der Partikelgröße, -■- Polyacrylat mit 30 g/100 g Silber/Kupferpartikel, - -■- - Polyacylat mit 20 g/100 g Silber/Kupferpartikel, - ·- ■- · - Polyacrylat mit 10 g/100 g Silber/Kupferpartikel, -▲- Polyacrylat mit 3 g/100 g Polyanilin und 30 g/ 100 g Silber/Kupferpartikel, - -▲- - Polyacrylat mit 3 g/100 g Polyanilin und 20 g/100 g Silber/Kupferpartikel, - · - ▲- · - Polyacrylat mit 3 g/100 g Polyanilin und 10 g/100 g Silber/Kupferpartikel, -●- Polyacrylat mit 3 g/100 g Polyethylendioxythiophen und 30 g/100 g Silber/Kupferpartikel, - -●- - Polyacrylat mit 3 g/100 g Polyethylendioxythiophen und 20 g/100 g Silber/Kupferpartikel, - ·- ●- · - Polyacrylat mit 3 g/100 g Polyethylendioxythiophen und 10 g/100 g Silber/Kupferpartikel

Die Messungen machen darüber hinaus deutlich, dass mit der Zugabe von intrinsisch leitfähigen Polymeren der Flächenwiderstand bei verschiedenen Konzentrationen und auch Partikelgrößen begünstigend reduziert wird. Bei geringen Konzentrationen von 10 g/100 g (Punkt-Strich-Linie) fällt die synergistische Wirkung kleiner aus als bei einer Konzentration von 20 g/100 g (gestrichelte Linie) oder 30 g/100 g Silber/Kupferpartikel. Es wird erneut deutlich, dass mit hoher Konzentration (20 oder 30 g/100 g) niedrigere Flächenwiderstände unter 10 Ω/square erzielt werden können.

Zusammenfassend lässt sich als Ergebnis festhalten, dass die Leitfähigkeit bei gleicher Formulierung des Systems vom Zusatz eines leitfähigen Polymers sowie von der Menge und Art der Additive und deren Partikelgröße abhängig ist. Durch den Zusatz eines leitfähigen Polymers kann der Oberflächenwiderstand um bis zu vier Zehnerpotenzen abgesenkt werden. Durch die Kombination von leitfähigem Polymer und Metallpigment ist ein minimaler Oberflächenwiderstand von unter 1 Ohm möglich. Als besonders geeignet erweisen sich im Hinblick auf einen niedrigen Flächenwiderstand Mischungen aus Polyacrylat oder Polyurethan mit Polyanilin oder Polyethylenethoxyxthiophen sowie mit silberummantelten Kupferpartikeln mit einem Durchmesser von 12 µm und einer Konzentration von 20 g bis 30 g/100 g.

6.4.4 Gebrauchstauglichkeit und Alterungsstabilität

Für die Anwendung leitfähiger Beschichtungen in der Textiltechnologie müssen die im Hinblick auf den Flächenwiderstand optimierten Beschichtungspasten auch Gebrauchsbeanspruchungen unterzogen werden. Dabei spielen neben der Beständigkeit gegenüber einer Scheuerbeanspruchung oder einer Wäsche auch Belastungen durch Tageslicht und UV-Strahlung sowie durch Kälte und Wärme eine Rolle. In Bild 6-12 ist für ausgewählte Beschichtungen, die den zuvor in Kapitel 4 geforderten Flächenwiderstand von annähernd 10 Ω/square oder kleiner aufweisen, die Beständigkeit gegenüber verschiedenen Beanspruchungen dargestellt. Dabei fällt auf, dass die Beschichtungen sehr beständig gegenüber Licht, Wärme und Kälte sind. Der Flächenwiderstand nimmt nur geringfügig zu. Es ist auch positiv zu vermerken, dass die sehr starke Scheuerbeanspruchung bis zu 20.000 Touren nur zu mäßigen Erhöhungen des Flächenwiderstands bei der Schicht mit Metallpartikeln führt, die Beschichtung aus Polyurethan, Polyethylendioxythiophen und kohlenstoffhaltigen Partikeln zeigt gegenüber Wäsche und der Scheuerbeanspruchung eine gute Beständigkeit (Bild 6-12).

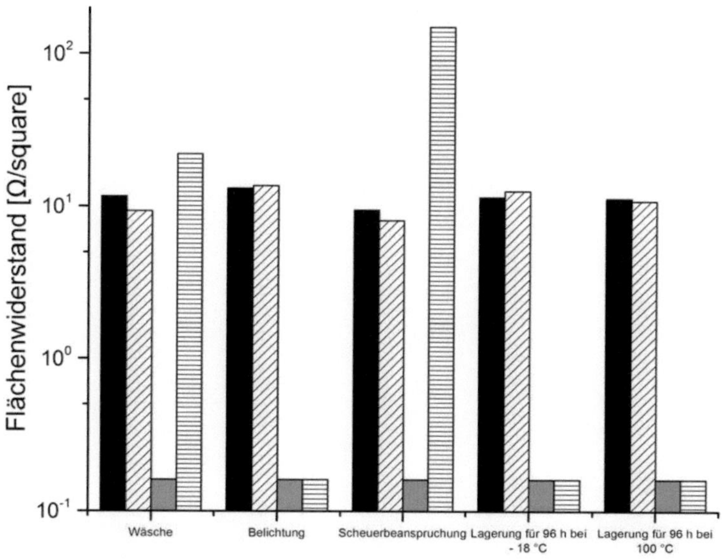

Bild 6-12: Flächenwiderstand ausgewählter leitfähiger Textilien bzw. Textilbeschichtungen vor und nach Gebrauchsbeanspruchungen, ■ Polyurethan, Polyethylendioxythiophen und Leitruß vor der Beanspruchung und ▨ nach der Beanspruchung, ■ Polyacrylat mit Polyanilin und Silber/Kupferpartikeln vor der Beanspruchung und ▤ nach der Beanspruchung

Bild 6-13 sowie Anhang II, Tabelle II-15 geben genauer Aufschluss über die Veränderung der leitfähigen Schicht aus Polyacrylat, Polyanilin und Silber/Kupferpartikeln über die Dauer der Beanspruchung: Es wird deutlich, dass der Flächenwidersand der Beschichtung innerhalb der ersten 7000 Touren von 0,16 Ω/square auf 10^2 Ω/square stark zunimmt und danach nur noch moderat auf 150 Ω/square ansteigt. Diese Entwicklung wird von einer Abnahme des Flächengewichts begleitet.

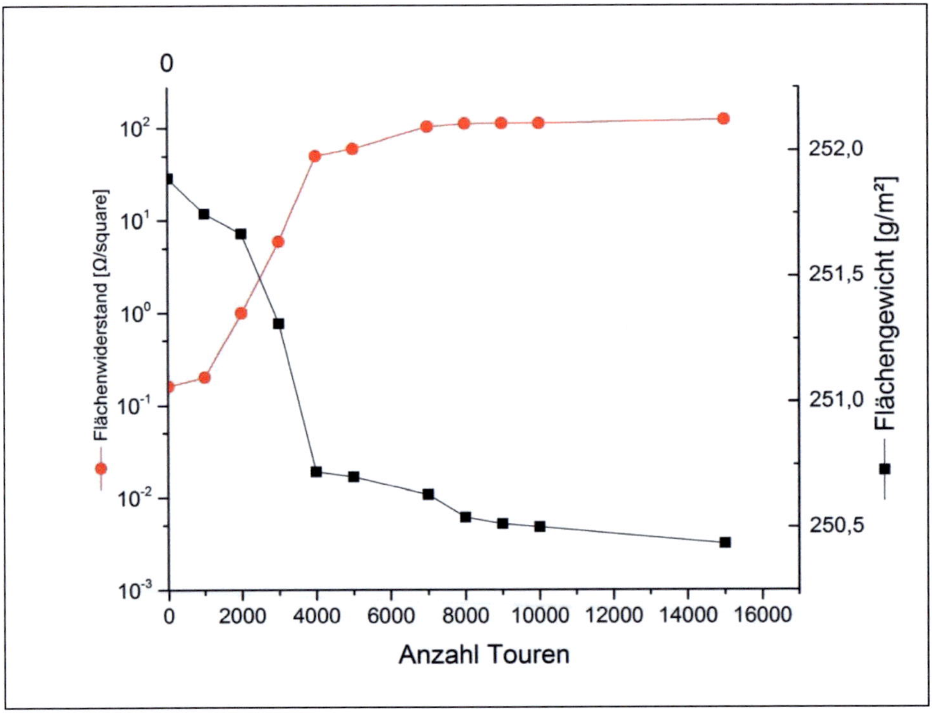

Bild 6-13: Flächenwiderstand und Flächengewicht einer Beschichtung aus Polyacrylat mit 3 g/100 g Polyanilin und 10 g/100 g Silber/Kupferpartikel, 12 µm Partikeldurchmesser

Während der Scheuerbeanspruchung verliert die Schicht 2 g Masse, insbesondere während der ersten 7000 Touren. Das Gewicht der Beschichtung beträgt ca. 52 g/m² (Gesamtgewicht von 251,8 g/m² abzüglich des Flächengewichts des Gewebes von 200 g/m²), so dass der Masseverlust nahezu 4 % ausmacht. Die Reduktion der Schichtdicke führt zu einer geringen Erhöhung des Flächenwiderstands, der Anstieg um drei Zehnerpotenzen muss aber darauf zurückgeführt werden, dass mit der Beschichtungsmasse Metallpartikel aus der Schicht abgetragen werden und die geschlossene Leiterfläche lückenhaft wird. Die Beständigkeit der leitfähigen Schicht gegenüber einer Scheuerbeanspruchung erscheint dennoch recht gut, insbesondere ist hervorzuheben, dass die Schicht nicht vom Träger abgelöst wird, offenbar liegt eine gute Adhäsion zwischen Textil und Beschichtung vor. Die Kohäsion der Beschichtung sollte in weiteren Arbeiten einer Optimierung unterzogen werden, wenn die leitfähigen Schichten starken Scheuerbeanspruchungen ausgesetzt werden sollten.

Die Waschbeständigkeit zeigt für die ausgewählten Beschichtungen auf der Basis von Metallpartikeln einen Qualitätsverlust. Bereits nach einer Wäsche steigt der Flächenwiderstand der Polyacrylatmischung von 0,34 Ω/square auf 22 Ω/square an. Eine Beschichtung aus Polyurethan, Polyethylendioxythiophen und kohlenstoffhaltigen Partikeln (Bild 6-12) zeigt stabile Werte. Der Widerstand nimmt durch die Wäsche nicht zu, allerdings ist das Ausgangsniveau mit Werten um 10 Ω/square schlechter als für die Mischungen mit Metallpartikeln. Sollte die Endanwendung der leitfähigen Schichten eine gute Waschbeständigkeit erfordern, so wäre eine Polymermischung auf der Basis kohlenstoffhaltiger Systeme anstelle metallhaltiger Systeme zu bevorzugen.

6.5 Anwendung elektrisch leitfähiger Beschichtungen

Als Ausblick für die potentielle Nutzung dieser Textilfunktionalisierung sollen an dieser Stelle die entwickelten Pasten zur Herstellung leuchtfähiger Textilien verwendet werden. Dazu wird ein Polyestergewebe mit leitfähigen und isolierenden Polymermischungen so beschichtet, dass ein Leuchtkondensator entsteht:

Bild 6-14: Aufbau eines Leuchtkondensators auf Textil [6-10]

Der Schichtaufbau ist angelehnt an die im U. S. Patent 8 952 610 beschriebene Erfindung der Autorin und der Mitarbeiterinnen Evelyn Lempa und Christine Steinem und umfasst mehrere Lagen: Zunächst wird das textile Trägermaterial mit einer transparenten Isolationsschicht z. B. auf der Basis von Polyurethan versehen. Anschließend wird eine transparente Elektrode aus Polyethylendioxythiophen aufgetragen. Hierauf werden elektrolumineszente Pigmente mit verschiedenen Emissionsspektren [6-10] schichtförmig im Streichverfahren appliziert. Nach einer weiteren dielektrischen Schicht aus Polyurethan oder Polyacrylat wird schließlich eine hochleitfähige Rückelektrode schichtförmig aufgetragen. Der Flächenwiderstand dieser Rückelektrode sollte für eine gute Beleuchtungsstärke unter 10 Ω/square liegen. Hierfür eignen sich die zuvor entwickelten Polymermischungen. Den Abschluss bildet erneut eine Isolationsschicht.

Die Leuchtstärke nimmt mit abnehmendem Flächenwiderstand der Rückelektrode zu. Dabei zeigt eine mehrlagige elektrolumineszente Beschichtung auf der Basis einer Rückelektrode mit einem Flächenwiderstand von < 1 Ω/square (Polyacrylat mit Polyanilin und Silber/Kupferpigmenten) eine Leuchtstärke von 287 lx und eine mehrlagige, elektrolumineszente Beschichtung auf der Basis von

Kohlenstoffpartikeln mit einem Flächenwiderstand von ca. 10 Ω/square eine Leuchtstärke von 92 lx [6-11].

Für die Anregung der anorganischen Leuchtpigmente wird eine Wechselspannung von 70 bis 150 V benötigt. Die Erhöhung der Frequenz, üblicherweise werden zwischen 400 und 2500 Hz eingesetzt, führt neben einer höheren Lichtausbeute zusätzlich zu einer Verschiebung des Farbspektrums in den niedrigeren Wellenlängenbereich. Der Energieverbrauch je Flächeneinheit liegt bei 0,05 bis 0,25 mA/cm^2 je nach angelegter Spannung und Frequenz. Die Lichtemission ist bei kommerziell erhältlichen blauen und grünen Leuchtpigmenten (hier verwendet) derzeit am höchsten, bei orangefarbenen Pigmenten sehr viel geringer und bei Mischungen, wie sie für die Leuchtfarbe weiß verwendet werden, ebenfalls niedriger.

6.6 Zusammenfassung

Mit Hilfe der dargestellten Untersuchungen kann die Entwicklung elektrisch leitfähiger Beschichtungen auf der Basis von wässrigen Dispersionen aus konventionellen Beschichtungspolymeren in Mischungen mit intrinsisch elektrisch leitfähigen Polymeren und leitfähigen Partikeln vorangetrieben werden. Dazu werden leitfähige Polymere mit den isolierenden Polymeren Polyurethan oder Polyacrylat zu einer textiltypischen Beschichtungspaste verarbeitet. Mit dieser Kombination kann noch kein Flächenwiderstand < 10 Ω/square erreicht werden. Aus diesem Grund werden der Polymermischung leitfähige Partikel zugegeben. Dazu stehen Kohlenstoff und verschiedene Metalle zur Verfügung. Kohlenstoff wird in den Modifikationen Ruß, Graphit und Nanoröhrchen (CNT) untersucht. Als leitfähige Metallpigmente werden Silber, Kupfer und Eisen betrachtet. Außerdem werden silberummantelte Kupferpigmente in verschiedenen Partikelgrößen untersucht. Die Pigmente werden in verschiedenen Konzentrationen von 5 bis 30 g/100 g eingesetzt. Erst mit mindestens 20 g/100 g leitfähigen Pigmenten wird die Perkolations-Schwelle überschritten, so dass eine ausreichende Leitfähigkeit erzielt werden kann. Wird der Pigmentanteil zu hoch, resultiert eine ungleichmäßige Beschichtung, da sich die Dispersionen nicht mehr gleichmäßig auf das Substrat auftragen lassen und es zu einer Trennung der festen und flüssigen Komponenten der Dispersion kommt, was sich ungünstig auf den Flächenwiderstand auswirkt. Dabei werden mit Metallpigmenten höhere Leitfähigkeiten erreicht als mit kohlenstoffbasierten Pigmenten. Mit silberummantelten Kupferpigmenten kann in der Kombination mit den verwendeten intrinsisch leitfähigen Polymeren ein minimaler Widerstand von 10^{-1} Ω/square auf einem Polyestergewebe erreicht werden. Mit reinen Silberpigmenten kann keine bessere Leitfähigkeit erreicht werden, ebensowenig mit reinen Kupferpigmenten und Edelstahlpigmenten. Die Pigmentoberflächen werden in der Beschichtungsdispersion rasch passiviert, was zu einem hohen Widerstand führt. Daher sind sie für leitfähige Textilbeschichtungen ungeeignet. Mit Kohlenstoffpigmenten kann kein Widerstand von weniger als 10 Ohm/square gemessen werden. Die entwickelten Beschichtungen eignen sich zur Textilfunktionalisierung für die Herstellung elektrisch leitfähiger Textilien. Besonders hervorzuheben ist die Eignung derartiger Flächenelektroden zur Herstellung elektrolumineszenter Textilien.

7 Bedeutung der Funktionalisierung zur Entwicklung innovativer Technischer Textilien

Textilfunktionalisierung ist ein wichtiges Teilgebiet der Textilerzeugung. Durch sie können Textilien unterschiedlicher Aufmachungsart und Zusammensetzung neue Funktionen erhalten. Dem Thema der vorliegenden Arbeit folgend, werden abschließend Wachstumsschwerpunkte der Textilindustrie aufgegriffen, um die Rolle der Funktionalisierung bei der Erzeugung innovativer Technischer Textilien zu erörtern. Besonders hervorgehoben wird die Bedeutung des Themas durch die Gründung eines neuen Forschungsclusters am MIT – Massachusetts Institute of Technology im April 2016 für die Entwicklung von Funktionstextilien, dem AFFOA, Advanced Functional Fabrics of America. In einem fünfjährigen Projekt, das von der Regierung der Vereinigten Staaten von Amerika mit 317 $ gefördert wird, werden Funktionstextilien entwickelt [7-22]. Die Wissenschaftler und Entwickler aus 32 Universitäten, 16 Unternehmen, 72 Manufakturen und 26 start-ups sind bestrebt, Fasern, Garne und Flächengebilde zu entwickeln, die „sehen, hören, spüren und kommunizieren können" [7-22]. Weiterhin werden Textilien mit Funktionen zur Speicherung und Umwandlung von Energie entwickelt und Textilien, die Gesundheitsdaten überwachen oder die Temperatur kontrollieren können.

Das Forschungskuratorium Textil e. V. als Dachorganisation der deutschen Textilforschung hat sich im Zukunftsprojekt „Perspektiven 2025" zusammen mit Experten der Branche intensiv mit der Zukunft der Textilindustrie auseinander gesetzt und folgende Schwerpunkte des Wachstums ausgemacht, die als Anregung für die Erzeugung innovativer Textilien dienen sollen [7-1]:

- Architektur,
- Wohnen,
- Zukunftsstadt,
- Ernährung,
- Energie,
- Gesundheit,
- Produktion/Logistik,
- Mobilität und
- Bekleidung [7-1].

Für die Wachstumsschwerpunkte **Architektur, Wohnen, Zukunftsstadt** werden neben den Baustoffen Stein, Beton, Zement und Stahl zunehmend auch Textilien eingesetzt werden, als Dämmmaterialien, Fußbodenbeläge, Bewehrungen und sogar zur Energieerzeugung und Energieeinsparung. Wünschenswert wäre es auch, textilen Sensoren in Tragwerken oder Verkleidungen zu verwenden, die den Feuchtigkeitsgehalt in Verbundsystemen überwachen oder mechanische Ermüdung frühzeitig und zerstörungsfrei erfassen. Hierfür müssen Textilien in elektrisch leitfähige Systeme verwandelt werden. Gesucht sind weiterhin textile Lösungen für die Licht- und Farbgestaltung von Räumen oder wärmende und kühlende Sitz- und Liegeflächen, die auf das subjektive Empfinden der Bezugsperson reagieren. Auch hierfür wären elektrisch leitfähige Funktionen eine wesentliche textile Eigenschaft.

Bei Leichtbaukonstruktionen und Verbundwerkstoffen sind wiederum die Kombinationen von Werkstoffen wie z. B. Kohlenstofffasern mit Beton oder Polyesterfasern mit Beschichtungen aus Polyvinylchlorid von Bedeutung. Die Grenzfläche zwischen diesen Werkstoffen führt aufgrund fehlender chemischer Wechselwirkungen häufig zu Adhäsionsproblemen. Über eine chemische oder physikalische Funktionalisierung mittels Plasmatechnologie kann die Werkstoffverträglichkeit verbessert werden.

Das ITM - Institut für Textilmaschinen und Textile Hochleistungswerkstofftechnik an der TU Dresden entwickelte für diesen Wachstumsschwerpunkt Mehrschichtbetonelemente, gefüllt mit konventionellen Dämmstoffen oder als Vakuum-Isolationspaneel, für die Wärmedämmung und den Brandschutz. Dazu werden hochtemperaturbeständige Funktionsbeschichtungen erarbeitet [7-2]. Am DWI - Leibniz-Institut für Interaktive Materialien werden Feuerbarriereschichten realisiert. Dazu werden Textilien mit Schichtsilikaten so funktionalisiert, dass die Verbundmaterialien abhängig von der Schichtdicke selbstverlöschend bis nicht entflammbar sind [7-3].

Für eine andere innovative Zukunftsanwendung werden Werkstoffe gesucht, die sich selbst reinigen können. Auch hier könnten Funktionalisierungen, die beispielsweise Membrantextilien mit einer nanostrukturierten Oberfläche ausstatten, von der Verunreinigungen durch Regenwasser abgespült werden können, eine wichtige Rolle spielen. Gesucht werden außerdem Membrantextilien für Beschattungen, die auf die Lichtstärke der Umgebung reagieren können. Ihre Transluzenz sollte einstellbar sein – dies könnte beispielsweise über die Funktionalisierung mit chemischen Verbindungen erfolgen, die in Abhängigkeit von UV-Strahlung ihre Lichtabsorption verändern. Auf der internationalen Bauausstellung wurde 2013 das „Soft House“ vorgestellt [7-23], dessen Fassade aus Textilien mit Photovoltaikfunktionen besteht. Die Photovoltaikelemente sind in Rahmen aus faserverstärkten Kunststoffen fixiert, die es gestatten, die Elemente nach dem Sonnenstand auszurichten und gleichzeitig im Innern des Hauses Schatten zu spenden.

Für den Wachstumsschwerpunkt **Ernährung** wird die Entwicklung von Textilien angeregt, die in der Landwirtschaft eingesetzt werden. Zukünftig könnten Textilien beim bodenunabhängigen Pflanzenanbau (vertical farming) eine Rolle spielen oder für neuartige Bewässerungssysteme [7-1]. Denkbar wären Textilien, die durch Funktionalisierung in der Lage sind, Wasser in größeren Mengen zu speichern: Stark hygroskopische Beschichtungen, vergleichbar Superabsorbern, könnten für Geotextilien entwickelt werden, die Regenwasser speichern und dieses vor Verdunstung oder Versickerung bewahren. Auch wären Textilien von Bedeutung, die Düngemitteldepots enthalten und über einen längeren Zeitraum und nur bei gewünschten klimatischen Verhältnissen Düngemittel an die Umgebung abgeben. Umgekehrt wären auch absorbierende Textilien interessant, die Salze aus dem Erdreich über Ionenaustauscherfunktion binden, um der Versalzung von Böden entgegen zu wirken.

Am ITCF - Institut für Textilchemie und Chemiefasern wurden in einem EU-Projekt Agrotextilien auf der Basis nachwachsender Rohstoffe mit einer einstellbaren biologischen Abbaubarkeit hergestellt. Durch Beimischung ausgewählter Additive wird ein funktionalisiertes Polylactid-Garn erzeugt, aus dem hydrolysestabile Insektenschutznetze hergestellt werden können [7-4].

Im Wachstumsschwerpunkt **Energie** spielen Textilien nach dem Stand der Technik schon heute eine große Rolle: Sie sind an der Erzeugung regenerativer Energie beteiligt, beispielsweise in der Form von Faserverbundwerkstoffen in den Rotoren von Windkraftanlagen. Wie zuvor geschildert ist auch in diesem Fall die Faser-Matrix-Haftung durch gezielte Funktionalisierung für die Gebrauchsbeständigkeit der Werkstoffe erforderlich. Interessant ist die Entwicklung textilbasierter, bauteilintegrierter Sensoren am IPF - Leibniz-Institut für Polymerforschung und am ITM - Institut für Textilmaschinen und Textile Hochleistungswerkstofftechnik der TU Dresden. Faserverbundbauteile und Membrankonstruktionen konnten durch integrierte E-Textilien mit einer Sensorik ausgestattet werden, die zu einer Selbstüberwachung von Rotorblättern genutzt werden kann [7-5].

Textilien können auch als Träger von Photovoltaik-Modulen oder lichtemittierenden Modulen einen Beitrag zur Energieernte leisten. Die Entwicklung serienreifer, textilbasierter Solar- und Photozellen über Beschichtungsverfahren wird dazu untersucht. Das ITA - Institut für Textiltechnik an der RWTH Aachen entwickelt auf diesem Gebiet neuartige textile Lichtquellen auf der Basis von Elektrolumineszenz und organischen Leuchtdioden. Dazu werden die Funktionsschichten mittels Drucktechnologie auf unterschiedlichen textilen Trägern appliziert [7-6].

Ein neuer Weg ist es, Membrantextilien mit piezoelektrischen Beschichtungen so zu funktionalisieren, dass Bewegungsenergie, die z. B. bei der Bewegung von Membranen im Wind entsteht, in elektrische Energie umgewandelt werden kann. Dazu müssen die Piezoeffektschichten zusätzlich mit elektrisch leitfähigen Schichten kombiniert werden, um die entstandene Energie abzuführen.

Das Thema **Gesundheit** bietet ebenfalls vielfältige Einsatzbereiche funktionalisierter Textilien: Vom Ersatz menschlicher Organe über Wundabdeckungen bis hin zur Überwachung orientierungsloser Menschen schlägt das Expertenteam des Forschungskuratoriums Textil e. V. viele Anwendungen vor. Für die Telemedizin ist der Einsatz textiler Sensoren interessant. Dabei übermitteln textile Elektroden Körperdaten an eine zentrale Stelle – dies kann sinnvoll für die Betreuung erkrankter Personen sein, aber auch für die Überwachung von Personen mit strapaziösen Aufgaben wie z. B. von Feuerwehrleuten im Löscheinsatz [7-7, 7-8]. Interessant erscheint gerade im Gesundheitsbereich auch die Möglichkeit der digitalen Funktionalisierung. Nach Erfassung von Körpermaßen durch Bodyscanner könnten Textilien mit Hilfe von Digitaldruckern oder auch 3D-Druckern lokal funktionalisiert werden. Beispielsweise lässt sich durch lokal applizierte hydrophile oder hydrophobe Textilhilfsmittel das Feuchtemanagement von Sporttextilien ressourceneffizient darstellen. Auch wäre es denkbar, auf diesem Weg antimikrobielle Funktionen zu lokalisieren, so dass sie beispielsweise im Sporttextil nur an Stellen aufgebracht würden, an denen Schweiß in Kontakt mit der Textiloberfläche kommt. Im Arbeitsschutz sind textile Filter denkbar, die selektiv auf Schadstoffe in der Umgebungsluft reagieren. Am Forschungsinstitut für Textil und Bekleidung der Hochschule Niederrhein konnten in einem Verbundprojekt Filtertextilien so funktionalisiert werden, dass sie nicht nur Schadstoffe abtrennen, sondern auch katalytisch zersetzen [7-9].

Der Wachstumsschwerpunkt **Mobilität und Logistik** lässt besonders an den Einsatz innovativer Faserverbundwerkstoffe im Fahrzeugbau denken, um klassische metallische Werkstoffe zu ersetzen. Dazu werden am ITA - Institut für Textiltechnik an der RWTH Aachen geflochtene Crashstrukturen aus faserverstärktem Kunststoff entwickelt und insbesondere im Hinblick auf ihr Delaminationsverhalten untersucht [7-10]. Am ITM - Institut für Textilmaschinen und Textile Hochleistungswerkstofftechnik an der TU Dresden werden Knotenelemente für Rahmentragwerke im Fahrzeugbau integral mittels Webtechnologie erzeugt, die nach der Ausformung mit Kunststoffen konsolidiert werden [7-11]. Auch hier spielt das Grenzflächenverhalten eine Rolle und es wäre zu überprüfen, wie mittels Funktionalisierung die Faser-Matrix-Haftung bei komplexen dreidimensionalen Strukturen optimiert werden kann.

Traditionelle Textilverbünde spielen im Fahrzeugbau ebenfalls eine Rolle – vom Autoreifen bis zur Hutabdeckung werden Hochleistungsfasern oder gar Recyclingfasern auf unterschiedliche Weise funktionalisiert, um sie gebrauchstauglich zu machen. Polyester- oder Polyamid-Hochfesttypen werden beispielsweise mit Resorcin-Formaldehyd-Latices für die Verbundhaftung im Autoreifen chemisch funktionalisiert. Eine umweltfreundliche Alternative durch plasmainitiierte Funktionalisierung zu etablieren, wäre eine wichtige Entwicklungsaufgabe [3-83]. Autopolsterstoffe oder textile Cabrioverdeckstoffe können dauerhaft schmutz- und flüssigkeitsabweisend funktionalisiert werden, ohne auf fluorhaltige Verbindungen zurückgreifen zu müssen [7-12]. Weiterhin steigt die Bedeutung von Naturfasern für den Einsatz im Automobilinnenraum – auch hier sind Funktionalisierungen zu erarbeiten, um die Materialien gegenüber z. B. Heißlichtbeanspruchungen oder mechanischer Beanspruchung zu stärken.

In der Logistik sind textilbasierte Kommunikationssysteme interessant. Durch Aufdrucken von Radio-Frequency-Identification-(RFID)-Transpondern ist eine berührungslose Identifikation und Lokalisierung von Produkten möglich – auch diese RFID-Transponder können durch Textilfunktionalisierung erzeugt werden [7-13]. Das STFI - Sächsisches Textilforschungsinstitut e. V. entwickelt neue Werkstoffe für die Produktionstechnik. Dazu werden verschiedene keramische Ausgangsmaterialien mit textilen, metallbasierten Halbzeugen/Verstärkungsstrukturen kombiniert, wobei im Grenzbereich Keramik/Faser auch chemische Anbindungen gelangen [7-14].

Der Wachstumsschwerpunkt **Bekleidung** stellt eine Brücke zwischen klassischer, modischer Bekleidung und Funktionsbekleidung dar, die den Träger durch besondere Funktionen im Alltag unterstützt. Dazu sollen Sensoren oder Elemente zur Energieerzeugung in die Bekleidung integriert werden. In beiden Fällen könnten funktionalisierte E-Textilien Lösungen bieten. Das DWI Leibniz-Institut für Interaktive Materialien entwickelt einen permanenten textilen Insektenschutz. Dazu wird eine Funktionalisierung verschiedener textiler Trägerstoffe mit Permethrin vorgenommen. Die Besonderheit dabei ist die Einbindung des Kontaktinsektizids in Cyclodextrin-haltige Mikrogele, die die Waschbeständigkeit dieser Ausrüstung erhöht [7-15]. Im Fall der Bekleidung bieten auch etablierte Funktionen ein Betätigungsfeld für die Entwickler: Zufriedenstellende Alternativen zur Funktionalisierung von Barrieretextilien mit fluorhaltigen Hydrophobierungsmitteln, die für den Arbeitsschutz neben Wasser auch Chemikalien oder Schmutz abweisen können und einen hohe Waschpermanenz zeigen, sind bislang nicht vorhanden. Am DWI - Leibniz-Institut für Interaktive Materialien werden in Verbindung mit dem Forschungsinstitut für Textil und Bekleidung der Hochschule Niederrhein bioinspirierte universelle Beschichtungsverfahren entwickelt, bei denen Hydrophobine, cystin-reiche hydrophobierende Proteine, zur Hydrophobierung von polaren Faserstoffen eingesetzt werden [7-16]. Bioinspiriert sind auch am DWI entwickelte Funktionsbeschichtungen aus Dopamin zur antimikrobiellen Ausrüstung von Textilien [7-17].

Die Funktionalisierung von Textilien mit semipermeablen Membranen in der Form von Laminaten ist aus dem Bereich der Barrieretextilien nicht mehr „wegzudenken“. Nicht sachgerecht gelöst ist jedoch die Entsorgung derartiger Verbundmaterialien getrennt nach Rohstoffen. Die Entwicklung materialgleicher Textillaminate oder Beschichtungen z. B. über die Applikation von Hotmelts stellen ein attraktives Entwicklungsfeld für die Funktionalisierung dar. Das ITCF untersucht dazu das Alterungsverhalten von Hotmelts, um Klebeverbindungen mit optimierter Haftung entwickeln zu können [7-18].

Die vorstehende Betrachtung verschiedener Wachstumsschwerpunkte verdeutlicht die Rolle der Funktionalisierung. Ohne sie wären zahlreiche innovative, technischen Textilien nicht realisierbar. Das Entwicklungspotenzial ist aber bei weitem noch nicht ausgeschöpft.

Funktionalisierung ist jedoch immer im Zusammenspiel mit allen anderen Verfahren der Textilerzeugung zu sehen – Faserstoffe, Faden- und Flächenerzeugung, Aufmachungsart und das Fertigprodukt sind bei der Auswahl der Funktionalisierungen genau zu berücksichtigen. An dieser Stelle ist darauf hinzuweisen, dass Textilbetriebe, die Funktionalisierungen und vorgelagerte, häufig nasschemische Prozesse durchführen, eine hohe Verantwortung für die Umwelt und den Verbraucher tragen. Eine Prozessoptierung hin zu nachhaltiger Textilveredlung und Textilfunktionalisierung ist für alle Beteiligten ein wichtiges Ziel. Es ist stets daran zu arbeiten, umweltschädliche chemische Verbindungen zu substituieren. Nichtregierungsorganisationen ist es in den letzten Jahren gelungen, Handelsketten und Hersteller von Bekleidung und Textilien dazu zu bewegen, bis zum Jahr 2020 umweltschädliche Chemikalien aus der Produktion zu eliminieren [7-21]. Hieraus ergeben sich zahlreiche Aufgaben für die Entwicklung neuer Textilhilfsmittel. Mess- und Regeltechnik sollten innerhalb etablierter und neuer Prozesse verstärkt dazu genutzt werden, Chemikalien, Wasser und Energie effizient zu verwenden. Auch neue Verfahren der Funktionalisierung sollten weiter verfolgt werden. So werden in verschiedenen Forschungsteams strahlungshärtbare Systeme für die Textilfunktionalisierung [7-19, 7-20] oder wasserfreie Prozesse in überkritischem Kohlenstoffdioxid untersucht.

Darüber hinaus sind die Unternehmer in hohem Maße dazu verpflichtet, alle Erkenntnisse des Arbeitsschutzes in der Textilveredlung und Textilfunktionalisierung umzusetzen und die Mitarbeiter vor Gefahren, die von den Prozessen der Funktionalisierung ausgehen können, zu schützen.

All diese Aspekte setzten eine gute Produkt-, Maschinen- und Verfahrenskenntnis in den Betrieben und Forschungseinrichtungen - ob im Inland oder im Ausland - voraus. Der sich abzeichnende Fachkräftemangel stellt dabei ein großes Problem dar. In der Ausbildung von Facharbeitern, Ingenieuren und Chemikern ist deshalb besonders Wert auf eine tiefe Kenntnis der Prozesse der Textilveredlung und im Speziellen der Funktionalisierung zu legen. Gerade Funktionalisierung erfordert die Fähigkeit der Produzenten und auch der Entwickler, Chemikalien, Maschinen und Verfahren miteinander in Einklang zu bringen, um neue Produkteigenschaften zu kreieren und Produktqualität reproduzierbar zu gewährleisten.

8 Zusammenfassung und Ausblick

In der vorliegenden Arbeit wird gezeigt, dass Funktionalisierung eine wichtige Technologie darstellt, Textilien gezielt mit Eigenschaften zu versehen, die sie für unterschiedliche Einsatzzwecke ertüchtigen. Dazu wird zunächst der Begriff „Funktionalisierung" erläutert und in Bezug auf die textile Wertschöpfungskette eingegrenzt. So bezeichnet Funktionalisierung in der Textiltechnologie vorwiegend diejenigen Prozesse, bei denen in die Oberfläche von Textilien funktionelle Gruppen eingeführt werden. Funktionalisierung dient somit einerseits der Veränderung chemischer Oberflächeneigenschaften textiler Materialien, insbesondere des Benetzungsverhaltens, die unmittelbar das Eigenschaftsprofil des Textilguts bestimmen. Andererseits beeinflusst Funktionalisierung das Zusammenwirken verschiedener Werkstoffe in Grenzflächen und dadurch die Eigenschaften von Verbundwerkstoffen maßgeblich. Sie stellt in den meisten Fällen einen Teilprozess der Textilveredlung dar, der für die Entwicklung innovativer Technischer Textilien eine sehr wichtige Rolle spielt. Traditionell werden chemische Reaktionen in wässrigen Lösungen oder Dispersionen in Gegenwart der Textilien durchgeführt, die eine Veränderung der oberflächenchemischen Eigenschaften zur Folge haben. In dieser Arbeit werden nun zwei darüber hinaus gehende Ansätze zur Funktionalisierung verfolgt:

- Funktionalisierung mittels Plasmatechnologie, um gezielt funktionelle Gruppen in die Oberflächen von Textilien einzubringen und dadurch die ober- und grenzflächenchemischen Eigenschaften zu beeinflussen.
- Funktionalisierung zur Erzeugung elektrisch leitfähiger Textilien.

Dabei sollen zunächst funktionelle Gruppen definiert in die Oberfläche textiler Werkstoffe unter Zuhilfenahme von Plasmen eingebracht werden. Unter Plasma versteht man in diesem Zusammenhang ein angeregtes, ionisiertes Gas, das Elektronen, Radikale, Ionen und auch nicht angeregte Atome und Moleküle enthält. Werden Textilien einem Plasma ausgesetzt, so kommt es neben Ätzprozessen auch zur Bildung gasspezifischer funktioneller Gruppen in der Materialoberfläche. Im Falle von gasförmigen Monomeren können sogar Schichten auf Textilien abgeschieden werden. Diese funktionellen Gruppen sind nicht langzeitbeständig oder permanent gegenüber textilen Gebrauchsbeanspruchungen, können aber für weitere Reaktionen genutzt werden. Sie begünstigen das Benetzungsverhalten in Beschichtungen und bieten reaktive Gruppen zur Anbindung chemischer Verbindungen.

Anhand aktueller Beispiele aus der akademischen Forschung wird das Potenzial der Plasmatechnologie betrachtet. Dabei stellt sich heraus, dass ein großer Teil der wissenschaftlichen Arbeiten der Textilbehandlung im Niederdruckplasma gewidmet ist. Die erzeugten Effekte reichen von verändertem Benetzungsverhalten und Adhäsionen in Verbundwerkstoffen bis hin zu antimikrobiellen Ausrüstungen. Ein Vergleich der Prozesskosten mit denen nasschemischer Ausrüstungsprozesse macht deutlich, dass bei vergleichbarem Effektniveau die chemische Ausrüstung um bis zu 50 % preisgünstiger ist und die Handhabung textiler Proben im Niederdruckplasma keine textiltypische, kontinuierliche Arbeitsweise zulässt. Im Gegensatz dazu bietet eine Textilbehandlung im Atmosphärendruckplasma eine kontinuierliche Arbeitsweise. Die Vorgehensweise ist im Vergleich zu chemischen Prozessen jedoch nur dann wirtschaftlich, wenn Luft als Behandlungsgas eingesetzt wird und keine reinen reaktiven oder gar Edelgase notwendig sind. Die Auswertung ausgewählter Forschungsarbeiten zeigt an dieser Stelle auf, dass das Effektniveau der Behandlung im Atmosphärendruckplasma niedriger ist als bei der Niederdruckplasmabehandlung. Erschwerend kommt hinzu, dass die Bauform einer Coronaentladung oder dielektrischen Barriereentladung einen Behandlungsspalt von maximal lediglich 4 mm erlaubt. Dickere textile Warenbahnen können nur noch in einem Remoteplasma kontinuierlich behandelt werden. Da bei diesem das Plasma nur indirekt einwirkt, ist ein noch geringeres Effektniveau die Folge.

Der experimentelle Teil der Arbeit ist vor diesem Hintergrund der Behandlung von Textilien im Atmosphärendruckplasma gewidmet, da nur dieses einen industriellen Einsatz der Plasmatechnologie erwarten lässt. Bei den ausgewählten Textilien handelt es sich um Multifaserstrukturen, die aus den Faserstoffen Polyester, Polyamid und Polypropylen in unterschiedlichen Kombinationen bestehen. Damit geht die Forschungsarbeit über den aktuellen Stand der Wissenschaft hinaus, der sich vorwiegend den erzielbaren Effekten auf einzelnen Faserstoffen widmet. Eine weitere Besonderheit ist, dass die ausgewählten Materialien eine hohe Materialdicke aufweisen und so nur mittels Remoteplasma behandelt werden können. Die Untersuchungen ergeben, dass mittels Remoteplasma Sauerstoff in Polyester, Polyamid und Polypropylen in den Multifaserstrukturen eingelagert werden kann und der Gehalt an Kohlenstoff in der jeweiligen Faseroberfläche abnimmt. Diese Veränderung der oberflächenchemischen Zusammensetzung erhöht das Benetzungsverhalten der Materialien gegenüber Wasser und wasserbasierten Dispersionen. Nach der Plasmabehandlung werden die Muster mit wässrigen Latexmischungen beschichtet. Dabei wird die industriell übliche Vorgehensweise, bestehend aus Vorstrich und Kaschierstrich verglichen mit einer Vorgehensweise, bestehend aus Remoteplasmabehandlung und Kaschierstrich. Es kann gezeigt werden, dass durch die Plasmabehandlung die Adhäsion des Kaschierstrichs so gut ist, dass die resultierenden mechanischen Eigenschaften mit denen des „Standardmaterials“ vergleichbar sind. Die ermittelte Coronadosis von 500 bis maximal 1000 Wmin/m² führt zu einer guten Adhäsion der Beschichtungen ohne die Fasereigenschaften negativ zu beeinflussen. Durch die Substitution des Vorstrichs durch eine Remoteplasmabehandlung können bei gleichbleibenden Eigenschaften die Multifaserstrukturen mit nur einem Strich beschichtet werden. So kann der Grundstein für eine ressourceneffiziente Funktionalisierung innovativer Multifaserstrukturen gelegt werden.

Über die molekulare chemische oder physikalische Funktionalisierung hinaus werden Textilien mit Polymeren beschichtet, wodurch neue mehrlagige Materialverbünde entstehen. Der zweite Schwerpunkt der vorliegenden Arbeit ist deshalb diesen innovativen Funktionsbeschichtungen gewidmet und erarbeitet konkret, wie Textilien in elektrische Flächenleiter verwandelt werden können. Derartig funktionalisierte Textilien zählen zu der Gruppe der E-Textilien, die wiederum eine Grundlage für Smart Textiles und Wearables darstellen. E-Textilien werden häufig auf konstruktivem Weg durch Integration linienförmiger elektrisch leitfähiger Werkstoffe auf der Basis metallischer oder kohlenstoffhaltiger Fadensysteme in Flächengebilde hergestellt. Ein Nachteil dieser Vorgehensweise ist, dass bereits in sehr frühem Stadium der Produktentwicklung die Gestaltung und Auslegung der E-Textilien erfolgen muss, nämlich auf der Konstruktionsebene der Garne und Flächengebilde. Weiterhin nachteilig ist, dass diese Systeme anfällig gegenüber Gebrauchsbeanspruchungen wie mechanischer Belastung oder Wäsche sind. Deshalb sollen nun flächige Leiter auf der Basis von Kunststoffen entwickelt werden. Hierfür können entweder isolierende Kunststoffe mit leitfähigen Partikeln gemischt oder inhärent leitfähige Polymere als Beschichtung auf Textilien aufgetragen werden. Die Auswertung der wissenschaftlichen Literatur ergibt, dass die Polymere Polyethylendioxythiophen, Polyanilin und Polypyrrol als elektrisch leitfähige Kunststoffe in Betracht kommen. Ein großer Teil der Studien beschreibt lediglich die Elektrifizierung der Textilien. Der Schritt hin zu flexiblen Beschichtungsfilmen auf Textilien, die eine hohe Adhäsion zum Träger aufweisen und Gebrauchsbeanspruchungen widerstehen, unterbleibt hingegen in der aktuellen Forschung. Aus diesem Grund werden in dieser Studie die beschriebenen Kunststoffe in Verbindung mit textiltypischen Beschichtungspolymeren zu leitfähigen Beschichtungen verarbeitet. Es zeigt sich, dass die Strukturierung textiler Oberflächen die Gleichmäßigkeit der elektrisch leitfähigen Schichten so negativ beeinflusst, dass die in der Literatur beschriebene Leitfähigkeit von Filmen aus den genannten leitfähigen Polymeren nicht erreicht werden kann. Um die Leitfähigkeit der Textilbeschichtungen zu erhöhen, werden die Mischungen mit leitfähigen Partikeln auf der Basis von Kohlenstoff und Metallen ergänzt. Auf diese Weise können die Leitfähigkeit der beiden Systeme ICP und CPP synergistisch wirken – die Gesamtleitfähigkeit ist höher als die der einzelnen Polymermischungen. Während die leitfähigen Polymere auf PET-Folien einen Flächenwiderstand von 10 – 10^3 Ω/square ergeben, liegt bei Mischungen aus isolierenden Polymeren wie Polyurethan und Polyacrylat mit elektrisch leitfähigen Polymeren der Flächenwiderstand bei 10^3 bis 10^5 Ω/square. Auf PES-Geweben ergeben sich noch schlechtere Werte von 10^7 – 10^9 Ω/square. Dieselben Grundpolymere führen durch Beimischung von leitfähigen Partikeln zu einem Widerstand von 0,1 – 10^2 Ω/square auf PET-Folien und 10^2 - 10^7 Ω/square auf Geweben. Es werden deshalb für Textilbeschichtungen Mischungen aus nicht leitendem Polyurethan oder Polyacrylat, intrinsisch leitfähigen Polymeren wie PANI und Metallpartikeln entwickelt, mit denen ein Flächenwiderstand von 0,2 – 2*10 Ω/square erreicht wird. Durch diese Kombination können leitfähige Funktionsbeschichtungen auf Textilien erzeugt werden, die Gebrauchsbeanspruchungen widerstehen und eine gute Adhäsion zu Polyester aufweisen.

Die Untersuchungen zur Funktionalisierung mittels Plasmatechnologie sowie zur Erzeugung von elektrisch leitfähigen Funktionsbeschichtungen eröffnen neue Wege zur Entwicklung und Erzeugung innovativer Technischer Textilien. In der Plasmatechnologie können Ingenieure auf der Basis der dargestellten Zusammenhänge sehr schnell entscheiden, ob für eine gegebene Aufgabenstellung oder ein bestimmtes Produkt die Plasmatechnologie eine sinnvolle Ergänzung oder Substitution etablierter Verfahren darstellt. Weiterhin können Anlagenkonfigurationen und Prozessparameter für ausgewählte Faserstoffe, Mischungen und Effektniveaus ermittelt werden. Die Entwicklung elektrisch leitfähiger Textilien stellt insgesamt ein jüngeres Entwicklungsgebiet dar. Die in der vorliegenden Arbeit gewonnenen Erkenntnisse erweitern den allgemeinen Kenntnisstand jedoch deutlich und stellen heraus, wie elektrische Flächenleiter hergestellt werden können. Gleichzeitig wird dargestellt, welcher Flächenwiderstand mit den gegenwärtig verfügbaren Ausgangssubstanzen realisiert werden kann, wenn eine Verarbeitung der leitfähigen Pasten mit textiltypischen Streichmethoden und eine hohe Gebrauchsbeständigkeit gewährleistet sein müssen.

Literaturverzeichnis

1-1 Schmidt, St.: Anzahl Textilbetriebe, Industrieverband Veredlung-Garn-Gewebe-Technische Textilien e. V., IVGT, persönliche Information. 2015.

1-2 www.Statistisches Bundesamt.de, Zugriff Februar 2016.

1-3 www.techtextil.messefrankfurt.com, Zugriff Februar 2016.

1-4 Grebe, J.: Technische Textilien, Branchenbericht – Corporate Sector Report. Commerzbank AG, Frankfurt am Main, August 2014, veröffentlicht im Januar 2015.

2-1 Kienle, R.: Fremdwörterlexikon, Xenos Verlagsgesellschaft mbH, Hamburg, 1982, S. 143.

2-2 www.enzyklo.de/lokal/42134, Zugriff August 2016.

2-3 Bochmann, R.: Durch Funktionalisierung zur innovativen textilen Produkten. t-informationen, www.stfi.de, Zugriff September 2015.

2-4 www.titv-greiz.de, Zugriff September 2015.

2-5 www.titk.de, Zugriff September 2015.

2-6 Rath, H.: Lehrbuch der Textilchemie, Springer-Verlag, Berlin, Heidelberg New York, 3. Auflage, 1972, S. 1.

2-7 Gießmann, A.: Substrat- und Textilbeschichtung. Praxiswissen für Textil-, Bekleidungs- und Beschichtungsbetriebe. Springer-Verlag. Berlin, Heidelberg, New York. 2003. S. 3.

2-8 Fung, W.: Coated and laminated textiles. Woodhead Publishing Ltd.. Abington Hall, Abington. 2002. S. 5 – 7.

2-9 Mortimer, Ch.; Müller, U.: Chemie. Das Basiswissen der Chemie. Georg Thieme Verlag. Stuttgart. 9. Auflage, 2007. S. 543 – 572.

2-10 www.chempage.de, Zugriff September 2015.

2-11 Walter, W.; Francke, W.: Beyer/Walter - Lehrbuch der organischen Chemie. S. Hirzel Verlag, Stuttgart, Leipzig, 23. Auflage. 1998. S. 32.

2-12 www.chemie.de, Zugriff September 2015.

2-13 Bobeth, W.: Textile Faserstoffe, Beschaffenheit und Eigenschaften. Springer-Verlag, Berlin, Heidelberg, New York, 1993. S. 148.

2-14 Jacobasch, H.-J.: Oberflächenchemie faserbildender Polymerer. Akademie-Verlag, Berlin, 1984, S. 88.

2-15 Jacobasch, H.-J.: Oberflächenchemie faserbildender Polymere. Akademie-Verlag, Berlin, 1984, S. 74.

2-16 Jacobasch, H.-J.: Oberflächenchemie faserbildender Polymere, Akademie-Verlag, Berlin, 1984, S. 83-84.

2-17 Brock, Th.; Groteklaes, M.; Mischke, P.: Lehrbuch der Lacktechnologie. Vincentz Verlag, Hannover, 2000.

2-18 www.hellermanntyton.de, Zugriff Februar 2016.

2-19 www.chemie.de/lexikon/Adhäsion.html, Zugriff August 2016.

2-20 Heywood, D.: Textile Finishing.Society of Dyers and Colourists. Bradford. 2003. S. 135.

3-1 Wertheimer, M.: Plasma Processing and Polymers: A Personal Perspective, Plasma Chem Plasma Process 2014, 34, S. 363-376.

3-2 Franz, G.: Niederdruckplasmen und Mikrostrukturtechnik, 3. Auflage, Springer-Verlag, Berlin, 2003, S. 6.

3-3 www.dangl.at; Sonnenfinsternis am 11. August 1999, Zugriff September 2015.

3-4 NN.: Firmenprospekt, Firma Diener.

3-5 NN.: Firmenprospekt, Firma Ahlbrandt.

3-6 www.dpg-physik.de, Zugriff Februar 2015.

3-7 Bradley, A.; Fales, J. D.: Prospects for industrial applications of electrical discharge. Chemical Technology 4 (1971), S. 232 – 237.

3-8 Rakowski, W.; Bartos, K.; Zwadzki, J.: Plasmabehandlung von Textilien - Anwendungsmöglichkeiten und Chancen. Melliand Textilberichte 4 (1982), S. 307 – 312.

3-9 Hegemann, D.; Cernak, M.: Potential of Atmospheric Pressure Plasma for Textile Applications, 53. Chemiefasertagung, Dornbirn, 2014.

3-10 Friedrich, J.: The Plasma Chemistry of Polymer Surfaces, Advanced Techniques for Surface Design, Wiley-VCH Verlag GmbH & Co. KGaA, 2012, S. 44.

3-11 Friedrich, J.: The Plasma Chemistry of Polymer Surfaces, Advanced Techniques for Surface Design, Wiley-VCH Verlag GmbH & Co. KGaA, Weinheim, 2012, S. 50.

3-12 Rakowski, W.; Okoniewski, M.; Bartos, K.; Zawatzki, J.: Plasmabehandlung von Textilien – Anwendungsmöglichkeiten und Chancen. Melliand Textilberichte 4 (1982), S. 307 – 312.

3-13 Baldour, R. F.; Timming, S. R.: The Application of Plasma to Chemical Processing. The Physical Characteristics of Electric Discharges. Pergamon Press, Oxford, London, Edinburgh, New York, Toronto, Sydney, Braunschweig, 1967.

3-14 Wolf, R.: Atmospheric Pressure Plasma for Surface Modification, Wiley-VCH Verlag & Co. KGaA, Weinheim, 2013.

3-15 Franz, G.: Kalte Plasmen. Springer-Verlag, Berlin, Heidelberg, New York, London Paris, Tokyo, Hong Kong, Barcelona, 1990.

3-16 Harry, J. E.: Introduction to Plasma Technology. Wiley-VCH Verlag & Co. KGaA, Weinheim, 2010.

3-17 Friedrich, J.: The Plasma Chemistry of Polymer Surfaces Advanced Techniques for Surface Design. Wiley-VCH Verlag & Co. KGaA, Weinheim, 2012.

3-18 Merten, T.: Einsatz von Niedertemperaturplasma zur Filzfreiausrüstung von Wolle. Dissertation, RWTH Aachen, 1997.

3-19 Shishoo, R.: Plasmatechnology for Textiles. Woodhead Publishing Limited, Abington, 2007.

3-20 Rabe, M.; Diener, G.: Entwicklung eines ressourcenschonenden Kontinueverfahrens zur permanenten Funktionalisierung von Garnen mittels Niederdruckplasma, Forschungsbericht, ZIM KF2233807BN2, 2014.

3-21 Thomas, M.; Mittal, K. L.: Plasma Treatment of Polymers, Relevance to Adhesion. Scrivener Publishing LLC, Salem, Massachusetts, John Wiley & Sons, New Jersey. 2013.

3-22 NN.: Firmeninformationen, Firma Ahlbrandt.

3-23 Förster, F.: Molekulare Funktionalisierung von Polymeroberflächen, Kunststoffe 8 (2010), S. 183-184.

3-24 Stegmaier, T.; Dinkelmann, A.; v. Arnim, V.; Planck, H.: Inline-Behandlung textiler Bahnen durch Plasmaverfahren im Atmosphärendruck, Technische Textilien 1(2008), S. 26-27.

3-25 Friedrich, J.; Frommelt, H.: Changes in the mechanical properties of polymers by short-time exposure in a glow discharge, Acta Chimica Hungaria 125 (1988), S. 165 – 175.

3-26 Wakida, T.; Takeda, M.; Tanaka, I.; Takgishi, T.: Free Radcial in Cellulose Fibers Treated With Low Temperature Plasma. Textile Research Journal 59 (1989), S. 49 – 53.

3-27 Friedrich, J.: The Plasma Chemistry of Polymer Surfaces Advanced Techniques for Surface Design, Wiley-VCH Verlag GmbH & Co. KGaA, 2012, S. 306 - 330.

3-28 Kreiselmeier, G.: Fasermodifizierung durch ionisierte Gase. Textiltechnik, 34 (1984), S. 73-75.

3-29 NN.: Softal Report 102.

3-30 Cann, M. C.: A Novel Green Treatment for Textiles, Plasma Treatment as a Sustainable Technology. CRC Press Taylor & Francis Group, Boca Raton, 2015. S. 77 – 81.

3-31 Cann, M. C.: A Novel Green Treatment for Textiles, Plasma Treatment as a Sustainable Technology. CRC Press Taylor & Francis Group, Boca Raton, 2015. S. 88 - 91.

3-32 Briggs, D.; Rance, D. G.; Kendall, C. R.; Blythe, A. R.: Surface modification of polyethylene terephthalate by electrical discharge treatment. Polymer 21 (1980), S. 895 - 900.

3-33 Erkens, G.: Plasmagestützte Oberflächenbeschichtung, Süddeutscher Verlag, München, 2010, S. 19 – 21.

3-34 Montarsolo, A. Periolatto, M.; Zerbola, M; Mossotti, R.; Ferrero, F.: Hydrophobic sol-gel finishing for textiles: Improvement by plasma pre-treatment. Textile Research Journal 83(11)2013, S. 1190 – 1200.

3-35 Bhat, N. V., Netraval, A. N.; Gore, A. V.; Sathianarayanan, M. P.; Arolkar, G. A. Deshmukh, R.R.: Surface modification of cotton fabrics using plasma technology. Textile Research Journal 81(10)2011, S. 1014-1026.

3-36 Sun, Sh. Yu, H.; Williams, Th. ; Hicks, R.; Qiu, Y.: Eco-friendly sizing technology of cotton yarn with He/O2 atmospheric pressure plasma treatment and green sizing recipes; Textile Research Journal 83(20)2013, S. 2117-2190.

3-37 Gorjanc, M; Bukosek, V.; Gorensek, M.; Mozetic, M.: CF_4 plasma and silver functionalized cotton, Textile Research Journal 80 (20) 2010, S. 2204-2213.

3-38 Persin, Z.; Zaplotnik, R.; Kleinschenk, K. St.: Ammonia plasma treatment as a method promoting simultaneous hydrophilicity and antimicrobial activity of viscose wound dressings. Textile Research Journal 84 (2) 2014, S. 140 – 156.

3-39 Persin, Z.; Kleinschenk, K. St.; Mozetic, M.: The effects of storage gases on the durability of ammonia plasma effects with respect to wound fluid absorption and the biostatic activity of viscose wound dressings. Textile Research Journal 84 (7) 2014, S. 751 – 763.

3-40 Radetic, M.; Jovancic, P.; Puac, N.; Petrovic, Z.; Saponjic, Z.: Plasma-induced Decolorisation of Indigo-dyed Denim Fabrics Related to Mechanical Properties and Fiber Surface Morphology, Textile Research Journal, Vol 79 (6), 2009, S. 558 – 565.

3-41 Malshe, P.; Mazloumpour, M.; El-Shafei, A.: Functional Military Textile: Plasma-Induced Graft Polymerization of DADMAC for Antimicrobial Treatment on Nylon-Cotton Blend Fabric, Plasma Chemistry and Plasma Processes (2012) 32, S. 833 - 843.

3-42 Kan, C.; Yuen, C.: A comparative study of wool fibre surface modified by physical and chemical methods. Fibers and Polymers, 10 (5), 2009, S. 1191 – 1199.

3-43 Wan, A.; Dai, X.; Magniez, K.; Plessis, J. Yu, W.; Wang, X.: Reducing the pilling propensity of wool knits with a three-step plasma treatment, Textile Research Journal (2013) 83, S. 2051-2059.

3-44 Barani, H.; Calvimontes, A.: Effects of Oxygen Plasma Treatment on the Physical and Chemical Properties of Wool Fiber Surface, Plasma Chemistry and Plasma Process (2014)34, S. 1291 – 1302.

3-45 Pichal, J.; Klenko, Y.: ADBD plasma surface treatment of PES fabric sheets. The European Physical Journal D 54 (2009), S. 271-279.

3-46 Wie, Q.; Wang, Y.; Yang, Q.; Yu, L.: Functionalization of Textile Materials by Plasma Enhanced Modification. Journal of Industrial Textiles, Vo. 36, No. 4-April 2007; S. 301-309.

3-47 Shahidi, Sh.; Ghoranneviss, M.: Effect of Plasma on Dyeability of Fabrics. Textile Dyeing, Prof. Peter Hauser (Ed.), December 2011, S. 327-350.

3-48 Verschuren, J.; Kiekens, P.; Leys, C.: Textile-specific Properties that Influence Plasma Treatment, Effect Creation and Effect Characterisation. Textile Research Journal, Vol 77 (10), 2007, S. 727-733.

3-49 Morent, R.; De Geyter, N.; Leys, C; Gengembr, L.; Payen, E.: Surface Modification of Novwoven Textiles using a Dielectric Barrier Discharge Operation in Air, Helium and Argon at Medium Pressure. Textile Research Journal Vol 77(7)2007, S. 472-488.

3-50 Morent, R.; De Geyter, N.; Verschuren, J.; De Clerck, K.; Kiekens, P.; Leys, C.: Non-thermal plasma treatment of textiles. Surface & Coatings Technology 202 (2008), S. 3427–3449.

3-51 Titov, V. A.; Kuvaldina, E. V.; Smirnov, S. A.; Ivanov, A. N. Rybkin, V. V.: The Treatment of Textile Materials in Air Plasma. High Energy Chemistry, Vol. 36, No. 2., 2002, S. 121-125.

3-52 Orhan, M.; Kut, D.; Gunesoglu, C.: Improving antibacterial Property of Polyethylene Terephthalate by Cold Plasma Treatment. Plasma Chemistry and Plasma Processing (2012) 32. S. 293-304.

3-53 Evaluation of Wettability, AATCC 39-1980.

3-54 Gazi, O. G.; Kayaoglu, B. K.; Karakas, H. C.; Guner, F. S.: Adhesion strength behaviour of plasma pre-treated and laminated polypropylene nonwoven fabrics using acrylic and polyurethane-based adhesives; Journal of Industrial Textiles, 2014, Vol 43(3), S. 396–414.

3-55 Labay, C.; Canal, C.; Garcia-Celma, M. J.: Influence of Corona Plasma Treatment on Polypropylene and Polyamide 6.6 on the Release of a Model Drug. Plasma Chemistry and Plasma Processes (2010) 30; S. 885 - 896.

3-56 Wie, Q. F.; Mather, R. R.; Wang, X. Q.; Fotheringham, A. F.: Functional nanostructures generated by plasma-enhanced modification of polypropylene fibre surfaces. Journal of Materials Science 40 (2005), S. 5387 – 5392.

3-57 Bartusch, M.; Hund, R.-D.; Hund, H.; Cherif, C.: Surface Functionalisation of UHMW Polyethylene Textile with Atmospheric Pressure Plasma. Fibers and Polymers 2014. Vol. 15, No. 4, S. 736 – 743.

3-58 Pane, S.; Tedesco, R.; Greger, R.: Acrylic Fabrics Treated with Plasma for Outdoor Applications; Journal of Industrial Textiles, Vol. 31(2) 2001, S. 135-145.

3-59 Chu, Y.; Chen, X.; Sheel, D. W.; Hodgkinson, J. L.: Surface modification of aramid fibers by atmospheric pressure plasma-enhanced vapor deposition. Textile Research Journal, 2014, Vol. 84(12). S. 1288-1297.

3-60 Struszczyk, M. H.; Puszkarz, A. K.; Wilbik-Halgas, B.; Cichecka, M.; Litwa, P.; Urbaniak-Domagala, W.; Kurcinska, I.: The surface modification of ballistic textiles using plasma-assisted chemical vapor deposition (PACVD). Textile Research Journal, 84(19)2014, S. 2085-2093.

3-61 Hegemann, D.; Brunner, H.; Oehr, C.: Plasma Treatment of Polymers to Generate Stable, Hydrophobic Surfaces. Plasma and Polymers, Vo. 6, 2001, No. 4, S. 221-235.

3-62 Stegmaier, T.; Dinkelmann, A.; von Arnim, V.; Rau, A.: Corona and dielectric barrier discharge plasma treatment of textiles for technical applications: Plasma Technologies for Textiles (R. Shishoo, Ed.), 2007, CRC Press, Boca Raton, Boston, New York, Washington, DC, S. 129-157.

3-63 Stegmaier, T.; von Arnim, V.; Dinkelmann, A.; Schneider, P.: Behandlung von laufenden Textilbahnen im Atmosphärendruckplasma: Melliand Textilberichte, 85, 2004, S. 476-481.

3-64 Rahel, J.; Simor, M.; Cernak, M.; Stefecka, M.; Imahori, Y.; Kando, M.: Hydrophilization of polypropylene nonwoven fabric using surface barrier discharge, Surface and Coatings Technology, 169-170, 2003, S. 604-608.

3-65 Jager, H.; Wypkema, A.; Wessels, D. J.; Fiala, A.: Functional surfaces for nonwovens; 45th MFC Dornbirn, 2006, S. 1-24.

3-66 Höcker, H.: Plasma treatment of textile fibers: Pure Appl. Chem., 74, 2002, S. 423-427.

3-67 v. Arnim, V.; Dinkelmann, A.; Stegmaier, T.; Planck, H.: Denkendorfer Kolloquium am 29.-30.1.2003 "Beschichtung und Oberflächenfunktionalisierung von technischen Textilien, Funktionalisierung von Textilien im Atmosphärenplasma, Sonderdruck, 2003. S. 1 – 16.

3-68 Palmers, J.: Plasma treatment for the dry conversion of nonwoven PP, PET, PBT for improved wettability, hydrophobicity, oleophobicity and other properties: Nonwoven Congress, 2002, Brüssel, S. 1-11.

3-69 NN.: Ahlbrandt Corona pre-treatment systems, Unitex, 5, 2007, S. 20.

3-70 Bosse, R.: Industrieller Einsatz der Plasmatechnologie bei der Firma Schmitz-Werke GmbH + Co. KG, Emsdetten. Persönliche Informationen, 2015.

3-71 Bartelniewöhner, U.: Untersuchungen zur Hydrophilierung von Maschenware unter Verwendung von Coronaentladungen: Diplomarbeit, Hochschule Niederrhein, 2007.

3-72 Rabe, M.: Plasmaunterstützte Oberflächenmodifikation von Polypropylen, Innovationsfond, Hochschule Niederrhein, 2005.

3-73 Kloy, G.: Optimierung von Flammschutzausrüstungen mittels Coronatechnologie: Diplomarbeit, Hochschule Niederrhein, 2007.

3-74 Longwei, J.: Analysis of Spray Application in Textile Finishing: Master Thesis, Hochschule Niederrhein, 2007.

3-75 Pirli, K.: Optimization of the Self Cleaning Effect of Textile Coatings, Master Thesis, Hochschule Niederrhein, 2005.

3-76 Rabe, M.: Plasmatechnik in der Textilbranche – Vision oder Realität?: ITB, Textilveredlung, 2006.

3-77 Torre, C.; Rabe, M.; Janssen, E.: Superhydrophile und superhydrophobe textile Oberflächen, Chancen und Grenzen: Vortrag. Textilveredlertag, Baden-Baden, 2007.

3-78 Nanostrukturierte Textilfasersysteme als Hochleistungsreaktivgas- und Flüssigkeitsfilter Nanogetter, BMBF 03x0126D.

3-79 Optimierung der Faser-Kautschukhaftung in Reifen mittels plasmaunterstützter Sol-Gel-Technologie PlasRec, BMBF 03x0129B.

3-80 www.bmbf.de/foerderungen/17318.php, Zugriff Mai 2016.

3-81 Friedrich, J.: The Plasma Chemistry of Polymer Surfaces Advanced Techniques for Surface Design, Wiley-VCH Verlag GmbH & Co. KGaA, Weinheim, 2012, S. 304.

4-1 Castano, L. M.; Flatau, A. B.: Smart fabric sensors and e-textile technologies: a review; Smart Materials and Structures, 23(2014), S. 1 – 27.

4-2 Buechley, L.; Eisenberg, M.: Fabric PCBs, electronic sequin, and socket buttons: techniques for e-textile craft. Springer Verlag, London Ltd., 2007.

4-3 www.vivometrics.com, Zugriff September 2015.

4-4 Berzowska, J.: Electronic Textiles: Wearable Computers, Reactive Fashion and Soft Computation, Textile 3 (1), S. 2 – 19.

4-5 Bobeth, W.: Textile Faserstoffe, Beschaffenheit und Eigenschaften, Springer Verlag, Berlin, 1993, S. 302-307.

4-6 NN.: Restfeuchte. Firmenprospekt. Pleva GmbH, Empfingen. 2004.

4-7 https://www.lindauerdornier.com/global/mediathek/prospekte/webmaschine/DORNIER%20EasyLeno, Zugriff Februar 2015.

4-8 Gaiser, D.: Leitfähige PEDOT:PSS Polymere – Eine Einführung, H.C. Starck GmbH, Leverkusen, 2010.

4-9 Lang, E. J.; Chou, T. W.: The effect of strain gage size on measurement errors in textile composite materials, Composite Science Technology, 58, S. 539 – 548.

4-10 Wang, X, Chung D. D. L.: Short Carbon Fibre Reinforced Epoxy as a Piezoresistive Strain Sensor. Smart Materials Structures, 4 (1995), S. 363-367.

4-11 Schneider, R., Klaas, R., Buchmeiser, M.R.: Funktionelle Tinten für Inkjetapplikation, Textilveredlung, Ausgabe 3/4 2011. S. 14 - 18.

4-12 Rehan, M.: Der Weg zu einer neuen Materialklasse, Elektrisch leitfähige Kunststoffe. Chemie in unserer Zeit, 37. Jahrgang 2003, Nr. 1, S. 18 - 30.

4-13 Kaner, R., MacDiarmid, A.: Elektrisch leitende Kunststoffe, Spektrum der Wissenschaft, Ausgabe 04/1988.

4-14 Sparavigna, A. C.; Florio, L.; Avloni, J.; Henn, A.: Polypyrrole Coated PET Fabrics for Thermal Applications. Materials Science and Application, 2010, 1, S. 253-259.

4-15 Wegner, G; Enkelmann, V.; Fasern aus leitfähigen Polymeren – eine greifbare Utopie? Lenzinger Berichte, Folge 48, März 1980, S. 105 – 110.

4-16 Mortimer, Ch. E.M Müller, U: Chemie. Das Basiswissen der Chemie. Georg Thieme Verlag. Stuttgart. 9. Auflage, 2007. S. 582-583.

4-17 Lange, U.; Roznyatovskaya, N. V.; Mirsky, V.: Conducting polymers in chemical sensors and arrays. Analytica Chimica Acta, 614 (2008), S. 1 – 26.

4-18 Lange, U.; Mirsky, V.: Leitfähige Polymere in Chemo- und Biosensoren, Analytiknews, www.analytik-news.de; 10.03.2011.

4-19 Catano, L. M.; Flauta, A. B.: Smart fabric sensors and e-textile technologies: a review; Smart Materials and Structures 23(2104), IOP Publishing, UK.

4-20 Zweifel, H.; Maier, R. D.; Schiller, M.: Plastics Additives Handbook. 6. Ausgabe. Carl Hanser Verlag, München, 2009, S. 658 – 659.

4-21 Zeng, S. H.; Su, G. D.: PEDOT: PSS light sensor enhanced by localized surface placement of gold nanoparticles. Proceedings Society of Photo-Optical Instrumentation Engineers (SPIE), Plasmonics: Metallic Nanostructures and Their Optical Properties IX, Vol. 8096, September 20, 2011.

4-22 www.chemgapedia.de, Zugriff Mai 2016.

4-23 Weiser, M.; Pohlers, S.; Neudeck, A.; Möhring, U.: Applikation intrinsisch leitfähiger Polymere auf textile Materialien, Technische Textilien, 1(2011), S. 20.

4-24 Entwicklung eines Prototypen eines selbstleuchtenden Textils, FKZ 03VWP0029, 2010.

4-25 Buechley, L; Eisenberg, M.: Fabric PCBs, electronic sequins, and socket buttons: techniques for e-textile craft, Personal and Ubiquitous Computing, Springer Verlag London, 2007.

4-26 www.tut.fi/units/ms/teva/projects/ intelligenttextiles, Zugriff September 2015.

4-27 www.titv-greiz.de. Zugriff Mai 2016.

4-28 Sumed, S. G.: Flexible Micron and SUB-Micron Insulation Coatings for Conductive Fibers, Masterarbeit Hochschule Niederrhein, 2011.

4-29 Kirstein, T.; Cottet, D.; Grzyb, J.; Tröster, G.: Wearable Computing Systems – Electronic Textiles, Woodhead Publishing Ltd., 2003.

4-30 Akerfeldt, M.; Straat, M.; Walkenström, P.: Electrically conductive textile coating with a PEDOT:PSS dispersion and a polyurethane binder, Textile Research Journal 83(6) 2013, S. 618-627.

4-31 Akerfeldt, M.; Straat, M.; Walenström, P.: Influence of coating parameters on textile and electrical properties of a poly(3,4-ethylenedioxythiophene): poly(styrene sulfonate)/poly-urethane-coated textile, Textile Research Journal 83(20) 2013, S. 2164-2176.

4-32 Neelakandan, R.; Giridev, V. R.; Murugesan, M.; Madhusoothanan, M.: Surface Resistivity and Shear Characteristics of Polyaniline Coated Polyester Fabric; Journal of Industrial Textiles, Vol. 39, No. 2, October 2009, S. 175-185.

4-33 Angelo, P.; Gregory, B. C.; Sdhi, R. N.; Farnood, R. R.: Conductivity of inkjet-printed PEDOT:PSS-SWCNTs on uncoated papers. Nordic Pulp and Paper Research Journal, Vol. 27 no. 2/2012, S. 486-495.

4-34 Irwin, M. D.; Roberson, D. A.; Olivas, R. I.; Wicker, R. B.; MacDonald, E.: Conductive Polymer-Coated Threads as Electrical Interconnects in e-Textiles. Fibers and Polymers 2011, Vol. 12, No. 7, S. 904-910.

4-35 Opwis, K.; D. Knittel, D.; Gutmann, J. S.: Oxidative in situ deposition of conductive PEDOT:PTSA on textile substrates and their application as textile heating element, Synthetic Metals 162 (2012) 1912-1918.

4-36 Lin, T.; Wang, L.; Wang, X.; Kaynak, A.: Polymerising pyrrole on polyester textiles and controlling the conductivity through coating thickness; Thin Solid Film 479 (2005) S. 77-82.

4-37 Babu, K. F.; Dhandapani, P.; Maruthamuthu, S.; Kunadainathan, M. A.: One pot synthesis of poypyrrole silver nanocomposite on cotton fabrics for multifunctional property, Carbohydrate Polymer 90 (2012), S. 1557-1563.

4-38 Molina, J.; Zille, A.; Fernanzdez, J.; Souto, A. p.; Boanstre, J.; Cases, F.: Conducting fabrics of polyester coated with polypyrrole and doped with graphene oxide. Synthetic Metals 204 (2015), S. 110 - 121.

4-39 Sparavigna, A. C.; Florio, L.; Avloni, J.; Henn, A.: Polypyrrole Coated PET Fabrics for Thermal Applications. Materials Science an Application, 2010, 1, S. 253-259.

4-40 www.eeonyx.com. Zugriff April 2016.

4-41 McGraw, Sh. K; Alocilja, E.; Senecal, A.; Senecal, K.: Synthesis of a Functionalized Polypyrrole Coated Electrotextile for Use in Biosensors; Biosensors 2012, 2; S. 465-478.

4-42 Stejskal, J.: Conducting polymer-silver composites. Chemical Papers 67 (8) 2013, S. 814-848.

4-43 Wißling, P.: Metallic Effect Pigments: Fundamental and Applications. Vincentz Network, Hannover, 2006.

4-44 Weitzel, J.; Maile, FJ; Kieser, M.; Gable, P.M Pfaff, G.: Special Effect Pigments. Vincentz Network, Hannover, 2008.

4-45 Eckart (Hartenstein, Deutschland), http:/www.eckart.de, Zugriff Februar 2016.

4-47 Natarajan, T. S. ; Eshwaran, S. B. ; Das, A. ; Stöckelhuber, K.W. ; Wießner, S. ; Pötschke, P. ; Nando, G. B. ; Chervanyov, A. ; Heinrich, G.: Piezoresistive natural rubber-multiwall carbon nanotube nanocomposite for sensor applications, Sensors and Actuators: Physical 239 (2016), S. 102-113.

4-48 Bautista-Quijano, J. R.; Pötschke, P.; Brünig, H.; Heinrich, G.: Strain sensing, electrical and mechanical properties of polycarbonate/multiwall carbon nanotube monofilament fibers fabricated by melt spinning. Polymer 82 (2016) S. 181-189.

4-49 Subramani B.E. ; Parsekar, M. ; Das, A. ; Le, H. H. ; Wießner, S. ; Stöckelhuber, K.W. ; Schmaucks, G. ; Heinrich, G.: Construction of an interconnected nanostructured carbon black network: development of highly stretchable and robust elastomeric conductors. Journal of Physical Chemistry / C 119 (2015), S. 21723–21731.

4-50 www.CIRFS.org, Zugriff Mai 2016.

5-1 NN.: Deutsche Bodenbelagsproduktion, BTH-Heimtex 6 (2014), S. 72 – 73.

5-2 Severich, B.: Atmosphärendruck-Plasma – neue Technologie zur Modifizierung von technischen Textilien: Technische Textilien, 51, 2008, S. 24-25.

5-3 Brunke, T.; Lempa, E.; Rabe, M.; Winkler, J.-C.: Dessinierung multistruktureller Tuftingkonstruktionen mittels eines optimierten Spritzdruckverfahrens (AiF 15954), TFI-Schriftenreihe 2011/96, Aachen, 2011.

5-4 Brunke, T.; Beiß, M.; Rabe, M.; Winkler, J.-C.: Einsparung von Energie und Ausrüstungschemikalien bei der Rückenbeschichtung von Teppichböden durch Einsatz atmosphärischer Plasmen (AiF 16875), 2013.

5-5 Stegmaier, T.; von Arnim, V.; Dinkelmann, A.; Schneider, P.: Behandlung von laufenden Textilbahnen im Atmosphärendruckplasma: Melliand Textilberichte, 85, 2004, S. 476-481.

5-6 DIN 53924 : 03.2009: Prüfung von Textilien – Bestimmung der Sauggeschwindigkeit von textilen Flächengebilden gegenüber Wasser (Steighöhenverfahren)

5-7 DIN 54310: 07.1980: Prüfung von Textilien – Trennung von fixiertem Einlagestoff vom Oberstoff, Mechanischer Trennversuch

5-8 ISO 4919: 08.2012: Carpets – Determination of tuft withdrawal force.

5-9 DIN EN 1307: 08.2008: Textile Bodenbeläge – Einstufung von Polteppichen.

5-10 Softal Corona & Plasma GmbH, Hamburg. Angebot Plasmaausrüstung für anschließende Beschichtung, Warenbreite 4 m. September 2016.

6-1 Entwicklung eines Prototypen eines selbstleuchtenden Textils, FKZ 03VWP0029, 2010

6-2 Entwicklung neuartiger Bodenbeläge zur Erzeugung aktiver und passiver Licht- und Farbeffekte, AiF-IGF 15567N, 2008/2009.

6-3 Entwicklung selbstleuchtender Beschichtungen auf textilen Trägern, Interne Forschungsförderung der Hochschule Niederrhein, 2009.

6-4 Rabe, M.: Das leuchtet ein - Elektrolumineszente Systeme in der textilen Anwendung, Textilveredlung, 3/4, 2011, Verlag Textilveredlung AG. S. 19 – 23.

6-5 Aumann, S.; Trummer, S.; Brücken, A.; Ehrmann, A.; Büsgen, A.:
Conceptual design of a sensory shirt for fire-fighters, Textile Research Journal 84, 2014, 1661-1665.

6-6 Lempa, E.; Graßmann, C.; Topp, K.; Vorneweg, Ch.; Rabe, M.:
Lösemittelfreie Textilbeschichtung mit intrinsisch leitfähigen Polymeren – Solvent-free textile coating with intrinsic electrical conductive polymer, Coating International 11/2014, S. 5-10.

6-7 Lempa, E.; Steinem, C.; Graßmann, C.; Rabe, M: Electroluminescent Textile for Smart Buildings, OPE Journal No. 8 (2014). S.9.

6-8 Bestimmung der Scheuerbeständigkeit von textilen Flächengebilden mit dem Martindale-Verfahren, Teil 1, DIN EN ISO 12947-1: 2007.

6-9 Farbechtheit gegen künstliches Licht: Xenonbogenlicht, DIN EN ISO 105-B02:2011.

6-10 Rabe, M.; Lempa, E.; Steinem, C.: U. S. Patent 8 952 610, Februar 2015.

6-11 Lösemittelfreie Textilbeschichtung mit intrinsisch elektrisch leitfähigen Polymeren, AiF-IGF 16949, 2012/2014.

7-1 Autorenkollektiv des Forschungskuratoriums Textil e. V.: Perspektiven 2025.

7-2 Institut für Textilmaschinen und Textile Hochleistungswerkstofftechnik an der TU Dresden: Raumabschließende Bauelemente aus Textilbeton unter Temperaturbeanspruchung, AiF IGF 449 ZBR.

7-3 Leibniz- Institut für Interaktive Materialien: Umweltfreundliche feuerabschirmende Perlmutt-Panzer via Selbstorganisation, AiF IGF 17502.

7-4 Institut für Textil und Chemiefasern: BioAgroTex, Development of new agrotextiles from renewable resources and with a tailored biodegradability. Projektnummer 213501, finanziert unter: FP7-NMP.

7-5 Institut für Textilmaschinen und Textile Hochleistungswerkstofftechnik: Textilbasierte Sensoren zum Bauteilmonitoring, AiF IGF 17529 BR.

7-6 Institut für Textiltechnik an der RWTH Aachen: Leuchttextilien für die Massenproduktion, AiF IGF 94 EN.

7-7 Forschungsinstitut für Textil und Bekleidung der Hochschule Niederrhein: TheLeTex, AiF ZIM KF2233813CK4.

7-8 Forschungsinstitut für Textil und Bekleidung der Hochschule Niederrhein: Durchstichsensor, AiF ZIM KF2233815AK4.

7-9 Forschungsinstitut für Textil und Bekleidung der Hochschule Niederrhein: Nanogetter, BMBF 03x0126D, PTJ.

7-10 Institut für Textiltechnik an der RWTH Aachen: Geflochtene Crashstrukturen aus faserverstärktem Kunststoff, AiF IGF 467 ZN.

7-11 Institut für Textilmaschinen und Textile Hochleistungswerkstofftechnik: Entwicklung einer flexiblen Technologie zur Umsetzung von gewebten Knotenelementhalbzeugen komplexer Geometrie mit Verbindungsstellen in Integralbauweise, AiF IGF 17591 BR.

7-12 Forschungsinstitut für Textil und Bekleidung der Hochschule Niederrhein: easy-to-clean, BMBF 03X0062B, PTJ.

7-13 Optisches System zur Qualitätsüberwachung in der Textilindustrie,

AiF ZIM KF2233805DF1.

7-14 Sächsisches Textilforschungsinstitut e. V.: Neuartige poröse und dichte Metallfaser-Keramik-Verbundwerkstoffe, AiF IGF 454 ZBR.

7-15 Leibniz- Institut für Interaktive Materialien: Permanenter textiler Insektenschutz, AiF IGF 16869.

7-16 Leibniz- Institut für Interaktive Materialien: Proteinausrüstung zur nachhaltigen Einstellung der Hydrophilie und Hydrophobie von Textilien zur Erweiterung der Einsatzfelder bei Funktionsbekleidung und Mikrofasern, AiF IGF 17522 N.

7-17 Leibniz- Institut für Interaktive Materialien: Bioinspirierte universelle Beschichtungsverfahren, AiF IGF 17820 N.

7-18 Institut für Textil und Chemiefasern: Optimierte Haftung von Kaschierungen durch Einbeziehen modernster Analysenverfahren, AiF IGF 17657.

7-19 Sächsisches Textilforschungsinstitut e. V: LED-UV-härtbare Systeme für Textilien und Verbundwerkstoffe, AiF IGF 89 EBR-1.

7-20 Forschungsinstitut für Textil und Bekleidung der Hochschule Niederrhein: Energiesparende Textilveredlung, AiF ZIM KF2233809MF3.

7-21 www.greenpeace.de/kampagnen/detox, Zugriff Februar 2016.

7-22 www.news.mit.edu, Zugriff Mai 2016.

7-23 www.mitei.mit.edu, Zugriff Mai 2016.

II-1 Sautter, A.: Produtreihe Clevios, Heraeus Deutschland GmbH & Co. KG, Leverkusen, persönliche Information. 2016.

II-2 anonym: Produktdatenblatt Clevios P und Clevios PH. H. C. Starck GmbH, Leverkusen. 2009.

Verzeichnis der Abkürzungen, Maße, Konstanten und Symbole

A	Ampere
A	Fläche [m²]
A	Apparatekonstante
ABS	Acrylbutadienstyrol
Al	Aluminium
APPCVD	atmospheric pressure plasma enhanced chemical vapour deposition
	Atmosphärendruckplasmaunterstützte chemische Gasphasenabscheidung
Ar	Argon
bar	Bar, Einheit des Drucks
BCF	Bulked Continuous Filaments
BMBF	Bundesministerium für Bildung und Forschung
BOPP	Biaxially oriented Polypropylene
	Biaxial orientiertes Polypropylen
C	Kohlenstoff
ca.	circa
Cl	Chlor
cm	Centimeter
CNT	carbon nano tubes
	Kohlenstoffnanoröhrchen
cos	Cosinus
CPC	conductive polymer coating
	Beschichtung mit leitfähigen Polymeren
CPP	conductive particle polymers
	Polymere mit leitfähigen Partikeln
Cu	Kupfer
°C	Grad Celsius
CVD	chemical vapour deposition
	Chemische Gasphasenabscheidung
D	Coronadosis [Nmin/m²]
D	Diffusionskoeffizient
DADMAC	Diallyldimethylammoniumchlorid
DBD	Dielektrische Barriereentladung
DC	Direct Current, Direktstrom
DCFM	Dichlordifluormethan

dtex	Decitex
e	Elementarladung [e = 1,602 * 10^{-19} C]
ε	Dielektrizitätszahl
EAP	electro active polymers
	Elektroaktive Polymere
EN	Europäische Norm
ESCA	Electron Spectroscopy for Chemical Analysis
	Photoelektronenspektroskopie
et al.	et alii, et aliae
e-textiles	Elektrisch leitfähige Textilien
EU	Europäische Union
eV	Elektronenvolt
EVA	Ethylen-Vinyl-Acetat
F	Fluor
FOS	Fluorooctyltriethoxysilan
FTIR	Fourier-Transformations-Infrarotspektrometer
g	Gramm
G	Gewichtskraft, G = m g [N]
G	elektrischer Leitwert [S]
g	Gravitationskonstante [9,81 N/kg]
GHz	Gigahertz
H	Wasserstoff
h	Höhe [m]
η	dynamische Viskosität [Pas]
HDPE	high density polyethylene
	Hochdichtes Polyethylen
He	Helium
HF	High frequency, Hochfrequenz
HMDSO	Hexamethylendisiloxan
I	Stromstärke [A]
IC	Integrated Circuit, integrierter Schaltkreis
ICP	intrinsically or inherent conducting polymers
	Intrinsisch leitfähige Polymere
IR	Infrarot
ITO	Indiumzinnoxid
IUPAC	International Union of Pure and Applied Chemistry

j	Benetzungsspannung
K	Kelvin
K	Kraft [N]
K	Boltzmannkonstante
KHz	Kilohertz
kJ	Kilojoule
Kr	Krypton
kV	Kilovolt
kW	Kilowatt
l	Liter
L	Länge des Leiters
LED	Lichtemittierende Diode
LPP	Low Pressure Plasma, Niederdruckplasma
lx	Lux
m	Masse [kg]
mA	Milliampère
max.	Maximal
mbar	Millibar
MHz	Megahertz
min	Minute
Mio.	Million
ml	Milliliter
mm	Millimeter
mol	Mol
mTorr	Millitorr
MWCNT	multi-walled carbon nanotubes Mehrwandige Kohlenstoffnanoröhrchen
MΩ	Megaohm
μ	Ionenbeweglichkeit
μ	Beweglichkeit der Ladungsträger
μm	Micrometer
N	Stickstoff
N	Materialkonstante
n	Anzahl der Ladungsträger
Ne	Neon
Nm	Nanometer

O	Sauerstoff
Ω	Ohm
OLED	Organische Lichtemittierende Diode
p	Druck [Pa, 1 Pa = 1N/m², 1 Torr = 133,32 Pa, 1 bar = 10^5 Pa]
Pa	Pascal
PA	Polyacetylen
PA	Polyamid
PA 6	Polyamid 6
PA 6.6	Polyamid 6.6
PANI	Polyanilin
PC	Polycarbonat
PECVD	plasma enhanced chemical vapour deposition Plasmaunterstützte chemische Gasphasenabscheidung
PEDOT:PSS	Poly(ethylendioxithiophen)-p-stryrensulfonat
PEDOT:PTSA	Poly(3,4-ethylendioxythiophen)-p-toluensulfonat
PES	Polyester (Fasern aus Polyethylenterephthalat)
PET	Polyethylenterephthalat (liegt der PES-Faser zu Grunde)
PLA	Polymilchsäure
PP	Polypropylen
PPV	Polyphenylenvinylen
PPY	Polypyrrol
PS	Polystyrol
PT	Polythiophen
PU	Polyurethan
PVC	Polyvinylchlorid
%	Prozent
Q	Ladung [C]
q	Ladungsgröße
θ	Teta
R	Rest
R	Faktor für die Rauheit
r	Radius [m]
R	elektrischer Widerstand [Ω]
ρ	spezifischer Widerstand [Ωm]
ρ	Dichte der Flüssigkeit [kg/m³]
RF	Radiofrequency, Radiofrequenz

S	Schwefel
s, sec	Sekunde
S.	Seite
σ	elektrische Leitfähigkeit [Sm^{-1}]
σ_{lg}	Oberflächenspannung (Flüssigkeit-Luft) [N/m]
SBR	Styrolbutadienrubber, Styrolbutadienkautschuk
sccm	Standardkubikcentimeter
SEM	Scanning Electron Microscopy Rasterelektronenmikroskopie
SFS	Smart Fabric Sensors, Sensor aus „intelligenten“ Textilien
Si	Silicium
Sn	Zinn
SWNT	single-wall-carbon-nanotubes Einwandige Kohlenstoffnanoröhrchen
sq	square, Quadrat
T	Temperatur [K, °C]
t	Zeit [s]
T_e	Elektronentemperatur [K]
T_g	Gastemperatur sowie Glasumwandlungstemperatur
T_i	Ionentemperatur [K]
TEOS	Tetraethoxysilan
Ti	Titan
T_n	Neutronentemperatur
TOF-SIMS	Time-of-Flight Secondary Ion Mass Spectrometry Sekundärionenmassenspektrometrie
U	Spannung [V]
U	Feuchtezuschlag [%]
UHMWPE	Ultrahigh Molecular Weight Polyethylene Ultrahochmolekulargewichtiges Polyethylen
UV	Ultraviolett
V	Volt
V	Volumen
W	Watt
ww	working width [m], Arbeitsbreite
X	Halogen
Xe	Xenon

XPS	x-ray photoelectron spectroscopy Röntgen-Photoelektronenspektroskopie
z. B.	zum Beispiel

Tabellenverzeichnis

Bildverzeichnis

Anhang I

Ergänzende experimentelle Einzelheiten zu Kapitel 5 [5-4]

Aus Gründen der Übersichtlichkeit wird in den nachfolgenden Bildern der Begriff Vliesstoff durch den Begriff Vlies ersetzt. Die Fehlerbalken geben die Vertrauensbereiche für 95 % statistische Wahrscheinlichkeit wieder.

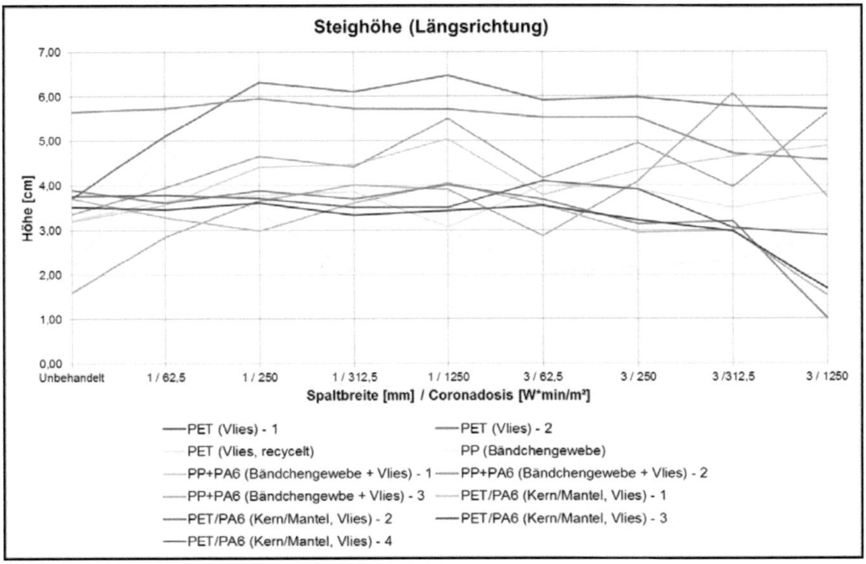

Bild I-1: Ergebnisse der Steighöhentests in Längsrichtung der verschiedenen Materialien nach einer Behandlung in einer dielektrischen Barriereentladung in Abhängigkeit von der Spalthöhe und der Coronadosis

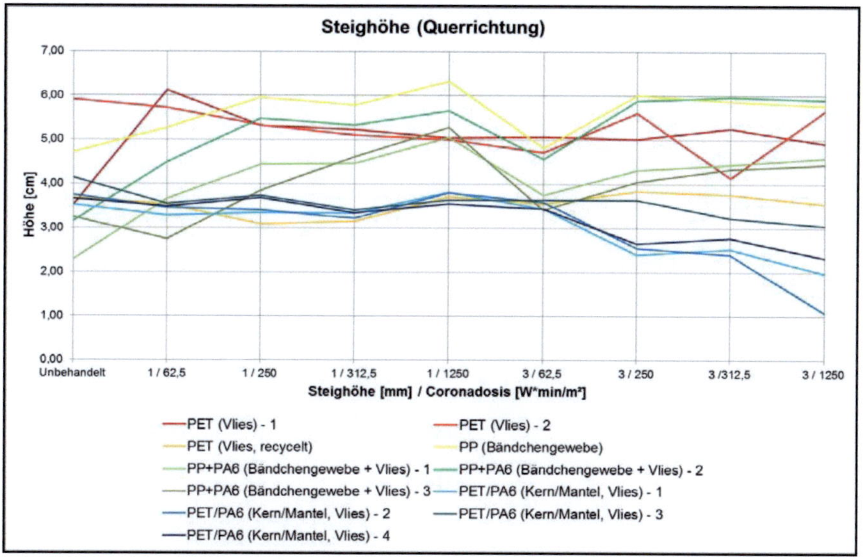

Bild I-2: Ergebnisse der Steighöhentests in Querrichtung der verschiedenen Materialien nach einer Behandlung in einer dielektrischen Barriereentladung in Abhängigkeit von der Spalthöhe und der Coronadosis

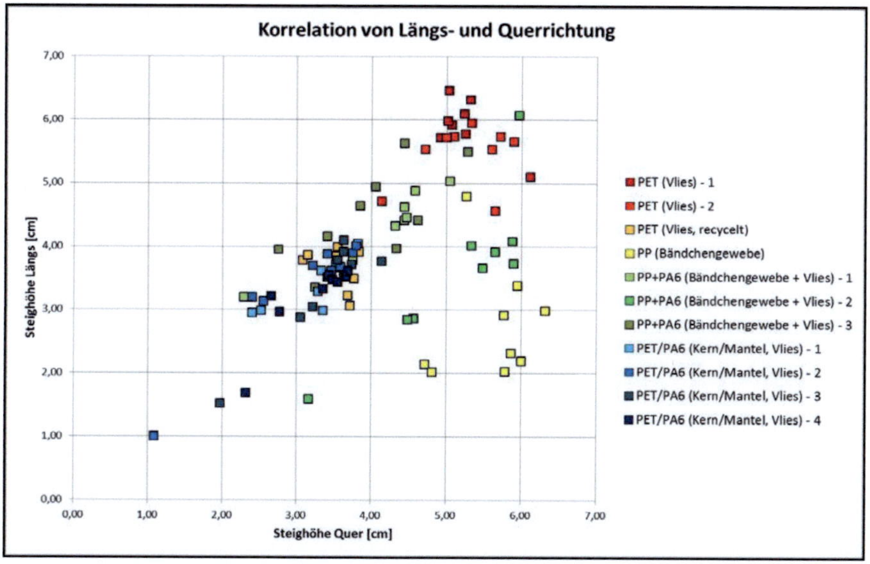

Bild I-3: Vergleich der Steighöhen in Längs- und Querrichtung

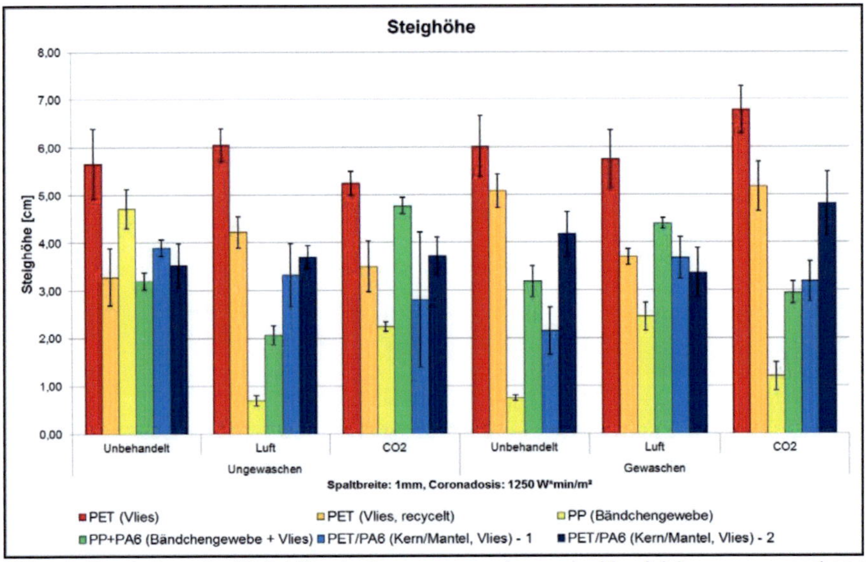

Bild 1-4: Ergebnisse der Steighöhentests von gewaschenen im Vergleich zu ungewaschenen Proben, behandelt bei einer Coronadosis von 1250 W*min/m²

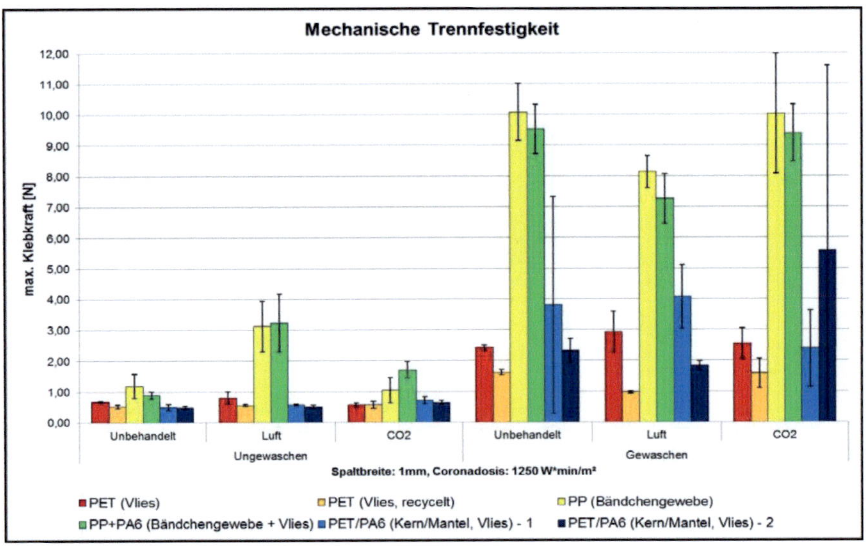

Bild I-5: Ergebnisse der Untersuchung der mechanischen Trennfestigkeit von gewaschenen im Vergleich zu ungewaschenen Proben, behandelt bei einer Coronadosis von 1250 W*min/m²

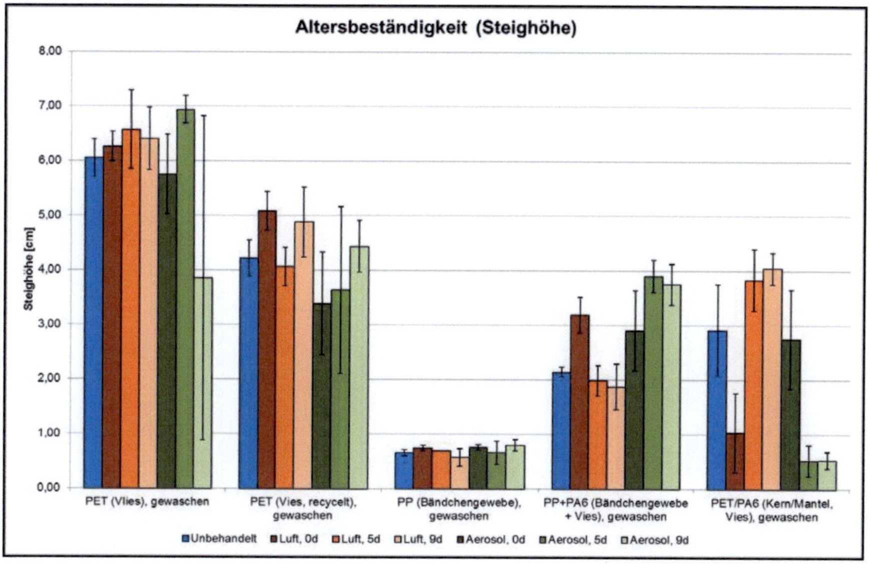

Bild I-6: Steighöhen von mit Luft funktionalisierten Proben mit und ohne H_2O als Aerosol nach 0, 5 und 9 Tagen

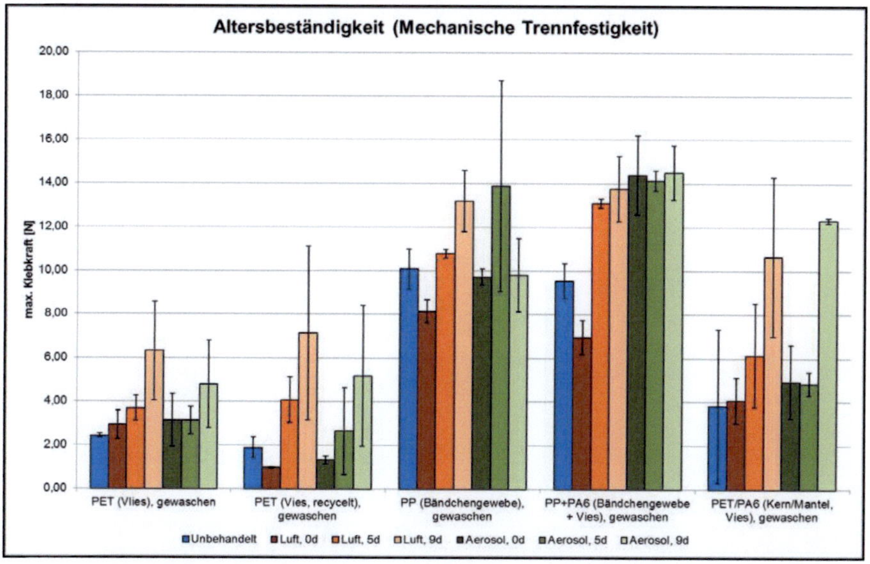

Bild I-7: Mechanische Trennfestigkeiten von mit Luft funktionalisierten Proben mit und ohne H_2O als Aerosol nach 0, 5 und 9 Tagen

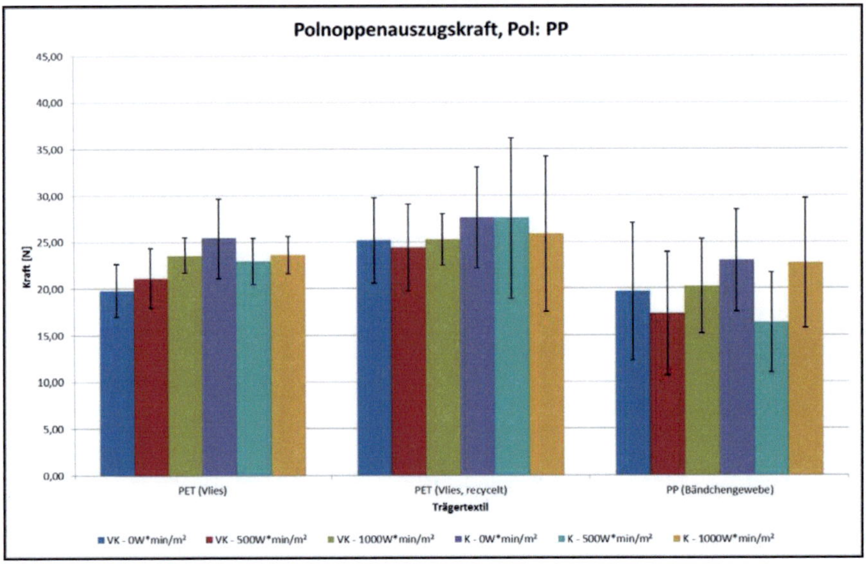

Bild I-8: Polnoppenauszugskräfte PP-Garn; Vorstrich + Kaschierstrich (VK); Kaschierstrich (K); Coronadosen 0 / 500 / 1.000 Wmin/m²

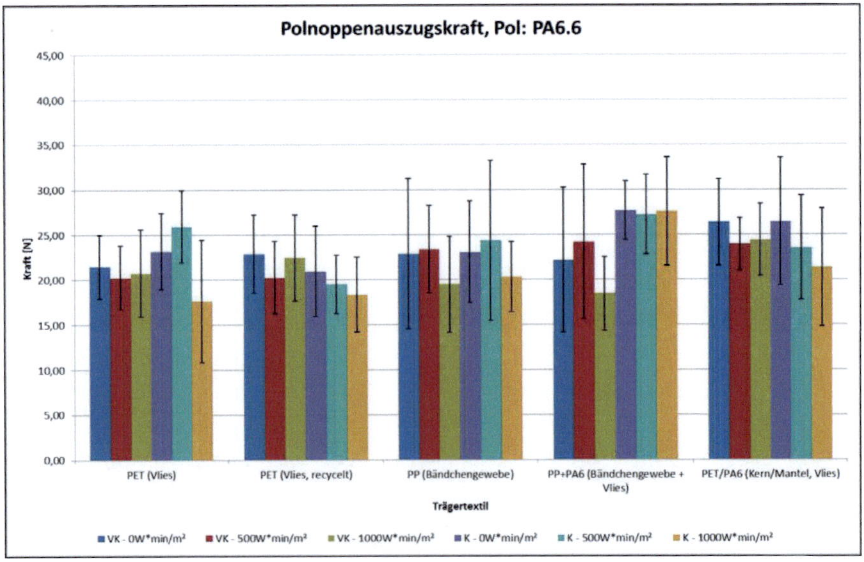

Bild I-9: Polnoppenauszugskräfte Polyamid 6.6-Garn; Vorstrich + Kaschierstrich (VK); Kaschierstrich (K); Coronadosen 0 / 500 / 1.000 Wmin/m² (Versuchsreihe 1)

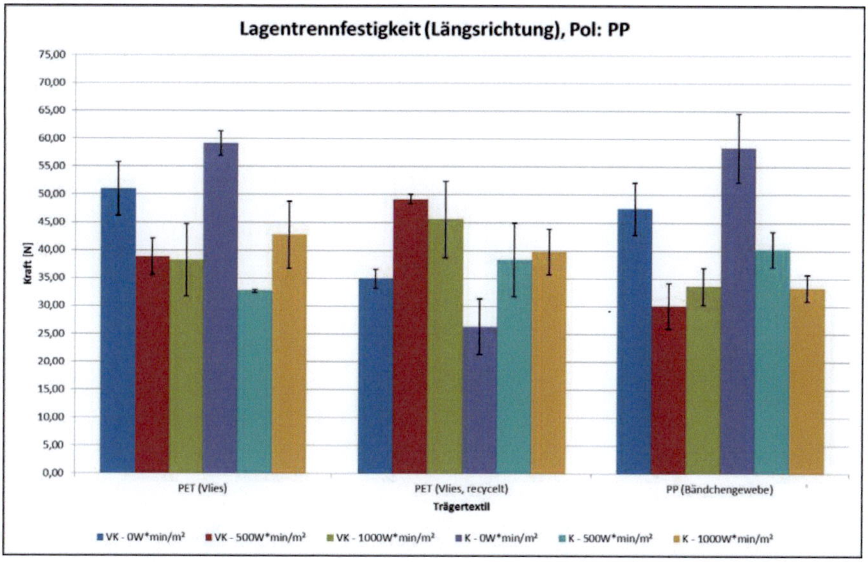

Bild I-10: Lagentrennfestigkeiten (längs) PP-Garn; Vorstrich + Kaschierstrich (VK); Kaschierstrich (K); Coronadosen 0 / 500 / 1.000 Wmin/m²

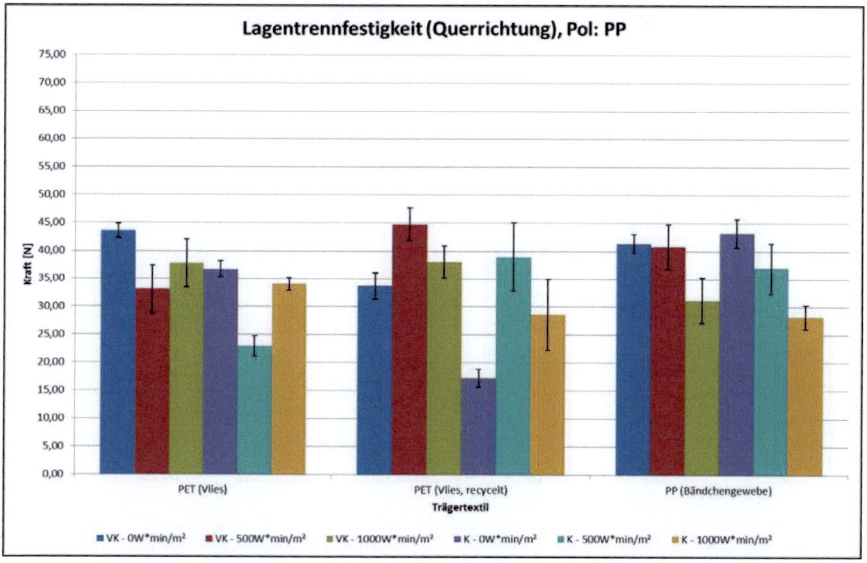

Bild I-11: Lagentrennfestigkeiten (quer) PP-Garn; Vorstrich + Kaschierstrich (VK); Kaschierstrich (K); Coronadosen 0 / 500 / 1.000 Wmin/m²

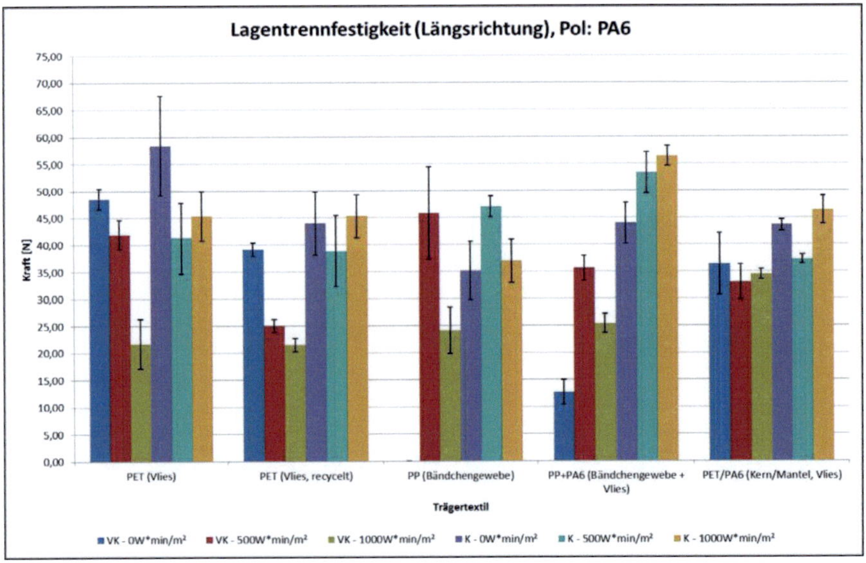

Bild I-12: Lagentrennfestigkeiten (längs) PA 6-Garn; Vorstrich + Kaschierstrich (VK); Kaschierstrich (K); Coronadosen 0 / 500 / 1.000 Wmin/m²

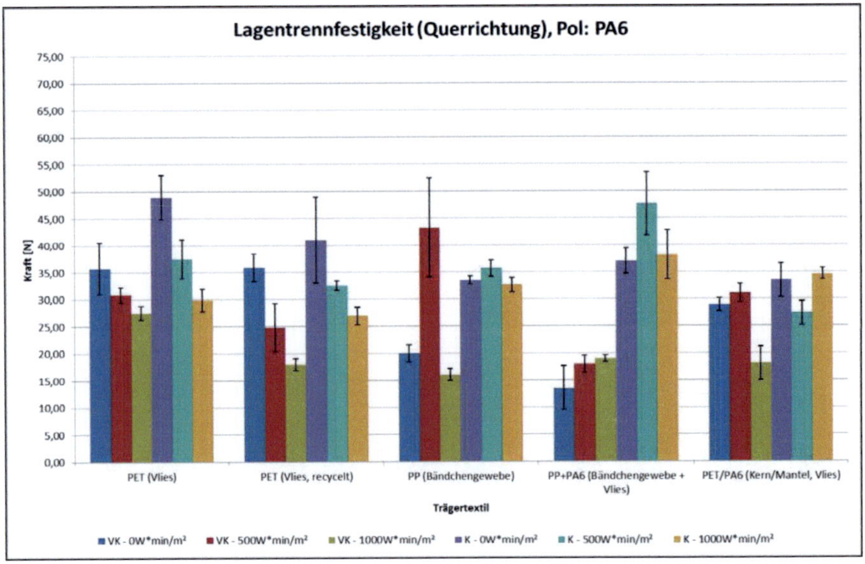

Bild I-13: Lagentrennfestigkeiten (quer) PA 6-Garn; Vorstrich + Kaschierstrich (VK); Kaschierstrich (K); Coronadosen 0 / 500 / 1.000 Wmin/m²

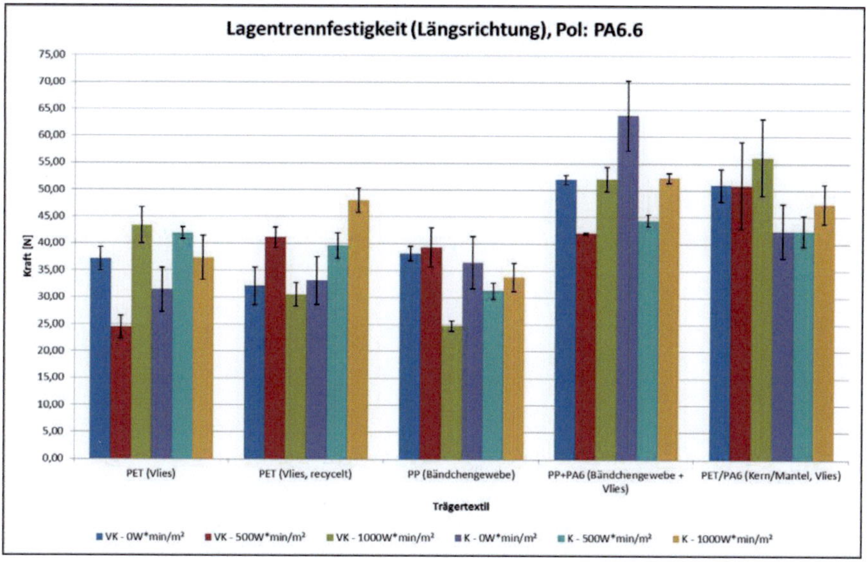

Bild I-14: Lagentrennfestigkeiten (längs) PA 6.6-Garn; Vorstrich + Kaschierstrich (VK); Kaschierstrich (K); Coronadosen 0 / 500 / 1.000 Wmin/m²

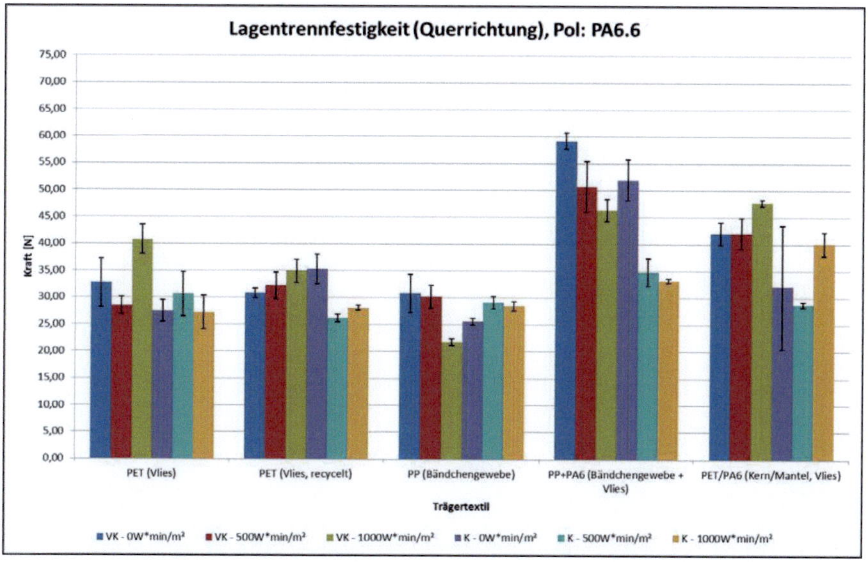

Bild I-15: Lagentrennfestigkeiten (quer) PA 6.6-Garn; Vorstrich + Kaschierstrich (VK); Kaschierstrich (K); Coronadosen 0 / 500 / 1.000 Wmin/m²

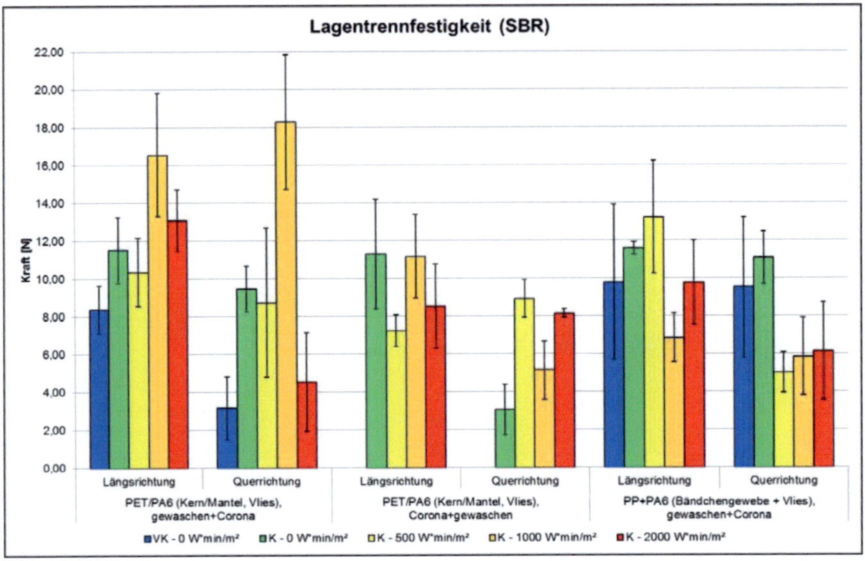

Bild I-16: Lagentrennfestigkeiten (längs + quer) PA 6.6-Garn; Vorstrich + Kaschierstrich (VK); Kaschierstrich (K); Coronadosen 0 / 500 / 1.000 / 2.000 Wmin/m²

Anhang II

Ergänzende experimentelle Einzelheiten zu Kapitel 6 [6-2]

Tabelle II-1: Herstellerangaben zu den Handelsprodukten aus Polyethylendioxythiophen-Polymerdispersionen [II-1, II-2]

	Flächenwiderstand eines Testfilms, Nassfilmauflage 12 g/m²	Elektrische Leitfähigkeit der Dispersion
Clevios SV 3	400 Ohm/sq	250 S/cm
Clevios SV 4	290 Ohm/square	250 S/cm
Clevios HC V4	250 Ohm/square	400 – 500 S/cm (mit 5% DMSO oder Ethylenglykol und Zusatz nicht leitfähiger Komponenten)
Clevios FET	180 Ohm/square	250 S/cm (mit 5 % Ethylenglykol und Bindemittel Polymerleitfähigkeit 900 S/cm
Clevios PH 1000	130 Ohm/square	900 S/cm (mit 5% DMS oder Ethylenglykol)

Tabelle II-2: Mischungen leitfähiger Polymere mit isolierenden Polymeren und leitfähigen Partikeln

	PEDOT:PSS									PANI			PPY		
	Clevios FET			Clevios PH CV4			Clevios PH 1000			3,00 g PANI 57,00 g Print-perfekt 20,00 g Wasser					
[g/ 100 g]	95	90	80	95	90	80	95	90	80	95	90	80	95	90	80
Metallpartikel [g/100 g]															
Ag B 190	5	10	20	5	10	20	5	10	20	5	10	20			
Cu E 900	5	10	20	5	10	20	5	10	20	5	10	20			
eCon-duct	5	10	20	5	10	20	5	10	20	5	10	20			
Ferri-con	5	10	20	5	10	20	5	10	20	5	10	20			
Kohlenstoffhaltige Partikelsysteme [g/100 g]															
Gra-phit	5	10	20	5	10	20	5	10	20	5	10	20			
Bay-tubes DW 55 PS	5	10	20	5	10	20	5	10	20	5	10	20			
Aqua-cyl AQ 101							5	10	20	5	10	20	5	10	20
Aqua-cyl AQ 301							5	10	20	5	10	20	5	10	20
Si-zicyl XC R2G							5	10	20	5	10	20	5	10	20

Tabelle II-3: Beschichtungen mit Polyurethan oder Polyacrylate mit Beimischungen von leitfähigen Polymeren und eConduct in verschiedenen Konzentrationen und mit verschiedenen Partikeldurchmessern

	Ohne ICP Tubicoat A22 bzw. Tubicoat PU60			PEDOT:PSS-Dispersion Tubicoat A22 bzw. Tubicoat PU60			PANI-Dispersion Tubicoat A22 bzw. Tubicoat PU60		
30 g eConduct, verschiedene Partikeldurchmesser	70,00 g Tubicoat 30,00 g eConduct			3,00 g Clevios PH 1000 67,00 g Tubicoat 30,00 g eConduct			3,00 g PANI 20,00 g Wasser 47,00 g Tubicoat 30,00 g eConduct		
Partikeldurchmesser	4 µm	12 µm	42 µm	4 µm	12 µm	42 µm	4 µm	12 µm	42 µm
20 g eConduct, verschiedene Partikeldurchmesser	80,00 g Tubicoat 20,00 g eConduct			3,00 g Clevios PH 1000 77,00 g Tubicoat 20,00 g eConduct			3,00 g PANI 20,00 g Wasser 57,00 g Tubicoat 20,00 g eConduct		
Partikeldurchmesser	4 µm	12 µm	42 µm	4 µm	12 µm	42 µm	4 µm	12 µm	42 µm
10 g eConduct, verschiedene Partikeldurchmesser	90,00 g Tubicoat 10,00 g eConduct			3,00 g Clevios PH 1000 87,00 g Tubicoat 10,00 g eConduct			3,00 g PANI 20,00 g Wasser 87,00 g Tubicoat 10,00 g eConduct		
Partikeldurchmesser	4 µm	12 µm	42 µm	4 µm	12 µm	42 µm	4 µm	12 µm	42 µm

Tabelle II-4 : Übersicht über Dichte, elektrische Leitfähigkeit und Preise verschiedener für die Studie theoretisch oder experimentell betrachteter Produkte

Produkte	**Dichte [g/cm³]**	**Elektrische Leitfähigkeit [S/cm]**	**Preis [EUR]/kg**
Polyanilin (emeraldine salt 2,5 wt.% in xylene)	1,40	3,00E+01	7.200,00 €
Polyacetylen (doped with Iod, pressed pellets)	1,10	2,00E+04	-
Polypyrrol (pressed pellets)	1,03	1,50E+02	16.720,00 €
Polyparaphenylen (doped with Arsenpentafluorid)	1,21	5,00E+02	-
Polythiophen	1,06	1,00E-07	5.660,00 €
Polyethylendioxythiophen	1,00	3,00E+01	-
Poly (3,4-ethylendioxythiophen)-poly(styrensulfonat) (1,3 wt % in H2O)	1,00	1,00E+03	620,00 €
Kohlenstoff (Diamant)		1,00E-10	-
Kohlenstoff (glassy)	2,27		3.400,00 €
Kohlenstoff (nano-powder)	1,40		6.760,00 €
Graphit (Flakes)	0,60	3,00E+04	25,84 €
Graphen	1,90	1,70E+02	4.461,00 €
Fullerene (C_{60})	2,26		167.400,00 €
C-Fasern (Tenax)	1,65	6,90E+02	327,00 €
Carbon Nanotubes (single walled)	1,80	2,00E+03	95.376,50 €
Carbon Nanotubes (multi walled)	1,40	1,00E+04	9.999,15 €
Eisen/Stahl (LME Rohstahl)	7,87	1,00E+05	0,09 €
Kupfer	8,93	5,90E+05	5,51 €
Silber	10,50	6,30E+05	561,67 €
Polyurethan	1,30		12.340,00 €
Polyacrylat	1,19		500,00 €
Polyethylenterephthalat (granular)	1,38		320,00 €

Tabelle II-5: Polymermischungen aus Polyacrylat mit verschiedenen Metallpartikeln und Polyanilin und Polyethylendioxythiophen

Ag	0%	5%	10%	20%
Oberflächenwiderstand [Ω]	3,28E+13	7,28E+09	5,00E+09	7,93E+08
Trockenauflage [g/m²]	130	160	160	210
Spalt	100	50	50	50
Cu	0%	5%	10%	20%
Oberflächenwiderstand [Ω]	3,28E+13	4,79E+09	1,15E+09	1,17E+07
Trockenauflage [g/m²]	130	190	170	290
Spalt	100	100	50	50
Ag/Cu	0%	5%	10%	20%
Oberflächenwiderstand [Ω]	3,28E+13	4,79E+09	2,14E+01	3,91E-01
Trockenauflage [g/m²]	130	190	160	330
Spalt	100	100	50	50
Fe	0%	5%	10%	20%
Oberflächenwiderstand [Ω]	3,28E+13	6,29E+09	1,25E+10	1,84E+09
Trockenauflage [g/m²]	130	140	110	120
Spalt	100	100	50	50
PANI + Ag	0%	5%	10%	20%
Oberflächenwiderstand [Ω]	5,00E+09	5,00E+08	2,00E+07	1,47E+01
Trockenauflage [g/m²]	50	50	250	290
Spalt	50	50	100	50
PANI + Cu	0%	5%	10%	20%
Oberflächenwiderstand [Ω]	5,00E+09	5,00E+09	5,00E+08	5,00E+05
Trockenauflage [g/m²]	50	160	280	330
Spalt	50	100	100	50
PANI + Ag/Cu	0%	5%	10%	20%
Oberflächenwiderstand [Ω]	5,00E+09	2,00E+08	7,71E-01	3,19E-01
Trockenauflage [g/m²]	50	270	280	310
Spalt	50	100	200	50
PEDOT 2 + Ag	0%	5%	10%	20%
Oberflächenwiderstand [Ω]	1,00E+08	4,17E+01	3,30E+01	2,31E+01
Trockenauflage [g/m²]	10	190	330	190
Spalt [μm]	200	200	200	200
PEDOT 2 + Ag/Cu	0%	5%	10%	20%
Oberflächenwiderstand [Ω]	1,00E+08	2,32E+03	1,12E+02	4,67E-01
Trockenauflage [g/m²]	10	120	100	340
Spalt [μm]	200	100	50	50

Tabelle II-6: Polyacrylat und Polyurethan in Mischungen mit Polyethylendioxyxthiohen und eConduct 20 g/100 g

	PEDOT pur		Flächenwiderstand [Ω/square]	+ eConduct 20 g/100g, Flächenwiderstand [Ω/square]
	1 %		6,00E+13	14
	3 %		6,00E+13	2
	5 %		6,00E+13	0,8
PEDOT +	Po-lyurethan 60%ig		Flächenwiderstand	+ eConduct 20 g/ 100 g, Flächenwiderstand
	1 %	1 Strich	6,00E+13	400
		2 Striche	5,50E+13	0,8
		3 Striche	5,00E+13	0,5
	3 %	1 Strich	6,80E+13	500
		2 Striche	6,70E+13	0,8
		3 Striche	5,90E+13	0,5
	5 %	1 Strich	6,00E+13	12
		2 Striche	6,70E+13	0,4
		3 Striche	6,00E+13	0,28
PEDOT +	Polyacrylat 60%ig		Flächenwiderstand	+ eConduct 20 g/100 g, Flächenwiderstand
	1 %	1 Strich	6,00E+13	1
		2 Striche	5,00E+13	0,45
		3 Striche	6,00E+13	0,25
	3 %	1 Strich	6,70E+13	400
		2 Striche	7,00E+13	0,8
		3 Striche	7,00E+13	0,5
	5 %	1 Strich	6,00E+13	100
		2 Striche	6,50E+13	0,7
		3 Striche	6,00E+13	0,35

Tabelle II-7: Mischungen von Clevios FET mit Metallpartikeln

Flächenwiderstand [Ω/square]

Clevios FET	50 µm	100 µm	200 µm
PEDOT:PSS (1)	1,50E+01	8,22E+01	2,36E+01
PEDOT:PSS (1) + 5 % Ag	1,95E+01	1,45E+00	7,20E-01
PEDOT:PSS (1) + 10 % Ag	1,62E+01	9,91E+00	2,64E+00
PEDOT:PSS (1) + 20 % Ag	9,49E-01	7,00E-01	2,48E-01
PEDOT:PSS (1) + 5 % Ag/Cu	6,35E+01	2,63E+01	1,34E+01
PEDOT:PSS (1) + 10 % Ag/Cu	5,13E+00	2,01E+00	7,17E-01
PEDOT:PSS (1) + 20 % Ag/Cu	3,05E+00	9,23E+00	3,59E+00

Tabelle II-8: Mischungen von Clevios PHC4 mit Metallpartikeln

Flächenwiderstand [Ω/square]

Clevios PHCV4	50 µm	100 µm	200 µm
PEDOT:PSS (2)	1,00E+08	2,00E+10	1,00E+08
PEDOT:PSS (2) + 5 % Ag	5,85E+02	3,30E+02	6,77E+01
PEDOT:PSS (2) + 10 % Ag	6,69E+02	4,38E+02	6,40E+00
PEDOT:PSS (2) + 20 % Ag	2,12E+01	1,48E+01	3,23E+01
PEDOT:PSS (2) + 5 % Cu	7,43E+02	5,56E+02	2,06E+02
PEDOT:PSS (2) + 10 % Cu	1,08E+03	3,71E+02	2,10E+02
PEDOT:PSS (2) + 20 % Cu	9,46E+02	4,53E+02	1,99E+02
PEDOT:PSS (2) + 5 % Ag/Cu	8,19E+02	2,32E+02	9,06E+01
PEDOT:PSS (2) + 10 % Ag/Cu	4,68E+01	4,82E+00	1,40E+00
PEDOT:PSS (2) + 20 % Ag/Cu	1,09E-01	9,02E-02	9,05E-02

Tabelle II-9: Mischungen von Clevios PANI mit Metallpartikeln

Flächenwiderstand [Ω/square]

	50 µm	100 µm	200 µm
PANI	5,00E+09	1,00E+09	1,00E+09
PANI + 5 % Ag	5,00E+08	5,00E+09	2,00E+08
PANI + 10 % Ag	5,00E+09	2,00E+07	5,00E+05
PANI + 20 % Ag	1,47E+01	1,35E+00	1,13E-01
PANI + 5 % Cu	5,00E+09	5,00E+09	1,00E+09
PANI + 10 % Cu	1,00E+10	5,00E+08	2,00E+08
PANI + 20 % Cu	5,00E+05	1,00E+07	5,00E+05
PANI + 5 % Ag/Cu	5,00E+09	2,00E+08	5,00E+05
PANI + 10 % Ag/Cu	5,00E+05	1,73E+00	7,71E-01
PANI + 20 % Ag/Cu	3,19E-01	1,55E-01	9,81E-02
PANI + 5 % Fe	2,00E+09	5,00E+08	2,00E+08
PANI + 10 % Fe	1,00E+09	2,00E+08	1,00E+08
PANI + 20 % Fe	1,00E+09	1,00E+08	5,00E+07

Tabelle II-10: Leitfähigkeit von Dispersionen mit kohlenstoffbasierten Partikeln

		50 µm	100 µm	200 µm
Baytubes DW 55 PS	CNT (1)	7,08E+01	1,00E+02	1,09E+01
Baytubes DW 55 PV	CNT (2)	8,82E+01	1,49E+02	9,35E+00
Baytubes DW 55 CM	CNT (3)	6,75E+01	5,04E+01	1,09E+01
Leitruß		4,68E+02	8,35E+02	1,72E+02

Tabelle II-11: Flächenwiderstand [Ω/square] mit 30 g/100 g Zusatz von Silber/Kupferflakes mit unterschiedlichen Durchmessern

Beschichtungen ohne intrinsisch leitfähige Polymere			
Binder	4 µm	12 µm	42 µm
PAc (A22)	1,28E+07	7,87E+03	9,17E+04
PU (PU60)	3,03E+06	1,32E+03	9,06E+04
mit PANI			
Binder	4 µm	12 µm	42 µm
PAc (A22)	9,72E+03	1,10E+01	1,32E+02
PU (PU60)	1,71E+04	4,72E+01	1,02E+02
mit PEDOT:PSS			
Binder	4 µm	12 µm	42 µm
PAc (A22)	3,40E+04	6,16E+00	1,32E+02
PU (PU60)	1,13E+04	4,27E+01	2,04E+02

Tabelle II-12: Charakterisierung der Polymerdispersionen

	Clevios PH 1000	Clevios PH 1000 + Polyurethan	Clevios PH 1000 + CuAg	Clevios PH 1000 + Ag	PANI + CuAg Polyacrylat	PANI + CuAg + Polyacrylat	PANI + CuAg + Polyacrylat	PANI + Ag + Polyacrylat
Feststoff	3 %	17 %	23 %	23 %	30 %	25 %	45 %	30 %
Carbon*1	0 %	15 %	0 %	0 %	0 %	0 %	0 %	0 %
Carbon*2	0 %	91 %	0 %	0 %	0 %	0 %	0 %	0 %
Metall #1	0 %	0 %	20 %	20 %	20 %	11 %	20 %	20 %
Metall #2	0 %	0 %	87 %	87 %	67 %	44 %	45 %	67 %
pH Wert			6,5	3,3	8,3			6,6
Viskosität [dPas]	Thixotrop					60	15	

*1 Carbongehalt bezogen auf den Gesamtansatz

*2 Carbongehalt bezogen auf den Feststoffgehalt

#1 Metallgehalt bezogen auf den Gesamtansatz

#2 Metallgehalt bezogen auf den Feststoffgehalt

Tabelle II-13: Charakterisierung der Beschichtungen

	Clevios PH 1000	Polyurethan Carbon	Polyurethan Carbon + PEDOT	Polyacrylat PANI + Ag/Cu
Nassfilm [µm]	1 x 100 2 x 100	1 x 100 2 x 100	1 x 100 2 x 100	1 x 100
Auflagegewicht [g/m²]	10 20	80 120	40 80	60
Schichtdicke [µm]	15-30 20-40	40-50 80-100	30-60 50-80	30-60
Biegewinkel [°]	87 72	68 62	68 64	75
Flächenwiderstand [Ohm/sq]	23 11	13 8	24 11	0,29

Tabelle II-14: Untersuchung der Gebrauchstauglichkeit

		Polyurethan	Polyurethan	Poly-urethan	Poly-urethan	Poly-urethan	Poly-urethan	Polya-crylat
		PEDOT:PSS	PEDOT:PSS 2x	Carbon	Carbon 2x	Carbon + PEDOT	Car-bon+ PEDOT 2x	PANI CuAg
Auflage	g/m²	5,35	16,80	73,82	112,26	41,12	77,61	57,61
Schichtdicke	µm	15-30	20-40	40-50	80-100	30-60	50-80	30-60
Flächenwider-stand 100 cm²	Ohm/ sq	22,97	10,57	13,27	8,27	23,60	11,43	0,29
Biegewinkel	°	87	72	68	62	68	64	75
Belichtung								
vorher	Ohm/ sq	32,00	15,10	15,50	10,90	26,70	13,10	0,32
Nachher	Ohm/ sq	55,13	22,33	13,55	10,50	26,60	13,60	0,37
Wäsche, 40 °C								
vorher	Ohm/ sq	22,83	10,13	14,25	8,19	24,77	11,59	0,34
nachher	Ohm/ Sq	69,67	26,40	12,13	6,88	22,48	9,27	22,31
Kälteeinwirkung								
after 48h, -18°C	Ohm sq	27,51	11,11	20,65	12,14	29,99	18,21	0,38
after 2 x 48h, -18°C	Ohm sq	26,18	10,49	12,35	7,37	28,59	12,60	0,43
Wärmeeinwir-kung								
Vorher	Ohm sq	23,58	10,26	12,83	8,44	23,72	11,25	0,28
nach 48h 100°C	Ohm sq	24,51	11,13	11,02	6,87	23,96	9,99	0,37
nach 2 x 48h 100°C	Ohm sq	24,73	11,37	12,77	8,02	27,09	10,84	0,57
Martindale								
Vorher	Ohm sq	25,92	11,23	10,22	8,14	22,84	9,45	0,16
Nach 20.000 Touren	Ohm sq	24,02	10,92	9,32	7,12	19,59	8,05	150,37

Tabelle II-15: Veränderung des Flächenwiderstands und Flächengewichts einer Beschichtung mit einer Polymermischung aus Polyacrylat, 3 g/ 100 g Polyaniliin und 10 g/ 100 g Silber/Kupferpartikel durch Scheuerbeanspruchgung

Tourenzahl	Flächengewicht [g/m²]	Flächenwiderstand [Ω/square]
0	251,89	0,16
1000	251,75	0,2
2000	251,67	1
3000	251,31	5,9
4000	250,72	50,21
5000	250,70	60
7000	250,63	102,5
8000	250,54	110,64
9000	250,51	111,75
10000	250,5	111,77
15000	250,43	122,31
20000	250,34	150,37

Tabelle II-16: Beschichtungen mit intrinsisch leitfähigen Polymeren auf Folien und Geweben

PEDOT:PSS-Dispersionen					PANI-Dispersion	PPY
Clevios SV 3	Clevios SV 4	Clevios FET	Clevios PHCV4	Clevios PH 1000		
100 %	100 %	98 % 2 % Methyl-cellulose	100 %	100 %	3,00 g PANI 57,00 g Printperfekt 20,00 g Wasser	12,00 g PPY 8,00 g Printperfekt

Tabelle II-17: Beschichtungen mit Dispersionen mit leitfähigen Partikeln auf Folien

	Ruß-Dispersionen			CNT-Dispersionen					
	RSD 1207/41	Jowat 68/12	Leitruß	Baytubes DW 55			Aquacyl AQ		Sizicyl XC
				PS	PV	CM	101	301	R2G
	100 %	100 %	100 %	100 %	100 %	100 %	100 %	100 %	100 %

Tabelle II-18: Beschichtungen aus Polymermischungen des Bindemittels Printperfekt mit leitfähigen Partikeln mit unterschiedlichen Mischungsanteilen auf Geweben, 50, 100, 200 µm Filmdicke

	Printperfekt		
	95 %	90 %	80 %
Metallpartikel			
Silberflakes B 190	5 %	10 %	20 %
Kupferflakes E 900	5 %	10 %	20 %
eConduct	5 %	10 %	20 %
Ferricon	5 %	10 %	20 %
Carbonpartikel			
Graphit	5 %	10 %	20 %
Baytubes DW 55 PS	5 %	10 %	20 %
Aquacyl AQ 101	5 %	10 %	20 %
Aquacyl AQ 301	5 %	10 %	20 %
Sizicyl XC R2G	5 %	10 %	20 %